巨杉数据库系列丛书

# SequoiaDB
## 分布式数据库 权威指南

许建辉 [加]陈元熹 杨上德 林友滨 陈子川 胡晓均 萧少聪◎著

电子工业出版社
Publishing House of Electronics Industry
北京·BEIJING

## 内 容 简 介

本书从分布式数据库的背景与发展情况出发，详细、系统地介绍了国产分布式数据库 SequoiaDB（巨杉数据库）的基础知识、数据库实例、架构原理、运维管理等核心技术内容，提供了性能调优和问题诊断的基本思路。此外，书中还分享了 SequoiaDB 的行业应用、最佳实践、工具和生态等内容。

本书旨在帮助读者更好地理解 SequoiaDB 的运行机制和原理，掌握运维管理的思路和实践方法，适用于普通读者入门 SequoiaDB，也适用于对分布式数据库有一定认识，且具备一定运维和开发能力的读者深入了解 SequoiaDB 技术细节。

未经许可，不得以任何方式复制或抄袭本书之部分或全部内容。
版权所有，侵权必究。

图书在版编目（CIP）数据

SequoiaDB 分布式数据库权威指南/许建辉等著. —北京：电子工业出版社，2021.12
（巨杉数据库系列丛书）
ISBN 978-7-121-42291-1

Ⅰ. ①S… Ⅱ. ①许… Ⅲ. ①分布式数据库－数据库系统－指南 Ⅳ. ①TP311.133.1-62

中国版本图书馆 CIP 数据核字（2021）第 226292 号

责任编辑：张春雨
文字编辑：李云静
印　　刷：三河市良远印务有限公司
装　　订：三河市良远印务有限公司
出版发行：电子工业出版社
　　　　　北京市海淀区万寿路 173 信箱　　　邮编：100036
开　　本：787×980　1/16　　印张：22.5　　字数：463.3 千字
版　　次：2021 年 12 月第 1 版
印　　次：2021 年 12 月第 1 次印刷
定　　价：99.00 元

凡所购买电子工业出版社图书有缺损问题，请向购买书店调换。若书店售缺，请与本社发行部联系，联系及邮购电话：（010）88254888，88258888。
质量投诉请发邮件至 zlts@phei.com.cn，盗版侵权举报请发邮件至 dbqq@phei.com.cn。
本书咨询联系方式：010-51260888-819，faq@phei.com.cn。

# 序

  人们在谈论分布式数据库等技术时，经常用"未来"等词语描述这一新技术的应用前景，但如今回头看去，才发现"未来已来"！大部分技术人在第一次了解分布式数据库后，通常首先会问"分布式数据库能否替代 Oracle"。然而，分布式数据库的设计初衷是解决全新的实际业务问题，即在传统数据库无法满足的业务场景中，与用户一同迎接数字化转型的机遇和挑战，而并非为了单纯地替代某个原有系统。时至今日，虽然传统关系型数据库在核心交易等领域深耕了 40 多年，但大部分纯交易场景不论在数据量还是商业模式上都没有本质变化，其业务扩展空间十分有限。在企业的数字化转型过程中，数据量会随着业务发展而快速膨胀，这在形成全新业务需求的同时，也为数据库带来了新的市场机遇。

  2011 年，我和几位来自 IBM DB2 及华为 2012 实验室的"数据库老兵"一同创立了巨杉数据库（SequoiaDB）公司。巨杉数据库公司是国内最早涉足并坚持发展分布式数据库的公司之一。公司创立之初的目标是在数字化浪潮中击败 Hadoop 体系，形成可同时兼顾大数据、联机交易、联机分析的数据基础设施。2020 年，业界给这样的系统定义了一个新名词："湖仓一体"（Data Lakehouse）。

  SequoiaDB 经历了 10 年的发展，形成了独具一格的架构体系，产品从最早 1.0 版的结构化/半结构化海量数据管理，到 2.0 版支持全类型联机的数据湖，再到 3.0 版整合分析引擎、提供"湖仓一体"能力，不断演进着。在 2020 年发布的 SequoiaDB 5.0 中，更是基于

"湖仓一体"架构提供了跨引擎的 ACID 事务一致性，显著提升了海量数据场景的联机交易扩展能力。至今，SequoiaDB 已经成功应用于超过 100 家金融企业的生产系统，单集群最大数据量达到 1.2 万亿条，运行时间最长的集群已经稳定上线近 8 年并持续扩容，成为金融行业稳固的数据基础设施。

本书希望通过系统化的内容，为大家剖析 SequoiaDB 的整体架构，并为广大用户提供技术运维、开发过程的有效指导。在此，我要感谢在过去 10 年中，持续推动我们进行新技术创新的所有客户，一个产品的成功离不开客户的参与及打磨。同时，我也要感谢与我们一同打开"湖仓一体"新赛道的合作伙伴。数据库是一个建立于完整生态之上的体系化工程，若没有上下游的紧密结合，将寸步难行。最后，我要感谢所有秉承以客户为中心、坚持长期奋斗的"巨杉人"，是你们打造、守护并深耕着这一片数据的沃土。让我们一同提升数据价值，打造世界级产品！

2021 年 10 月 19 日

巨杉数据库公司　董事长&联合创始人　唐迅

# 前言

## 为什么写作本书

相信大家对于"分布式数据库"已经不再陌生。与传统关系型数据库相比,分布式数据库在提供 ACID 事务一致性能力的同时,拥有更灵活的扩展能力及多数据模型的处理能力。近年来,国内市场中涌现出一批优秀的分布式数据库厂商。巨杉数据库(SequoiaDB)公司作为其中的领先者,在从零开始的技术创新和数据库生态建设方面取得了令人瞩目的成就。

随着用户的规模和范围日益扩大,应用场景越来越多样,巨杉数据库公司在积极为用户提供服务支持的同时,也希望能够通过一本系统化的图书,让更多的技术人员认识和理解 SequoiaDB 的原理架构,并熟练掌握安装部署、使用、运维和调优等实操技能,进而提升其自主解决问题的能力和效率。

## 读者对象

本书适合所有数据库技术从业人员及在校学生,特别是对分布式数据库有一定了解和使用经验的 DBA 和数据库开发人员阅读,他们可以通过本书了解更多有关分布式数据库架构原理与运维管理的知识。

## 本书的主要内容

本书共分 7 章，从分布式数据库行业发展情况开始，到分布式数据库标杆产品 SequoiaDB（巨杉数据库）的介绍，涵盖了 SequoiaDB 部署、管理和开发的方方面面。

- 第 1 章简要讲述分布式数据库的行业背景、发展轨迹和发展方向，以及巨杉数据库公司的简介和产品概述。
- 第 2 章介绍 SequoiaDB 目前在行业中的应用和最佳实践案例。
- 第 3 章介绍 SequoiaDB 用户需要掌握的基础知识，包括如何安装、部署，并上手操作 MySQL 数据库实例和 Shell 的相关内容。
- 第 4 章介绍多种数据库实例的使用和开发。SequoiaDB 目前充分兼容包括 MySQL、MariaDB、PostgreSQL、Apache Spark、S3、NAS、SDB JSON 在内的多种接口，应用程序基本可以在零改动的基础上进行数据库迁移。
- 第 5 章主要介绍 SequoiaDB 的节点、复制、分区、分布式事务、数据模型、时间序列等系统架构和内核原理等相关内容。
- 第 6 章从运维的角度介绍 SequoiaDB 管理的很多方面，包括数据迁移、扩容/缩容、备份/恢复、监控、故障诊断、性能调优等。
- 第 7 章介绍 SequoiaDB 的数据管理工具，以及社区生态建设情况。

本书所介绍的内容具有较强的实用性，贴近 SequoiaDB 用户的使用和开发需求。

## 致谢

由于版本更新问题，本书的写作和编辑时间较长，感谢张春雨编辑对我们的鼓励和宽容，感谢李云静编辑的认真校对，你们的辛苦工作让这本内容全面、条理清晰的技术图书得以呈现在读者面前。

感谢 SequoiaDB 所有用户的支持，是你们赋予我们写作的动力。另外，由于写作时间有限，书中可能存在不足之处，希望广大用户和读者朋友不吝指教，共同探讨和学习。本书的联系邮箱是 book_info@sequoiadb.com。

## 读者服务

微信扫码回复：42291

- 加入本书读者交流群，与作者互动
- 获取【百场业界大咖直播合集】（持续更新），仅需 1 元

# 目录

**第1章 分布式数据库行业的发展** ..................................................1

    1.1 分布式数据库的行业背景与发展轨迹 ..................................................1

        1.1.1 螺旋上升、新旧交替的数据库历史 ..................................................2

        1.1.2 新一代分布式数据库的发展方向——湖仓一体架构 ..................................................3

    1.2 巨杉数据库公司及其产品简介 ..................................................5

        1.2.1 SequoiaDB 的产品概述 ..................................................5

        1.2.2 SequoiaDB 的核心特性 ..................................................7

        1.2.3 SequoiaDB 的整体架构 ..................................................11

**第2章 SequoiaDB 行业应用及最佳实践** ..................................................14

    2.1 企业应用场景 ..................................................14

        2.1.1 分布式联机交易业务 ..................................................14

        2.1.2 数据中台服务 ..................................................16

        2.1.3 内容管理服务 ..................................................18

    2.2 企业级应用案例 ..................................................20

        2.2.1 某银行的分布式数据库实践 ..................................................20

   2.2.2 某省级农信社的联机交易业务应用实践 ............................................ 23

## 第 3 章 SequoiaDB 基础知识 ..................................................................... 30

 3.1 SequoiaDB 的安装和部署 .................................................................... 30
   3.1.1 软硬件环境需求 ................................................................................ 30
   3.1.2 Linux 的推荐配置 .............................................................................. 36
   3.1.3 数据库引擎的安装 ............................................................................ 43
   3.1.4 集群模式部署 .................................................................................... 45
   3.1.5 Docker 模式部署 ............................................................................... 48
 3.2 MySQL 实例的基本操作 ....................................................................... 52
   3.2.1 配置 SequoiaDB 服务 ....................................................................... 52
   3.2.2 启动存储集群 .................................................................................... 53
   3.2.3 启动 MySQL 服务 ............................................................................. 54
   3.2.4 创建表和索引 .................................................................................... 55
   3.2.5 CRUD ................................................................................................. 57
 3.3 SDB Shell 模式 ......................................................................................... 58
   3.3.1 启动 Shell ........................................................................................... 58
   3.3.2 SDB Shell 的基本操作 ...................................................................... 60
   3.3.3 使用 SDB Shell 执行脚本 ................................................................. 61

## 第 4 章 数据库实例 ................................................................................... 64

 4.1 MySQL 实例 .............................................................................................. 64
   4.1.1 MySQL 实例的安装和部署 ............................................................. 65
   4.1.2 MySQL 实例的使用方法 ................................................................. 66
   4.1.3 MySQL 开发——JDBC 驱动程序 .................................................. 69
   4.1.4 MySQL 开发——ODBC 驱动程序 ................................................ 72
 4.2 PostgreSQL 实例 ....................................................................................... 75
   4.2.1 PostgreSQL 实例的安装和部署 ...................................................... 75
   4.2.2 PostgreSQL 实例的使用方法 .......................................................... 78
   4.2.3 PostgreSQL 开发——JDBC 驱动程序 .......................................... 83
   4.2.4 PostgreSQL 开发——ODBC 驱动程序 ......................................... 86

## 4.3 SparkSQL 实例 .................................................. 89
### 4.3.1 SparkSQL 实例的安装 ........................................ 90
### 4.3.2 SparkSQL 实例的使用方法 .................................... 90
### 4.3.3 Spark 命令行的连接 .......................................... 94
### 4.3.4 Spark 开发——JDBC 驱动程序 ................................ 97
## 4.4 MariaDB 实例 .................................................. 106
### 4.4.1 MariaDB 实例的安装和部署 ................................... 107
### 4.4.2 MariaDB 实例的使用方法 ..................................... 109
## 4.5 S3 实例 ........................................................ 111
### 4.5.1 S3 实例的安装操作 .......................................... 111
### 4.5.2 S3 实例的基本读/写操作 ..................................... 115
### 4.5.3 S3 实例的命令行连接 ........................................ 117
### 4.5.4 S3 实例的 Java 开发样例 .................................... 120
## 4.6 SequoiaFS 文件系统实例 ........................................ 124
### 4.6.1 SequoiaFS 文件系统实例的安装和部署 ......................... 125
### 4.6.2 挂载目录 ................................................... 127
### 4.6.3 数据设计 ................................................... 133
### 4.6.4 API ........................................................ 139
## 4.7 JSON 实例 ...................................................... 141
### 4.7.1 JSON 实例的安装和部署 ...................................... 142
### 4.7.2 JSON 实例的使用 ............................................ 142
### 4.7.3 JSON 实例的开发 ............................................ 142

# 第 5 章 架构和数据模型 .............................................. 148
## 5.1 节点 ........................................................... 149
### 5.1.1 SQL 节点 ................................................... 149
### 5.1.2 协调节点 ................................................... 150
### 5.1.3 数据节点 ................................................... 152
### 5.1.4 编目节点 ................................................... 154
### 5.1.5 资源管理节点 ............................................... 156
## 5.2 复制 ........................................................... 157
### 5.2.1 复制组的原理 ............................................... 158

|     |       | 5.2.2 | 部署复制组 ............................................................................ 163 |
| --- | ----- | ----- | --- |
|     |       | 5.2.3 | 复制组选举 ............................................................................ 167 |
|     |       | 5.2.4 | 复制组监控 ............................................................................ 169 |
|     |       | 5.2.5 | 主备一致性 ............................................................................ 172 |
|     | 5.3   | 分区 ............................................................................................. 174 | |
|     |       | 5.3.1 | 数据库分区的原理 ................................................................ 175 |
|     |       | 5.3.2 | 分区配置 ................................................................................ 177 |
|     |       | 5.3.3 | 分区索引 ................................................................................ 180 |
|     |       | 5.3.4 | 多维分区 ................................................................................ 181 |
|     | 5.4   | 分布式事务 ................................................................................. 183 | |
|     |       | 5.4.1 | 事务日志 ................................................................................ 184 |
|     |       | 5.4.2 | 二阶段提交 ............................................................................ 186 |
|     |       | 5.4.3 | 隔离级别 ................................................................................ 188 |
|     |       | 5.4.4 | 事务配置 ................................................................................ 191 |
|     | 5.5   | 数据模型 ..................................................................................... 195 | |
|     |       | 5.5.1 | 数据模型概述 ........................................................................ 195 |
|     |       | 5.5.2 | 文档记录 ................................................................................ 199 |
|     |       | 5.5.3 | 集合 ........................................................................................ 201 |
|     |       | 5.5.4 | 集合空间 ................................................................................ 201 |
|     |       | 5.5.5 | 大对象 .................................................................................... 204 |
|     |       | 5.5.6 | 索引 ........................................................................................ 208 |
|     |       | 5.5.7 | 全文索引 ................................................................................ 212 |
|     |       | 5.5.8 | 序列 ........................................................................................ 218 |
|     | 5.6   | 时间序列 ..................................................................................... 225 | |
|     |       | 5.6.1 | 逻辑时间 ................................................................................ 226 |
|     |       | 5.6.2 | 工具 ........................................................................................ 226 |

## 第6章 进阶使用与运维 ............................................................................ 237

|     | 6.1   | 数据迁移 ..................................................................................... 237 | |
| --- | ----- | ----- | --- |
|     |       | 6.1.1 | 从 CSV 文件迁移至 SequoiaDB .......................................... 238 |
|     |       | 6.1.2 | 从 JSON 文件迁移至 SequoiaDB ........................................ 240 |
|     |       | 6.1.3 | 实时的第三方数据复制 ........................................................ 241 |

     6.1.4 数据导出 ..................................................................................248
6.2 版本升级 ...................................................................................................253
     6.2.1 兼容性列表 ..............................................................................254
     6.2.2 离线升级 ..................................................................................255
     6.2.3 滚动升级 ..................................................................................256
6.3 扩容/缩容 ..................................................................................................257
     6.3.1 新增服务器 ..............................................................................257
     6.3.2 在服务器内新增节点 ..............................................................258
     6.3.3 集群服务器的缩容 ..................................................................262
     6.3.4 集群服务器内节点的缩容 ......................................................266
6.4 备份与恢复 ...............................................................................................268
     6.4.1 备份与恢复的原理 ..................................................................268
     6.4.2 数据的备份 ..............................................................................270
     6.4.3 数据的恢复 ..............................................................................271
     6.4.4 日志归档 ..................................................................................275
6.5 数据库的监控 ...........................................................................................277
     6.5.1 监控节点 ..................................................................................277
     6.5.2 监控集群 ..................................................................................278
     6.5.3 监控工具 sdbtop ......................................................................280
6.6 高可用性与容灾 .......................................................................................288
     6.6.1 同城双中心部署 ......................................................................289
     6.6.2 两地三中心部署 ......................................................................303
     6.6.3 三地五中心部署 ......................................................................304
     6.6.4 容灾工具的使用 ......................................................................306
6.7 故障诊断 ...................................................................................................325
     6.7.1 热点问题的处理 ......................................................................325
     6.7.2 因 CPU 占用率过高所导致的读/写延迟增加及其相应的处理方法 .....332
     6.7.3 磁盘 I/O 负载过高及其相应的处理方法 ...............................335
6.8 性能调优 ...................................................................................................336
     6.8.1 性能瓶颈的诊断 ......................................................................337
     6.8.2 集群性能的监控 ......................................................................339

## 第 7 章 工具和生态 .................................................................................................343

### 7.1 数据管理工具 ................................................................................................343
### 7.2 SAC ..............................................................................................................344
### 7.3 SequoiaDB Cloud 多云管理平台 ..................................................................344
### 7.4 巨杉生态社区 ................................................................................................345
#### 7.4.1 巨杉学的目标 .........................................................................................345
#### 7.4.2 巨杉学的优势 .........................................................................................346
#### 7.4.3 关于认证考试 .........................................................................................346

# 第 1 章
# 分布式数据库行业的发展

在过去的几十年中,我国的各行各业一直主要使用着 IBM 与 Oracle 等国外公司的主流数据库产品。从事实上看,中国的 IT 基础设施可以说是完全搭建在国外的技术体系上的。但是,随着新型 IT 基础架构的出现,国际云厂商由于种种原因在国内企业级市场环境中水土不服,而国内公有云厂商在企业级应用的落地时又面临种种挑战,故此我国企业级软件行业以私有独立部署模式为主导。这催生出一系列优秀的国产分布式数据库厂商,SequoiaDB(巨杉数据库)作为其中的领先者,在从零开始的技术创新和数据库生态建设上取得了令人瞩目的成就。

在本章中,我们将分析在当前业务需求之下,业界主流的分布式数据库的背景、技术架构路线和发展趋势,并带领读者初步了解 SequoiaDB 的产品框架及技术特性。

## 1.1 分布式数据库的行业背景与发展轨迹

数据库是基础软件领域最核心、最重要也是研发难度最大的软件。数据库和操作系统、芯片一起构成了现代信息技术领域的三大核心基础。作为应用最广泛的技术,数据库因在技术含金量和商业价值方面的杰出表现,一直被誉为现代 IT 领域的"皇冠"。

近十年来,伴随着分布式与云计算技术的兴起,分布式数据库从诞生逐渐走向成熟,应用场景也从单一的互联网业务拓宽到金融等核心行业。但是,分布式数据库存在的价值到底是什么呢?

实际上,新技术永远不是为了单纯替代稳定使用很多年的传统技术而兴起的,而是为了应对新需求。弹性扩展带来计算与存储能力的提升,只是分布式数据库存在的价值之一,而作为 Oracle 的替代品更是一个水到渠成的结果。正如同云计算的核心价值是对计算与存储资源进行池化动态分配一样,分布式数据库的真正价值在于匹配云计算与分布式应用的开发模式,对数据库进行资源池化管理。多模式、多租户、联机交易和分析混合负载、弹性扩展、高可用等特性,是分布式数据库核心价值的具体体现。

### 1.1.1 螺旋上升、新旧交替的数据库历史

在关系型数据库出现以来的几十年中,经历了如图 1-1 所示的两次重要变革。

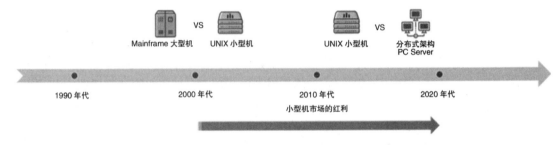

图1-1 20世纪90年代以来IT发展中的两次重要变革

首先是 20 世纪 90 年代从大型机到小型机的过渡。小型机在市场上的胜出,直接导致 Oracle 等新数据库产品最终战胜大型机上的数据库产品并一统江湖,但这并不意味着银行或世界 500 强企业用 Oracle 直接替换掉原本稳定运行的 IBM 大型机上的数据库,实际上直到现在还有很多传统应用运行在 IBM 大型机上的数据库中。但是,小型机时代的 Oracle 的确"霸占"了所有新增业务的市场。

从目前来看,以 Oracle、DB2 等数据库为代表的传统关系型数据库,历经多年的发展,对于自身固有的业务场景来说,其基本已经做到了业界极致;而在新的数据中台联机湖仓、微服务数据融合管理、海量数据实时访问、非结构化在线处理等方面,这类传统交易性数据库则明显力不从心。

从市场角度来看,传统交易性数据库的增长空间正逐渐缩小。华泰证券的数据库行业研究报告《分布式数据库或成为新的增量》中提到,据 Gartner 研究表明,2018 年全球数

据库管理系统（DBMS）市场规模达 461 亿美元，同比增长 18.4%，增速达到近 10 年的峰值。但关系型数据库市场增长渐趋平缓，据 T4.ai 预测，全球关系型数据库市场规模 2018—2022 年的 CAGR（复合年均增长率）为 6%，较 2012—2017 年的 11%或将有所下降。

而在企业数字化转型的过程中，数据量会随着业务发展而快速膨胀，形成全新的业务需求及数据增量，为数据库带来全新的市场机遇。《分布式数据库或成为新的增量》报告中指出，"传统的关系型数据库在高并发、分析等方面存在一定的劣势，应运而生的分布式数据库能够较好地满足大数据分析的需求，或形成数据库市场新的增量"。

因此，在 2010 年前后，以 AWS 为首的新一代分布式数据库厂商，已经开始在海外的增量数据库业务市场占据主导地位，Oracle 与 IBM 等小型机数据库产品则只能依靠存量市场生存。

相比于传统关系型数据库，分布式数据库在提供 ACID（Atomicity，Consistency，Isolation，Durability，数据库事务正确执行的四个基本要素，即原子性、一致性、隔离性、持久性）事务一致性能力的同时，拥有更灵活的扩展能力及多数据模型的处理能力。在面向海量数据弹性扩展的新兴业务需求时，使用分布式数据库逐步迭代，伴随全新的数字化业务渐渐渗透到传统业务，成为新的数据核心场景，是分布式数据库技术在企业中的最佳落地方案。

因此，分布式数据库的"星辰大海"绝不仅仅在于对传统关系型数据库的简单替换。数据库领域的每一次技术浪潮都是对当时主流基础和应用架构的颠覆式创新，而不是针对已有技术产品的改良或修正。分布式数据库的诞生首先是为了应对传统数据库不擅长的场景。在关系型数据库做到极致的领域，Oracle、DB2 同样发展了很长的时间才完善了其功能及生态的建设。得益于高弹性、强事务一致、多模融合等特点，近年来不少企业已经在数据中台联机湖仓、微服务数据融合管理、海量数据实时访问、非结构化在线处理等方面实现了原生分布式数据库规模化的生产落地。可以看到，分布式数据库的应用领域几乎每年都会有大幅度扩展，成为支撑企业数字化改革升级中不可或缺的弹性数据基础设施。

## 1.1.2 新一代分布式数据库的发展方向——湖仓一体架构

当前，各行各业的数字化转型进入了快车道。数字化转型的核心要义是挖掘数据的价值。随着企业数字化转型的深化，跨多业务、多数据类型的新型应用场景不断涌现，海量大数据场景下的联机交易、非结构化数据治理等需求，给企业的数据基础设施带来了新的挑战。

传统的关系型数据库难以满足这些新需求。10 年前，在全球数据库界仍普遍思考如何利用 MySQL、PostgreSQL 替代 Oracle、DB2 的同时，以 Snowflake、Databricks 及巨杉数据库为代表，聚焦于新一代"湖仓一体"架构的数据库厂商，开始在面向全新海量联机业务的场景中快速崛起。

传统意义上的数据湖和数据仓库存在着显著的差异。在数据湖中，海量数据以原生格式（或者经过粗加工后）进行积累和沉淀，格式丰富多样，有结构化、半结构化和非结构化类型，强调数据的原始性、灵活性和可用性。而对于数据仓库，其数据主要来源于业务系统，存储格式以结构化为主，并且历经加工清洗，数据形态显得更加范式化、模型化，因此数据的灵活度较低。

目前，很多企业采用传统的"湖仓分离"模式，独立建设了数据湖和数据仓库。这虽然在一定程度上实现了功能的互相补充，但企业在数据运营、价值挖掘、运维等方面，却遇到了显著的挑战：

- 数据湖中的数据模型未经治理，数据混乱，无法进行有效的元数据管理、血缘关系管理，在一定程度上形成了"数据沼泽"，数据价值得不到充分的挖掘。
- 数据仓库和数据湖之间，不能实现高时效的数据共享，一般需要借助 ETL（Extract-Transform-Load）数据传输来打通。同时，数据的冗余存储带来了资源的浪费。数据湖如果不能充分地进行数据共享，终将成为一组组断开连接的数据池或信息孤岛的集合。
- 传统的数据湖，对业务的承载能力很有限，无法对外提供海量数据的高性能查询服务。
- 不同格式的数据在转换处理时，引入了大量的开源模块，这使得技术栈更加复杂化，尤其是当数据容量达到一定量级时，管理和维护成本大幅增加。

在数字化转型的全新技术趋势中，数据平台需要同时承载联机业务与分析能力，因此业界提出了湖仓一体（Data Lakehouse）的概念，旨在为企业提供一个统一的、可共享的数据底座，避免传统的数据湖、数据仓库之间的数据移动，将原始数据、加工清洗数据、模型化数据，共同存储于一体化的"湖仓"中，既能面向业务实现高并发、精准化、高性能的历史数据、实时数据的查询服务，又能承载分析报表、批处理、数据挖掘等分析型业务。Data Lakehouse 可以支持联机交易、流处理和分析，并且同时支持结构化、半结构化和非结构化数据的存储。因此，Data Lakehouse 作为数据基础设施，其真正的价值在于打破不同业务类型、不同数据类型之间的技术壁垒，实现交易分析一体化、流批一体化、多模数据一体化，最终降低数据流动带来的开发成本及减少计算存储的开销，提升企业运作的"人效"和"能效"。传统数据平台与 SequoiaDB(巨杉数据库)湖仓一体架构的对比如图 1-2 所示。

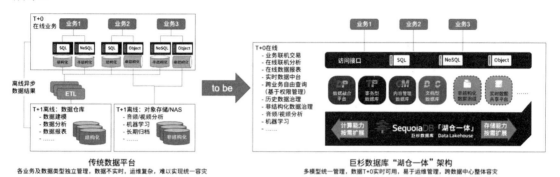

图1-2 传统数据平台与SequoiaDB(巨杉数据库)湖仓一体架构的对比

## 1.2 巨杉数据库公司及其产品简介

巨杉数据库(SequoiaDB)公司是一家专注于分布式数据库技术研发,并以成为全球数据库的领导者为愿景,以培育数据沃土、提升数据价值为使命的自研数据库独立厂商。巨杉数据库自 2011 年成立以来,专注于数据库产品研发,坚持从零开始打造原生分布式数据库引擎。2017 年巨杉数据库与阿里云同年入选 Gartner 报告,成为首家入选 Gartner 报告的国产独立数据库厂商,此后连续在 2018 年、2019 年、2020 年进入 Gartner 的多个数据库象限及大数据相关的国际权威调研报告,成为当前新一代主流数据库体系的灯塔厂商。

当前,SequoiaDB 已经在超过 100 家大中型金融机构中规模化生产上线。在金融业生产环境中,运行时间最长的 SequoiaDB 集群已经超过 7 年,最大单客户集群规模达 300 台物理服务器,其所管理的单集群最大数据量达到 1.2 万亿条。

### 1.2.1 SequoiaDB 的产品概述

"湖仓一体"作为企业未来数据平台的重要基础架构,需要一种强有力的分布式数据库支撑其海量、多模、多态的数据类型。以此为目标,巨杉数据库公司在 2011 年产品投入研发之初,就专注于多模能力的"数据湖"产品,并于 2013 年正式发布了该产品的首个商用版本。2015 年后,巨杉数据库更逐步加入数据分析引擎及跨引擎事务一致性能力,为客户提供具备海量联机数据交易及分析能力的"湖仓一体"数据基础设施。

2021 年，面向客户对"湖仓一体"各个不同场景的需求，巨杉数据库公司细分出 4 大产品线。各个产品线均基于统一的 SequoiaDB 分布式数据库内核，可以按需独立部署，也可叠加使用，如图 1-3 所示。

- SequoiaDB-DP 数据融合平台：面向数据中台的创新数据底座，数据实现一次写入、多引擎实时可读，并提供增强的数据分析引擎。各业务团队间可以充分实现数据融合，实现数据的交易分析一体化、流批一体化、多模数据一体化，让更多业务的海量数据处理能力从"T+1"提升到"T+0"。
- SequoiaDB-TP 事务型数据库：面向海量数据联机交易及微服务的创新数据底座，兼容三大 SQL 关系型数据库语法，提供 RR（Repeatable Read）数据隔离级别及跨引擎数据一致性能力。开发者可以放心地将事务一致性逻辑，交由数据库层进行处理，并自由地选择需要的 SQL 引擎，让开发人员回归到纯粹的业务设计上，以提升企业研发的"人效"。
- SequoiaDB-CM 内容管理数据库：面向非结构化数据治理的创新数据底座，为其存储的每一个对象赋予标签、描述和内容。企业可以基于这些信息进行统一有效的管理、分类、检索和查询，实现非结构化数据治理；同时实现内容管理平台从"资源消耗中心"向"数据价值中心"转型，提升企业数据处理的"能效"。
- SequoiaDB-DOC 文档型数据库：提供高度兼容 MongoDB 的 JSON 操作，可以有效协助客户进行文档型数据库的国产化迁移，为信创（信息技术应用创新）上下游产业提供金融级的数据基础设施。

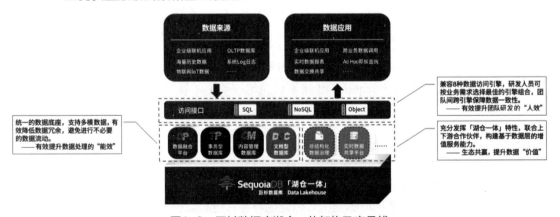

图 1-3 巨杉数据库湖仓一体架构及产品线

在巨杉数据库的典型应用架构中，企业通常基于其产品"湖仓一体"的架构特性，构建数据基础设施平台，以整合以往分散管理的结构化、半结构化和非结构化数据。巨杉数据库充分兼容包括 MySQL、MariaDB、PostgreSQL、SparkSQL、S3、PosixFS、SDB JSON 在内的多种接口，其特有的跨引擎事务一致性能力，可以有效简化多团队开发流程中对不同引擎及结构的 ACID 管理，在业务开发、数据处理、运维管理等多方面提升企业的综合数据管理效率。

目前 SequoiaDB 的企业用户已超过 1000 家，图 1-4 所示为部分客户。

图1-4　SequoiaDB的部分客户列表

## 1.2.2　SequoiaDB 的核心特性

SequoiaDB 作为一款分布式数据库，可以为用户带来诸多价值。其具有以下核心特性：

- 高性能与无限弹性水平扩展能力。
- 金融级安全特性：多数据中心间的容灾指标 RPO（复原点目标，Recovery Point Objective）为 0。
- 分布式事务与 ACID（Atomicity，Consistency，Isolation，Durability）能力。

- 完全兼容传统关系型数据库，数据分片对应用程序完全透明，同时支持结构化、半结构化与非结构化数据。
- 支持联机交易和分析混合负载，可互不干扰地同时运行联机交易与批处理任务。
- 多租户能力：云环境下支持多种级别的物理与逻辑隔离。

### 1. 弹性水平扩展

作为一款分布式数据库，支持无限弹性水平扩展是 SequoiaDB 的基本特性，其底层的分布式存储引擎与上层的数据库实例均支持这一特性。

SequoiaDB 的数据库实例均无状态并使用 TCP/IP 对外提供服务。为了提升整体处理能力，用户可以通过增加服务器数量或创建额外的数据库实例来实现对应用的弹性水平扩展。

分布式存储引擎内部包含 3 种类型的节点：协调节点、编目节点和数据节点。

其中，协调节点主要作为数据请求的路由进程，对来自上层数据库实例的请求进行分发，并对数据节点返回的结果进行汇总。每个协调节点均无状态，可以通过增加协调节点的数量提升数据路由层的处理能力。

编目节点默认使用三副本机制，由于只有当协调节点第一次访问某个表或集合时才需要读取编目节点，只有当建表或更改集群拓扑结构时才需要写入编目节点，因此在正常生产环境中编目节点的访问量极低，基本不可能成为瓶颈。

数据节点则采用水平分片的方式对数据进行横向切分，用户可以通过增加分区组或数据分片的方式，对数据引擎层的存储进行弹性水平扩展。

### 2. 高可用性与容灾

由于 PC 服务器内置的物理磁盘不同于传统小型机加存储设备的架构，在 PC 服务器出现物理故障时无法保障存储在本地磁盘的数据不丢、不坏，因此所有基于 PC 服务器内置磁盘架构的数据库必须采用多副本机制，以保障数据库的高可用性与容灾机制。SequoiaDB 通过下述 5 项技术实现高可用性与容灾机制。

- 数据库实例：由于数据库实例进程均为无状态节点，因此同样配置的数据库实例进程可以互为高可用冗余。不论创建的是 MySQL、PostgreSQL 还是 S3 实例，每个实例对外均可暴露一个或多个接入地址（IP 地址+端口号）。应用程序连接到任意一个接入地址时均可向数据库实例进行数据读/写操作，且能保证多个接入地址之间的数据一致性。用户只要为每个实例的多个接入地址前置一个类似 Nginx 或 F5

的高可用负载均衡设备,即可轻易实现多个接入地址的高可用冗余。
- 协调节点:作为数据库存储引擎的路由节点,由于协调节点自身无状态,因此所有协调节点均可以完全对等配置,对上层应用程序或计算引擎做到高可用。应用程序既可以通过上层数据库实例访问数据,也可直接对数据库存储引擎进行 API 访问。当应用程序直接连接到协调节点进行 API 操作时,应用可以通过 SequoiaDB 客户端连接池配置多个 IP 地址与端口号,实现高可用配置。如果应用通过上层数据库实例进行访问,则所有数据库实例均支持多个接入地址的高可用的配置方式。
- 编目节点:编目节点作为数据字典,维护着 SequoiaDB 存储引擎的拓扑结构、安全策略、表与集合定义及分片规则等一系列信息。在 SequoiaDB 的集群配置中,编目节点以一个独立复制组的方式存在,默认使用三副本强一致同步策略。在任何一个节点发生故障时,均可将服务实时漂移到其他的对等节点中。
- 数据节点:SequoiaDB 中保存的用户数据由数据节点进行存放与读取。在集群部署环境中,每个数据复制组均会默认使用三副本机制进行数据存放。在数据复制组中,如果任何一个数据节点进程发生故障,则该复制组内的其他节点将会实时接管其服务。具体来说,如果发生故障的节点为该复制组内的主节点,则其余从节点将会在检测到节点间的心跳中断后发起投票请求,并使用 Raft 协议选举出新的主节点;而如果发生故障的是从节点,则协调节点检测到节点间的心跳中断后,会将该数据节点存在的会话转移至其余数据节点,以尽可能对应用程序保持透明。
- 异地容灾:在传统多节点投票选举机制中,为了确保复制组内的节点不会发生"脑裂"问题,集群必须在确保超半数节点存活且达成投票共识后,才能让其中一个数据节点或编目节点当选为主节点,以提供读/写服务。但是在同城双中心或类似的环境下,用户很难保证在任何一个中心整体发生故障时,整个集群的所有复制组中依然会有超过半数的节点存活。因此,SequoiaDB 通过集群分裂与归并功能,在同城双中心的环境中进行秒级集群分裂,将原本处于两个数据中心的单集群分裂为两个独立部署的集群,以保证存活数据中心内的数据服务能够以秒级启动,并在提供完整数据库读/写服务的同时确保交易数据的稳定可靠,从而实现秒级 RTO(复原时间目标,Recovery Time Objective)与 RPO 为 0。

### 3. 分布式事务

SequoiaDB 支持强一致分布式事务功能。利用二段提交机制,SequoiaDB 在分布式存储引擎上实现了对结构化与半结构化数据的强一致分布式事务功能,不论用户创建哪种数据库实例,其底层均可提供完整的分布式事务及锁能力。SequoiaDB 完整支持 4 种隔离级别，同时支持读/写锁等待及读已提交版本机制。

### 4. 多模式接口

SequoiaDB 通过数据库实例的形式提供多种关系型及非关系型数据库兼容引擎，支持结构化、半结构化及非结构化数据。SequoiaDB 在当前版本中支持 MySQL、MariaDB、PostgreSQL 及 SparkSQL 这 4 种关系型数据库引擎，同时支持 MongoDB 的 JSON 操作，以及 S3 非结构化数据引擎。

使用多模式接口机制，用户可以让 SequoiaDB 服务于任何类型的应用程序，真正做到分布式数据库的平台化服务。

### 5. 联机交易和分析混合负载

一般来说，联机交易和分析混合负载意味着数据库既可以运行 OLTP（在线事务处理，Online Transactional Processing）来实现联机交易，也可以运行 OLAP（在线分析处理，Online Analytical Processing）来统计分析业务。但是，当用户想要在同一个数据库中针对相同数据在同一时刻运行两种不同类型的业务时，往往会形成较多数据库服务器中 CPU、内存、I/O 和网络等硬件资源的争用，导致对外的联机交易服务的性能与稳定性受到影响。

在 SequoiaDB 中，用户可以针对复制组的多副本，在节点和会话等多个级别上指定读/写分离策略，同时可以通过创建数据共享但类型不同的数据库实例（比如 MySQL 实例与 SparkSQL 实例），使其分别服务于联机交易业务与统计分析业务，以实现针对相同数据的联机交易与统计分析业务同时运行，且互不干扰。

### 6. 多租户隔离

在应用程序微服务化的今天，分布式数据库存在的价值不仅在于解决单点数据量大的问题，更在于它能以一种平台化（PaaS）的形式，同时为上层大量的应用与微服务提供数据访问能力。在这种情况下，在不同微服务之间实现底层数据的逻辑与物理隔离，是保障云环境中分布式数据库安全、可靠和性能稳定的前提。

在 SequoiaDB 中，数据域可以用于在复杂集群环境中，对资源进行逻辑与物理的划分隔离。例如，在交易型应用中，核心账务类业务与后督（事后监督）类业务的物理资源往往需要完全隔离，以确保在任何情况下审计类业务的复杂压力均不会影响到核心账务系统的稳定运行。此外，不同数据域之间的数据安全性配置、硬件资源环境等往往也不尽相同。

通过数据域、联机交易和分析混合负载、多模式接口、水平弹性扩展等多种机制，SequoiaDB 能够保障应用程序在云环境下的多租户隔离。

总体来看，作为一款新一代金融级分布式数据库，SequoiaDB 除了与 MySQL、PostgreSQL 等多种传统数据库高度兼容，还在水平扩展、数据安全、分布式事务、多模式接口、混合负载及多租户隔离等方面有着自身的独特优势。

## 1.2.3　SequoiaDB 的整体架构

SequoiaDB 分布式数据库由数据库存储引擎与数据库实例两大模块构成，如图 1-5 所示。其中，数据库存储引擎模块是数据存储的核心，负责提供整个数据库的读/写服务、数据的高可用性与容灾机制、ACID 与分布式事务等全部核心数据服务能力；数据库实例模块作为协议与语法的适配层，可供用户根据需要创建 MySQL、MariaDB、PostgreSQL 和 SparkSQL 的结构化数据实例，并且完全兼容 S3 对象存储实例。

图 1-5　SequoiaDB 架构图

用户可以通过创建不同类型的数据库实例，从传统数据库几乎无缝地迁移到 SequoiaDB，这样可大幅度降低应用程序开发者的学习成本。

### 1. 数据库实例

SequoiaDB 同时支持结构化和非结构化的数据库实例。截至本书出版之际，SequoiaDB 共支持 6 种不同的实例类型，如表 1-1 所示。

表 1-1　SequoiaDB 支持的实例类型

| 实例类型 | 实例分类 | 描述 |
| --- | --- | --- |
| MySQL | 结构化数据 | 适用于纯联机交易场景，与 MySQL 保持 100%兼容 |
| PostgreSQL | 结构化数据 | 适用于联机交易场景与中小量数据的分析场景，与 PostgreSQL 基本保持兼容 |

（续表）

| 实例类型 | 实例分类 | 描述 |
|---|---|---|
| SparkSQL | 结构化数据 | 适用于海量数据的统计分析场景，与 SparkSQL 保持 100%兼容 |
| MariaDB | 结构化数据 | 适用于联机交易场景，与 MariaDB 的语法和协议保持完全兼容 |
| SDB JSON | 半结构化数据 | 适用于基于 JSON 数据类型的联机业务场景 |
| S3 对象存储 | 非结构化数据 | 适用于对象存储类的联机业务与归档场景，与 S3 协议保持 100%兼容 |

**2．数据库存储引擎**

SequoiaDB 存储引擎采用分布式架构。集群中的每个节点为一个独立进程，节点之间采用 TCP/IP（Transmission Control Protocol/Internet Protocol，传输控制协议/网际协议）进行通信。在同一个操作系统上可以部署多个节点，节点之间采用不同的端口号进行区分。

SequoiaDB 的节点分为 3 种不同的角色，分别是协调节点、编目节点和数据节点，如图 1-6 所示。

图1-6　SequoiaDB节点架构图

- 协调节点：协调节点不存储任何用户数据。作为外部访问的接入与请求分发节点，协调节点将用户请求分发至相应的数据节点，最终汇总数据节点的应答结果，以对外做出响应。
- 数据节点：数据节点为用户数据的物理存储节点。海量数据通过分片切分的方式被分散至不同的数据节点。在关系型数据库实例与 JSON 数据库实例中，每一条记录会被完整地存放在其中一个或多个数据节点中；而在对象存储实例中，每一个文件将会依据数据页大小被拆分成多个数据块，并被分散至不同的数据节点进行存放。
- 编目节点：编目节点主要存储系统的节点信息、用户信息、分区信息及对象定义等元数据。在特定操作下，协调节点与数据节点均会向编目节点请求元数据信息，以感知数据的分布规律和校验请求的正确性。

3. 核心概念

在 SequoiaDB 中，数据节点归属于数据复制组（又称分区组）。数据复制组支持 1~7 个节点，具备高可靠和高可用的能力，该组内的节点互为副本，采用一主多从的形式。通过增删复制组内的节点，可以实现数据的垂直扩容、减容。复制组内的节点之间采用最终一致性来同步数据，不同的复制组保存的数据无重复。SequoiaDB 就是通过以下三大核心的技术设计来确保整体数据不会损坏或丢失的。

- 复制组：由于采用 PC 服务器内置物理盘，在硬件设备发生故障时，当前大部分分布式数据库无法保证单一设备中数据的可靠性与持久性；因此，SequoiaDB 采用数据多副本存放的机制，以节点为单位，对编目节点与数据节点所存放的数据进行复制。多个拥有相同数据副本的节点构成一个复制组。一般来说，复制组、数据分片和数据分区均代表同样的含义。
- 副本：复制组内的节点被称为数据副本。在 SequoiaDB 中复制组最多支持 7 个数据副本。复制组内的逻辑节点互为备份，即配置了多个数据副本，因此 SequoiaDB 原生提供高可用性与容灾机制。用户可以通过添加复制组（分区）来实现整个存储引擎集群的水平弹性扩展，也可以通过增加复制组内的副本数量来实现更高的安全性，以及提升读/写分离的并发性能。
- 一致性：复制组内部的多个数据副本之间，可以同时使用强一致和最终一致的数据同步方式，用户可以基于节点或表（集合）级别进行相应的配置。整个集群内部数据的 ACID 与分布式事务，完全由数据库存储引擎支持。

# 第 2 章
# SequoiaDB 行业应用及最佳实践

SequoiaDB（巨杉数据库）目前已在超过 100 家大中型金融机构的联机业务上实现大规模部署，并广泛应用于证券、保险、电信、互联网、交通等行业及政府部门，其企业用户总数超过 1000 家。在本章中，我们将通过企业应用场景及案例，深入了解 SequoiaDB 这款新型金融级分布式数据库的特性及其在实践中的优势。

## 2.1 企业应用场景

SequoiaDB 广泛应用于银行、泛金融、电信、互联网等行业及政府部门，适用于分布式联机交易、数据中台和内容管理三大应用场景。

### 2.1.1 分布式联机交易业务

近年来随着 IT 技术的不断发展，企业 IT 基础设施的逐步云化，应用服务从集中式系统转向微服务，一个应用、一个平台对应一个数据库的传统方案已不再适用。同时，企业服务渠道也从单一渠道演变成传统、互联网和智能终端多渠道并存。传统关系型数据库的最高数据容量、并发支持能力和所支持的数据种类越来越无法满足业务需求，这严重违背了企业试图通过系统升级来提升客户服务体验、增强差异化竞争优势的发展目标。

目前，数据服务正在向微服务架构转型，数据库的"资源池化"因而成为分布式数据库发展的核心需求。分布式联机交易场景下的架构，也存在同样的改造升级需求——应用程序要从传统烟囱式构建模式向微服务模式转型。而在这种情况下，每一个微服务是不可能对应一个独立的数据库的。这就要求数据服务资源池能直接面向上层成百上千个开发商或团队。其开发能力不同，应用类型不同，SLA（Service-Level Agreement，服务水平协议）的安全级别也不同。因此，资源池必须具备弹性扩展、资源隔离、多租户、配置一致性、多模式（支持各类 SQL 协议）、集群内可配置容灾策略等一系列功能。SequoiaDB 提供的分布式 OLTP 联机交易业务解决方案，因为充分解决了金融级联机交易业务数据库面临的以上痛点和难点，所以在业界处于领先位置。基于 SequoiaDB 的联机交易业务架构逻辑示意图如图 2-1 所示。

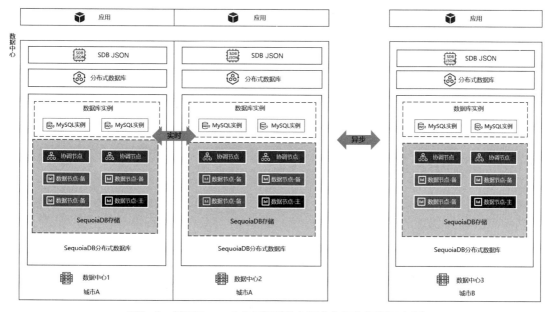

图2-1　基于SequoiaDB的联机交易业务架构逻辑示意图

SequoiaDB 支持 MySQL 协议级兼容与完整分布式事务，原生支持集群弹性水平扩展，并且能够在分布式架构下灵活调整数据的一致性，与分布式联机交易业务非常匹配。它采用计算层与存储层分离的设计——数据库底层存储采用 Raft 算法来实现分布式环境下的数据一致性，并且结合多分区、事务隔离等技术，为用户提供完整的分布式事务功能；计算层是数据库的应用服务接入层，该层支持多种解析协议，包括 MySQL 协议、PostgreSQL 协议、SparkSQL 协议、S3 协议和 API 协议。用户可以根据不同场景，选择适合的计算层协议来完成应用服务开发。

SequoiaDB 提供的分布式联机交易业务解决方案具有以下优势。

- 分布式事务：SequoiaDB 采用原生分布式架构，完整支持 ACID，可在分布式环境下灵活调整表级数据的一致性；而且分布式事务支持悲观锁，更加贴近金融核心交易场景。
- 灵活扩容：SequoiaDB 可在分布式架构下轻松实现弹性扩展，可按需快速扩展集群；同时集群的扩展无须管理员进行烦琐配置，一个命令即可解决。
- 数据隔离：SequoiaDB 支持在物理服务器级别提供多租户功能，不同业务系统互不干扰，并且拥有完善的用户权限管理，可将 CRUD（Create，Retrieve，Update，Delete）的各种权限细分到表级别。
- 降低风险：SequoiaDB 原生支持数据库内核级别的高可用性及跨数据中心的灾备能力，并且通过"24 小时×7 天"的高可用性与容灾策略，能保证数据永远在线、可用。此外，它还提供了两地三中心容灾方案，能满足"超金融级"的数据安全需求。

目前，SequoiaDB 已在多家金融与政府机构的联机交易业务中进入生产系统，包括互联网金融核心、银行生产库瘦身、直销银行、第三方支付、政务信息等在线业务系统，可在与已有应用程序无缝对接的同时提供高性能与高可用性支持。

## 2.1.2 数据中台服务

近年来，随着 IT 技术与大数据的不断发展，越来越多的企业将数据作为宝贵的资产而长期保留。同时，微服务与分布式技术的不断发展，使得联机应用程序不再使用"烟囱式"构建模式，而是需要由众多原子服务组件在一个数据池中进行灵活的数据访问。这使得一些传统联机应用程序的历史数据包袱越来越重，灵活性大幅度下降，最终导致数据库不堪重负、应用整体性能低下。与此同时，随着大数据需求的不断增加，已归档的数据需要重新上线，以满足在线化与实时化使用、查询和分析等要求，这就要求对庞大的离线数据进行在线化与服务化。这些需求使得数据中台系统成为各大企业 IT 建设与投入的重要方向。

数据中台主要提供全量数据的实时在线服务，同时提供对海量数据进行采集、计算、存储、加工及基于全量数据的数据价值发掘和构建数据科学工程等服务。在过去，银行等机构的数据管理被简单地划分为在线核心及归档两个部分，随着业务的复杂化及互联网、移动业务带来的海量数据的增长，数据在治理、挖掘等方面的重要性凸显，因此，数据中台就成为现在金融等大型企业关注的业务重点。

数据中台作为大数据与新型互联网业务应用中间的一层，一方面可以将大数据和数据仓库的加工结果放在这一层，对外提供高并发、低延时的 API 和标准 SQL 访问；另一方面可以将核心库里面的数据实时抽取过来进行一些数据粗加工，如用户统一资产视图、实时绩效等业务。

数据中台将大数据和数据仓库的结果，以及来自核心交易库输入的实时数据流，以直接 API 或标准 SQL 的方式对外提供高并发、低延时的数据访问服务（见图 2-2）。

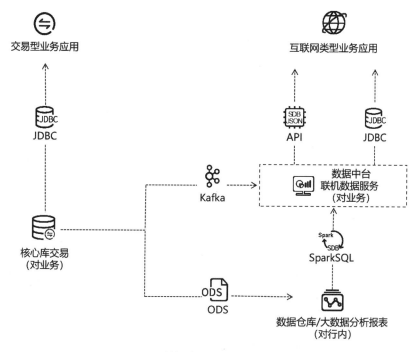

图2-2　数据中台业务架构逻辑

SequoiaDB（巨杉数据库）提供了企业历史与实时数据的统一纳管平台，激活了企业数据的核心价值。通过对海量历史与实时数据的采集、计算、存储和加工，数据中台为应用上层多变的业务逻辑与底层稳定的数据结构提供中间层统一的标准与口径，满足企业业务和数据沉淀的需求，实现生产系统瘦身、历史数据在线化、减少重复建设、降低烟囱式协作成本的目的，以增强企业的差异化竞争优势。

SequoiaDB 的数据中台解决方案包括以下技术特性。

- 无限弹性扩展：具备此特性的分布式体系架构，可轻易承载 PB 级别的对外联机业务数据。

- 高并发、低延时：可以同时服务于数十万级高并发联机业务，并提供毫秒级实时数据访问性能。
- 多索引：在用户表的不同字段与维度创建多个用户索引，支持复杂灵活的毫秒级联机查询需求。
- 多模式：支持面向联机交易、混合业务及统计分析的 SQL 执行引擎，支持标准结构化数据和文件，支持对象类型的非结构化数据存储与联机访问。
- 多租户：提供多实例及数据区域隔离等特性，确保来自不同类型业务系统的计算与存储资源可相互独立、互不干扰。
- 高可用性：最大程度地提升数据的可靠性与可用性，同时支持同城双中心、两地三中心、三地五中心等丰富的容灾策略。

基于 SequoiaDB 搭建的数据中台能够为客户带来以下价值。

- 敏捷开发：其应用开发效率比不使用数据中台的数据系统提升 3～5 倍，无须调整底层数据模型即可与上层应用敏捷对接，并可打破系统间的数据壁垒，提供跨业务系统的数据访问。
- 数据全量在线：支持历史数据全量在线，对传统冷数据可提供全方位在线服务及企业级的统一数据视图。对冷、热数据的全量在线一体化访问，可大幅提升用户体验。
- 降低风险：能实现"24 小时×7 天"的高可用性与容灾策略，确保数据永远在线、可用；可以快速实现新业务构思，避免将核心业务数据库直接暴露给外部消费类业务系统，并导致核心业务数据库被破坏的风险。
- 降低成本：通过用 PC 服务器取代小型机，可减少软硬件费用，降低对接公有、私有云平台的 IT 投入成本；而核心交易系统业务下移，可降低主机负载并减少企业的 IT 升级费用。

基于 SequoiaDB 构建的数据中台，可以实现数据的"融会贯通"，提供联机数据一站式服务，帮助企业实现多业务数据的整合，跨越底层数据与新业务的鸿沟。目前，它已大规模应用于企业生产库瘦身、数据生命周期管理等业务。

## 2.1.3 内容管理服务

SequoiaDB 分布式内容管理解决方案（基于 SequoiaDB 的内容管理平台见图 2-3）提供了可弹性扩展的非结构化数据存储平台，以及批次管理、版本管理、生命周期管理、标签管理、模糊检索、断点续传等丰富的元数据管理机制。它基于 Spring Cloud 框架的微服务架构，通过可插拔组件与可配置流程，允许用户自由定义不同数据存储容器中对象文件的处理方式。比如，对于合同扫描件类型的业务，系统可以将 OCR 文字识别模块直接加入非结构化文件处理流程，使得所有写入该容器的合同自动进行文字识别处理，并直接支持针对其内容的全文检索能力。

图2-3 基于SequoiaDB的内容管理平台

SequoiaDB 内容管理平台包含以下技术特性。

- 无限弹性扩展：随着移动化应用在企业中的不断普及，越来越多的业务系统需要存储影像扫描件等非结构化数据。使用传统技术，存储设备的容量与带宽往往成为最大的瓶颈；而使用基于 SequoiaDB 的分布式内容管理解决方案，用户可以存储容量近乎无限的非结构化数据。
- 高并发、低延时：如今，非结构化数据的应用已不限于传统的归档与审计类业务，越来越多的联机交易系统开始在业务流程中依赖影像图片数据。分布式内容管理解决方案为用户提供了面向联机业务的高并发、低延时的非结构化数据访问能力。
- 异地分布式架构：对于拥有大量分支机构的企业来说，对分散在全国各地的非结构化数据进行统一、有效的汇总纳管，往往受到数据中心带宽的制约。基于 SequoiaDB 的分布式内容管理解决方案，提供了"元数据统一纳管，非结构化数据异地存放"

的体系架构，可最大化地节省数据中心之间的传输带宽。
- 多租户：由于上层应用程序所服务的业务场景不同，因此，不同应用程序对数据的安全性、稳定性及延迟等特性要求不一。SequoiaDB 提供多实例及数据区域隔离等特性，确保来自不同业务系统的存储资源能相互独立、互不干扰。
- 高可用性：如今的联机业务系统经常大量使用非结构化数据，由于其内容管理系统发生故障而导致的业务中断往往令人难以接受。SequoiaDB 采用数据多副本冗余的方式，最大程度地提升数据的可靠性与可用性。同时，SequoiaDB 支持同城双中心、同城三中心、两地三中心、三地五中心等丰富的容灾策略。

基于 SequoiaDB 搭建的内容管理平台能够向客户提供以下价值。

- 非结构化数据统一管理：可提供企业级非结构化数据统一视图，打破业务系统之间的数据壁垒，同时提升业务系统之间的数据交换效率。
- 数据全量在线：历史影像数据全面在线。这既可以提升用户体验，又可以减少历史数据抽取的开销，提升企业的 IT 运维能力。
- 降低风险：提供"24 小时×7 天"级别的高可用性与容灾策略，保证数据永远在线、可用，可避免将核心业务数据库直接暴露给外部消费类业务系统，以及避免因直接对核心业务数据库进行访问而造成损失，并且能快速实现新业务构思。
- 降低成本：用 PC 服务器取代小型机可减少软硬件费用，降低对接公有、私有云平台的 IT 投入成本。

基于 SequoiaDB 的分布式内容管理平台可实现全类型数据的统一管理，其主要应用在影像平台、海量音频/视频管理、非结构化数据治理、双录系统、无纸化系统等方面。

## 2.2 企业级应用案例

SequoiaDB 作为一款开源的金融级分布式数据库，目前已在超过 100 家大中型金融机构的生产业务中规模化上线应用。本节将通过某银行分布式数据库案例，以及 SequoiaDB 在某省级农信社联机交易业务中的应用实践，分享这款国产分布式数据库中的成功经验。

### 2.2.1 某银行的分布式数据库实践

对于金融信息化建设，国内的一些银行曾经主要依托原有集中型 IT 架构来进行维护和扩展。随着系统规模及复杂程度呈指数级增长，各类瓶颈逐渐暴露，日益增长的数字金融需求同旧式的系统架构缺陷之间的矛盾开始凸显。随着中国人民银行、中国银行保险监督管理委员会等金融监管部门提出相关政策要求，金融企业掀起了分布式转型的浪潮。

本节示例中的这家银行是一家全国性商业银行。在业务和技术创新上，该银行一直走在业界前列，尤其在人工智能、大数据领域，做出了很多积极尝试，成效卓然。

### 1. 银行的分布式转型需求

来自应用和业务层的压力，给商业银行的 IT 和数据架构带来新的需求和挑战，比如向分布式技术架构的转型，其转型需求主要体现在如下几个方面。

- 提升海量数据系统管理的弹性：当商业银行系统内的数据量急剧增多时，系统需要弹性扩容，以应对 PB 级别以上的数据管理；而这种弹性的容量调整可以让所有数据保持在线。
- 提升数据管理系统的性能：针对客户的实时需求，商业银行的数据系统需要满足高并发业务的操作需求——海量数据的超高性能读/写及实时访问查询。
- 升级数据安全保障：数据安全不仅仅指的是简单地备份，除了实现数据的持续高可用，还应支持异地容灾甚至支持数据中心的"双活"，即主备两个数据中心都同时承担用户的业务，主备两个数据中心互为备份，进而保障数据安全。
- 满足多类型数据处理需求及提升系统效率：在跨业务的融合中，对于从结构化到半结构化再到非结构化的多模数据，亟须进行统一管理，以大幅提升系统效率。
- 简化开发、运维工作，以节约成本：随着应用的增多，分布式架构既便于对数据分区进行管理、对业务进行有效隔离，也可以通过保持系统的弹性、兼容性来大大简化开发和运维工作。
- 对核心业务系统的支撑能力：对于数据库产品，除了技术先进及能确保数据安全，还要在核心业务上具备代码级的控制，这样在针对用户需求不断迭代时才能保持产品的稳定性，并提供高效、强力的技术支持。

### 2. 某银行新一代数据库的应用

基于应用和业务的转型需求，新一代分布式数据库在某银行有如下一些应用场景。

- 数据库的分库分表：针对数据弹性扩容和高性能、高可用性等要求，已实现 Oracle、IBM DB2 及 MySQL 数据库的分库分表改造，分库数超过 15 个，分表数超过 500 个。
- 传统数据库的跨中心分布和双活：针对 IBM DB2 等传统关系型数据库产品，经过跨中心分布和双活的改造，其总体安全性、RTO、RPO 大为改善，风险降低的同时效率得以提升，操作过程更加简单、透明；而且由于软硬件资源利用率的大幅提高，因此节约了建设成本。

- **引入新型分布式数据库产品**：除了对传统数据库进行分布式改造，该银行也积极尝试 SequoiaDB 这样的新型分布式数据库产品，并在海量数据查询、分布式影像平台和归档数据管理等在线业务系统中进行大规模部署。

### 3. 分布式数据库创新实践

虽然分布式架构改造在该银行已取得成效，但其业务负载在不断增大，同时直销银行、互联网金融和人工智能等创新业务需要拓展，分布式数据库应用也需要向更核心的业务系统推进。当前的技术方案仍存在如下亟待解决的核心诉求。

- **降低偏高的使用和开发、运维成本**：分库分表方案在扩展性和性能、并发上仍有瓶颈，同时开发成本高昂；而且由于需要预先根据业务对数据库进行切分，因此丧失了较多的弹性，在运维上也需要投入不少人力。此外，MySQL 目前在互联网行业中应用得较广，许多应用基于其开发，但是目前的分布式数据库尚未实现与 MySQL 的完全兼容，因此其投产后实际的使用和运维成本较高。
- **进入核心业务场景**：使用开源的数据库、中间件方案，由于没有商业化厂商的支持和行业积累，稳定性没有保障，因此，在进入核心业务系统时存在一定风险。
- **达到国产化要求**：在分布式数据库领域，不能过分依赖国外的开源产品，需要着重考察自主可控的国产分布式数据库产品。

针对上述诉求，该银行在分布式 NewSQL 的创新实践中，经过测试和对比，最终选择了巨杉数据库公司的 SequoiaDB。SequoiaDB 3.0 版已实现了完整协议级别的 MySQL 兼容，可以在数据库层面做到分布式，并且对已有业务完全兼容。同时，SequoiaDB 在金融业已经过大规模使用的考验，在产品的成熟度上更加可靠。

分布式 NewSQL 数据库平台使用 SequoiaDB 3.0 能体现以下几个业务优势。

- **分布式 NewSQL 数据库平台的可扩展性**：存储层的分布式数据引擎，可以实现数据量的弹性扩容，以灵活应对业务需求的调整。
- **微服务架构**：整个平台参考了微服务架构，接入层的 SQL 实例和存储层的存储节点都可以进行自由的配置，而且应用可以按需选择 SQL 实例和存储节点。
- **完全兼容 MySQL**：接入层实现了协议级的完全兼容，应用可无缝对接，这大大降低了分布式 NewSQL 数据库平台的使用和运维成本。

**4. 业务场景的测试结果**

为了体现 NewSQL 平台的优势,下面选取 SequoiaDB 在该银行几个重要交易场景下的测试数据进行说明。

- 某渠道复杂的查询场景:此场景以查询为主,查询语句较复杂,涉及 4 张表的关联。在其中两张大的流水表的关联操作中,每张表的记录数多达数亿条,最终的匹配结果多达数百条记录。通过测试,SequoiaDB 在该场景下每分钟可处理 1 886 184.03 笔业务,而且整个过程在如此高的吞吐量下仍然能够持续保持平稳。
- 柜台业务办理场景:此业务以查询和更新为主,执行频率高,对响应时间要求高。查询业务涉及 3 张表,其中两张资料表分别有 1000 万条、3000 万条数据,维度表的数据有 1 万条;更新操作则涉及资料表的 1000 万条记录和维度表的 1 万条记录。在混合查询和更新的执行过程中,可能出现不同事务对同一条记录的读/写冲突,吞吐量会出现小幅度波动,但平均每分钟仍然可处理 51 090.03 笔业务。
- 计费业务场景:此业务场景以插入、更新和查询为主,执行频率高,对响应时间要求高。其中查询涉及两张资料表,记录数为 1000 万条,还涉及两张维度表,记录数为 3000 万条;插入操作涉及两张流水表,记录数分别为 3000 万条与 900 万条;更新涉及一张维度表与一张流水表,这两张表的记录数分别为大于 1 万条、大于 1 亿条。该业务场景较为复杂,每笔业务至少涉及对 50 余个数据库的插入、更新及查询操作。尽管如此,SequoiaDB 平均每分钟仍然可处理 9 861.57 笔业务,相比之前,波动较小。

最终的测试结论是,SequoiaDB 的 MySQL 兼容性较为优秀,扩展能力较好,其总体性能满足重要交易系统的要求。该银行今后会把现有分库分表方案难以处理的业务更多地向 NewSQL 平台迁移,并持续评估未来大规模使用分布式数据库的可能性。建设分布式数据库,能充分发挥 NewSQL 数据库的优势,有助于业务、技术创新,以及积累成功经验。

## 2.2.2 某省级农信社的联机交易业务应用实践

随着移动互联网的迅猛发展,分布式架构已在互联网 IT 技术领域广泛应用并积累了大量最佳实践。在互联网金融快速发展和利率市场化的大环境下,建设能够支持海量客户、具有弹性扩展能力、高效灵活的分布式架构应用系统,日益成为国内金融业的迫切需要。

**1. 分布式数据库应用是大势所趋**

某省级农信社普惠金融平台建设旨在"充分运用金融科技手段,优化信贷流程和客户评价模型,降低企业融资成本,缓解民营企业、小微企业融资难、融资贵问题,增强金融服务实体经济能力"。与传统信贷系统不同，普惠金融服务是典型的互联网应用，具有互联网场景接入能力。如仍沿用集中式技术架构，在应对海量客户和控制总成本等方面存在以下潜在问题。

- 集中式架构缺乏弹性伸缩能力：随着交易量和数据量的增长，其系统整体吞吐量会遇到硬件或技术的瓶颈。尤其是在支持面向互联网客户的相关业务时，如不能有效处理瞬时爆发的高并发交易，就会影响客户获取及大规模业务营销。
- 集中式架构采用单体应用设计：软件开发和运行管理的最小单元是应用。单体应用的管理粒度较粗，容易牵一发而动全身，其开发过程也不易践行轻量化敏捷开发理念；而且当系统运行过程中出现单点故障时，难以有效进行故障隔离。
- 采购和服务成本高：集中式架构系统的基础设施通常采用高端的服务器和存储设备，以及传统关系型数据库，其软硬件成本高昂。而且，其开发和运维对厂商的依赖性较强，服务成本较高。
- 技术体系封闭：部分银行的 IT 团队缺乏自主可控能力，存在信息安全风险。

该省级农信社在规划新一代普惠金融平台建设时，从战略高度对上述问题进行了深入分析与思考，从横纵两个角度进行了长远的研发规划，即在数据方面着眼于分布式数据库，在功能层面则引入微服务架构，以求构建真正全方位分布式框架的金融服务底层系统；同时，响应国家关于技术自主可控的号召，选择国产分布式数据库，有效控制 IT 成本和实现技术自主可控。

### 2. 国产分布式数据库应用实践

鉴于普惠金融平台的获客方式发生了变化，为了满足客户申请贷款的爆发式增长，银行需要在审批方式和流程上有所改变，这对企业征信和智能风控提出了更高的要求。而且，随着细分领域竞争的加剧，平台应用需要随时调整和迭代。经过严格评选，该省级农信社最终决定采用 SequoiaDB 作为底层分布式数据库平台。

该平台应用利用分布式数据库的计算-存储层分离技术，将协议解析、计算等模块与底层存储解耦——存储层通过多维分区实现弹性扩展，计算层采用无状态设计的独立部署，通过动态增加数据库实例来线性提升计算能力，以有效应对瞬时爆发的高并发海量交易。

该平台基于 Spring Cloud 微服务框架，在业务逻辑上将传统的单一中间件拆解为众多微服务组件。分布式数据库实例服务层提供了可选择、可适配、可动态伸缩的标准数据库计算引擎，便于银行根据应用场景灵活选择。应用开发采用数据库分布式计算引擎，面向联机交易的业务场景采用兼容 MySQL 的计算实例，批处理业务场景采用兼容 SparkSQL 的计算实例。该实例通过访问分布式数据库的不同数据副本,实现对数据的并行处理和多元利用,即一份数据具有多种用途。

以下是联机业务应用分布式数据库的几个技术要点。

1)分布式架构下的应用设计

分布式数据库的核心机制是将海量数据通过算法切分到多个分区中。每个数据分区可以分布在不同的物理服务器中,通过网络设备将这些服务器连接到一起,就可以构成一个逻辑上对外统一的数据库服务。因此,如何对数据进行均匀切分,以及如何在切分后对数据进行快速检索,是分布式策略必须优先保障的。

针对分布式数据库,有如下切分规则。

- 散列(hash)分区:指在数据写入的过程中,针对指定分区字段的值进行散列后,判断其数据物理存放分区的规则,如图 2-4 所示。

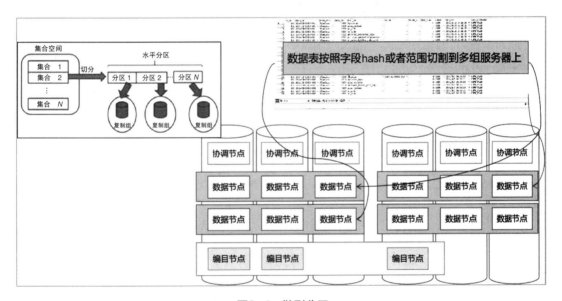

图 2-4 散列分区

- 范围分区:指在数据写入的过程中,针对指定分区字段的值判断其所在范围,并根据数据所在范围对应的数据分区判断其物理位置的规则,如图 2-5 所示。

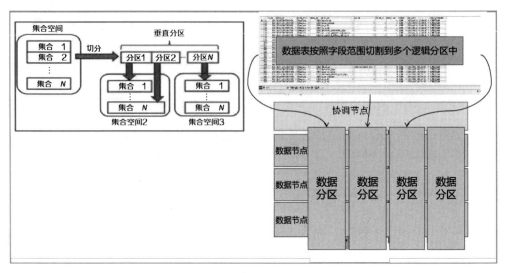

图2-5 范围分区

- 多维分区:即散列分区与范围分区的结合。如图 2-6 所示,在多维分区中,用户在建表时可以指定两个不同的字段,首先根据第一个字段进行范围的判定;之后再根据第二个字段,在该范围所对应的一系列物理服务器中进行散列,以判断其位置。

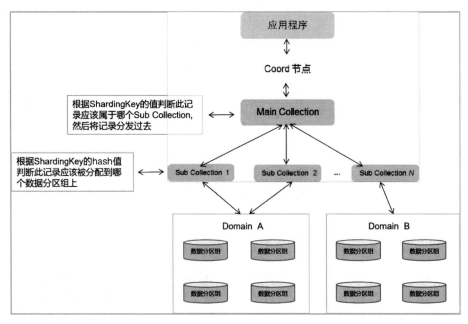

图2-6 多维分区

在新一代普惠金融服务平台项目中，对于数据库表结构的设计，该省级农信社面向数据特征有针对性地定义了分区字段与规则，在实践中这极大地提升了应用的效率与并发能力，避免了传统架构中数据库成为性能瓶颈与故障热点区域的问题。

2）分布式微服务架构下的数据一致性保障

用分布式数据库系统实现底层业务，会带来很多传统集中式数据库所没有的特性，比如分布式容错能力、弹性可扩展能力等。对银行等金融业来说，这些特性都是至关重要的优化因素。分布式数据库系统有此优势，主要缘于其分布式存储特性，即每个节点保存完整数据库的一部分，并在其他节点上部署副本。实现这样的分布式能力，很重要的一环就是一致性策略。

在实践的过程中，该省级农信社重点研究并解决了行业内公认的难题，即分布式环境下端到端的数据一致性与数据安全，具体方案包含如下两个方面。

- 利用柔性事务确保微服务之间的数据一致性：通过研究分布式数据库在银行领域应用的策略，深入了解分布式底层技术，利用柔性事务 TCC（Try-Confirm-Cancel）实现微服务之间的数据一致性。普惠金融平台基于 Spring Cloud 微服务框架进行开发，应用程序开发规范明确了每组微服务必须提供 TCC 接口。遵循针对微服务的分布式事务所提出的 RESTful TCC 解决方案，结合 Spring Cloud Netflix 和分布式柔性事务，即可实现微服务之间的数据一致性。
- 在微服务内部通过分布式数据库技术实现自动化事务的一致性保障：结合普惠金融系统业务数据的特点，合理运用数据多维分区策略，并利用分布式数据库技术，在二阶段提交（2PC）基础之上，针对异常故障场景，实现自动化事务的一致性保障。

为了保障数据的一致性，需要维护一个全局唯一的 ID 来区分并发事务，以及标识产生或变更的数据。这样一个全局唯一的 ID，通常需要结合事务发起的时间，并且依赖时间戳加上其他一些标识位来加以实现。SequoiaDB 专门设计了一套全分布的逻辑时钟机制，避免了强制所有参与节点从 GTM（Global Transaction/Time Manager）中获取唯一 ID，同时又能满足分布式存储和处理的要求。

3）分布式数据库跨同城数据中心部署

基于分布式数据库完善的多副本数据同步机制，新一代普惠金融平台既实现了同城双中心部署——支持数据的容灾与高可用性，也实现了应用跨数据中心运行——当主中心出现灾难时，数据零丢失，分布式数据库自动进行容灾切换，应用系统对该操作无感知。图 2-7 是该省级农信社普惠金融平台分布式数据库应用的双活部署示意图。

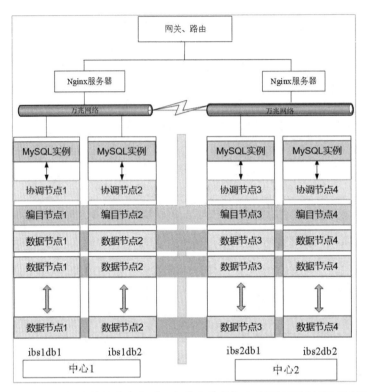

图2-7 该省级农信社普惠金融平台分布式数据库应用的双活部署示意图

### 3. 项目创新成果

分布式数据库提供了灵活、弹性、便捷、融合的数据服务能力，除了可应对瞬时爆发式业务量增长，还可与微服务架构相结合，为应用的敏捷迭代开发打下良好基础，帮助金融企业快速推出创新、差异化、跨界的服务和产品。该省级农信社基于此取得了如下成果。

- 分布式架构转型与金融产品国产化：用 SequoiaDB 替代国外数据库产品，避免核心技术绑定问题，实现对底层代码的完全自主可控。从软件与硬件两个方面、性能和效率两个层面、短期应用的战术最优化和长远发展的战略最优化两个角度，均实现提升。此外，针对异地灾备，通过分布式数据与应用相结合的多活部署策略，应用 SequoiaDB 产品，为各地农信社和其他金融机构的多活数据中心建设探索出了一条切实可行的道路。
- 分布式环境下端到端的数据一致性：微服务之间的数据一致性用柔性事务保证；微服务内部的自动化事务一致性通过分布式数据库技术来实现；跨数据中心的数据一致性与高可用性问题，用分布式数据库的多活体系来解决。通过在虚拟化云环境中完成微服务框架下分布式系统的多层次数据一致性，进而实现高效的弹性扩展、事务处理的最终一致性、微服务级别的数据保障及多活异地容灾等优良特性，该省级农信社为金融系统的升级与变革提供了强大动力和发展潜力。
- 实现社会效益与经济效益的最大化：通过对行业的深度调研，对互联网融资业务的共性进行提炼，基于弹性多层次混合系统，推出一个强大、稳定的普惠金融平台，集客户账户、产品创新、全周期核算、业务自动化审批、智能风控等于一体。该平台的金融差异化配置、跨界产品整合、服务交互、产品核算等功能，不仅为客户提供了一揽子普惠金融、互联网融资服务，而且为企业互联网金融业务的快速发展打下了坚实的基础。

# 第 3 章
# SequoiaDB 基础知识

作为一款分布式数据库，SequoiaDB（巨杉数据库）可以部署在本地和云平台上。本章主要介绍如何构建一个基础的 SequoiaDB 运行环境，并通过命令行操作模式引导大家快速了解和使用 SequoiaDB。

## 3.1 SequoiaDB 的安装和部署

在安装 SequoiaDB 之前，需要确保操作系统、硬件、通信条件、磁盘和内存满足最低配置要求，并进行相应的设置，以保障系统的稳定高效运行。

### 3.1.1 软硬件环境需求

SequoiaDB 是一款金融级分布式数据库，该数据库可以轻松地部署和运行在主流架构的服务器及虚拟化环境中。作为一款高性能分布式数据库，SequoiaDB 支持绝大多数主流的硬件（见表 3-1）、网络设备和 Linux 操作系统环境（见表 3-2）。

表 3-1 SequoiaDB 支持的硬件平台

| 硬件平台类型 | 硬件平台列表 |
| --- | --- |
| x86 架构 | 通用 x86 硬件平台 |

（续表）

| 硬件平台类型 | 硬件平台列表 |
|---|---|
| ARM64 架构 | 华为 TaiShan 服务器（鲲鹏 920 处理器）<br>长城擎天服务器（飞腾 2000 处理器） |
| Power 架构 | 浪潮（IBM）Open Power |

表 3-2 SequoiaDB 支持的 Linux 操作系统

| 硬件平台类型 | 操作系统列表 |
|---|---|
| x86 架构 | Red Hat Enterprise Linux (RHEL) 6<br>Red Hat Enterprise Linux (RHEL) 7<br>Red Hat Enterprise Linux (RHEL) 8<br>SUSE Linux Enterprise Server (SLES) 11 Service Pack 1<br>SUSE Linux Enterprise Server (SLES) 11 Service Pack 2<br>SUSE Linux Enterprise Server (SLES) 12 Service Pack 1<br>Ubuntu 12.x<br>Ubuntu 14.x<br>Ubuntu 16.x<br>CentOS 6.x<br>CentOS 7.x<br>CentOS 8.x<br>国产统信 UOS<br>深度 Deepin<br>中标麒麟<br>银河麒麟<br>红旗 Linux |
| ARM64 架构 | Red Hat Enterprise Linux (RHEL) 7<br>Red Hat Enterprise Linux (RHEL) 8<br>Ubuntu 16.x<br>CentOS 7.x<br>CentOS 8.x<br>国产统信 UOS<br>深度 Deepin<br>中标麒麟<br>银河麒麟<br>华为 EulerOS(openEuler) |
| Power 架构 | Red Hat Enterprise Linux Server release 7.5 |

需要注意的是，操作系统需要 glibc 2.15、libstdc++ 6.0.18 或更高版本。如需要在生产环境中采用列表外的 Linux 操作系统，则可联系 SequoiaDB 官网的技术支持人员，以获得更详细的信息。

SequoiaDB 对于开发、测试和生产环境的服务器有不同的硬件配置要求和建议，其中，最低配置要求如表 3-3 所示。

表 3-3 服务器的最低配置要求

| 需求项 | 要求 | 推荐配置 |
| --- | --- | --- |
| CPU | x86( Intel Pentium、Intel Xeon 或 AMD )32 位 Intel 或 AMD 处理器<br>x64（64 位 AMD64 或 Intel EM64T 处理器）<br>ARM（64 位处理器） | x64（64 位 AMD64 或 Intel EM64T 处理器）<br>ARM（64 位处理器） |
| 磁盘 | 10GB 或以上 | 100GB 或以上 |
| 内存 | 1GB 或以上 | 2GB 或以上 |
| 网卡 | 1 张或以上 | 百兆网卡 |

所有验证测试环境中的 SequoiaDB 可部署在同一台服务器上。如进行性能相关的测试，则需要采用较高性能的存储和网络硬件配置，以免影响测试结果，如表 3-4 所示。

表 3-4 服务器的较高配置要求

| 需求项 | 要求 | 推荐配置 |
| --- | --- | --- |
| CPU | x64（64 位 AMD64 或 Intel EM64T 处理器）<br>ARM（64 位处理器） | x64（64 位 AMD64 或 Intel EM64T 处理器）<br>ARM（64 位处理器） |
| 磁盘 | 512GB（至少 1 块） | 2TB（至少 2 块） |
| 内存 | 32GB 或以上 | 64GB 或以上 |
| 网卡 | 1 张或以上 | 千兆网卡 |

**注意**：表 3-4 所示配置中的 SequoiaDB 是部署在物理机上的。在生产环境中强烈推荐使用如表 3-5 所示的服务器配置。

表 3-5 服务器的高配置要求

| 需求项 | 要求 | 推荐配置 |
| --- | --- | --- |
| CPU | x64（64 位 AMD64 或 Intel EM64T 处理器）<br>ARM（64 位处理器） | x64（64 位 AMD64 或 Intel EM64T 处理器）<br>ARM（64 位处理器） |

（续表）

| 需求项 | 要求 | 推荐配置 |
|---|---|---|
| 磁盘 | 2TB 或 4TB（至少 10 块） | 4TB（至少 10 块） |
| 内存 | 64GB 或以上 | 64GB 或以上 |
| 网卡 | 1 张或以上 | 万兆网卡 |

注意：对于 SequoiaDB 的磁盘大小配置，建议普通物理磁盘不超过 4TB；单台服务器可配置部分物理 SSD（固态磁盘），以提高性能。

在安装 SequoiaDB 之前，应先对与 Linux 系统相关的配置进行检查和设置，包括主机名、主机名/IP 地址映射、防火墙和 SELinux。在配置主机名时，不同系统的操作不尽相同。

- 在 SUSE 系统中，执行如下命令：

```
# hostname sdbserver1   # 设置主机名
# echo "sdbserver1" > /etc/HOSTNAME    # 将主机名持久化到配置文件中
```

- 在 Red Hat 6/CentOS 6 或更低版本的系统中，执行如下命令：

```
# hostname sdbserver1      # 设置主机名
# sed -i "s/HOSTNAME=.*/HOSTNAME=sdbserver1/g" /etc/sysconfig/network
# 将主机名持久化到配置文件中
```

- 在 Red Hat 7/Red Hat 8 或 CentOS 7/CentOS 8 中，执行如下命令：

```
# hostname sdbserver1   # 设置主机名
# echo "sdbserver1" > /etc/hostname    # 将主机名持久化到配置文件中
```

- 在 Ubuntu 系统中，执行如下命令：

```
# hostname sdbserver1   # 设置主机名
# echo "sdbserver1" > /etc/hostname    # 将主机名持久化到配置文件中
```

配置主机名的验证方法是执行 hostname 命令，若输出 sdbserver1，则说明配置成功：

```
# hostname
sdbserver1
```

配置主机名/IP 地址映射的方法是，将服务器节点的主机名与 IP 地址映射关系配置到 /etc/hosts 文件中：

```
echo "192.168.20.200 sdbserver1" >> /etc/hosts
echo "192.168.20.201 sdbserver2" >> /etc/hosts
```

主机名/IP 地址映射的验证方法如下：

```
ping sdbserver1（本机主机名）
ping sdbserver2（远端主机名）
```

如果想关闭防火墙的配置，就需要根据不同系统执行相应的命令。

- 对于 SUSE 11，执行如下命令：

```
# SuSEfirewall2 stop                       # 临时关闭防火墙
# chkconfig SuSEfirewall2_init off         # 设置开机禁用防火墙
# chkconfig SuSEfirewall2_setup off
```

- 对于 SUSE 12，执行如下命令：

```
# systemctl stop SuSEfirewall2.service     # 临时关闭防火墙
# systemctl disable SuSEfirewall2.service  # 设置开机禁用防火墙
```

- 对于 Red Hat 6/CentOS 6 或更低版本的系统，执行如下命令：

```
# service iptables stop    # 临时关闭防火墙
# chkconfig iptables off   # 设置开机禁用防火墙
```

- 对于 Red Hat 7/Red Hat 8 或 CentOS 7/CentOS 8，执行如下命令：

```
# systemctl stop firewalld.service      # 临时关闭防火墙
# systemctl disable firewalld.service   # 设置开机禁用防火墙
```

- 对于 Ubuntu，执行如下命令：

```
# ufw disable
```

如果成功关闭防火墙，不同系统就会给出各自的反馈信息。

- SUSE 11 中的输出信息如下：

```
# chkconfig -list | grep fire
SuSEfirewall2_init      0:off   1:off   2:off   3:off   4:off   5:off   6:off
SuSEfirewall2_setup     0:off   1:off   2:off   3:off   4:off   5:off   6:off
```

- SUSE 12 中的输出信息如下：

```
# systemctl status SuSEfirewall2.service
  SuSEfirewall2.service - SuSEfirewall2 phase 2
     Loaded: loaded (/usr/lib/systemd/system/SuSEfirewall2.service; disabled; vendor preset: disabled)
     Active: inactive (dead)
```

- Red Hat 6/CentOS 6 或更低版本系统中的输出信息如下：

```
# chkconfig --list iptables
iptables          0:off    1:off    2:off    3:off    4:off    5:off    6:off
```

- Red Hat 7/Red Hat 8 或 CentOS 7/CentOS 8 中的输出信息如下：

```
# systemctl status firewalld.service
  firewalld.service - firewalld - dynamic firewall daemon
     Loaded: loaded (/usr/lib/systemd/system/firewalld.service; disabled; vendor preset: enabled)
     Active: inactive (dead)
       Docs: man:firewalld(1)
```

- Ubuntu 中的输出信息如下：

```
# ufw status
Status: inactive
```

用户可以将 SELinux 配置为"关闭"（disabled），或将模式调整为"permissive"。根据 SequoiaDB 的特性，建议用户关闭 SELinux，方法如下：

（1）修改配置文件/etc/selinux/config，将 SELinux 配置为"disabled"。

```
# sed -i "s/SELINUX=.*/SELINUX=disabled/g" /etc/selinux/config
```

（2）重启操作系统。

```
# reboot     # 需要重启操作系统
```

验证 SELinux 是否成功关闭的方法如下：

```
# sestatus
SELinux status:                 disabled
```

将模式配置为"permissive"的方法如下：

（1）关闭 SELinux 防火墙。

```
# setenforce 0
```

（2）修改配置文件/etc/selinux/config，将 SELinux 配置为 "permissive"。

```
# sed -i "s/SELINUX=.*/SELINUX=permissive/g" /etc/selinux/config
```

验证 permissive 模式是否成功配置的方法如下：

```
# sestatus
SELinux status:                 enabled
SELinuxfs mount:                /sys/fs/selinux
SELinux root directory:         /etc/selinux
Loaded policy name:             targeted
Current mode:                   permissive
Mode from config file:          permissive
Policy MLS status:              enabled
Policy deny_unknown status:     allowed
Max kernel policy version:      28
```

## 3.1.2 Linux 的推荐配置

本节将介绍在安装 SequoiaDB（巨杉数据库）前，用户应如何调整 Linux 操作系统的环境配置，以保障操作系统稳定且高效地运行。需要调整的配置包括 ulimit、内核参数、transparent_hugepage（挂载参数）和 NUMA。

**1. 调整 ulimit**

SequoiaDB 相关进程以数据库管理用户（安装 SequoiaDB 时指定，默认为 sdbadmin）权限来运行。因此，建议调整数据库管理用户的 ulimit 配置。可以参照以下 2 个步骤来完成该配置。

（1）在配置文件/etc/security/limits.conf 中进行如下设置：

| #<domain> | <type> | <item> | <value> |
| --- | --- | --- | --- |
| sdbadmin | soft | core | 0 |
| sdbadmin | soft | data | unlimited |
| sdbadmin | soft | fsize | unlimited |
| sdbadmin | soft | rss | unlimited |

```
sdbadmin       soft       as          unlimited
sdbadmin       soft       nofile      65535
sdbadmin       hard       nofile      65535
```

具体参数说明如下。

- core：在数据库出现故障时，是否产生 core 文件来进行故障诊断。在生产系统中建议用户关闭此功能。
- data：数据库进程所允许分配的数据内存大小。
- fsize：数据库进程所允许寻址的文件大小。
- rss：数据库进程所允许的最大 resident set 大小。
- as：数据库进程所允许的最大虚拟内存寻址空间。
- nofile：数据库进程所允许打开的最大文件数。

（2）在配置文件/etc/security/limits.d/90-nproc.conf 中进行如下设置：

```
#<domain>      <type>     <item>      <value>
sdbadmin       soft       nproc       unlimited
sdbadmin       hard       nproc       unlimited
```

其中，参数 nproc 表示数据库所允许的最大线程数限制。要注意，每台作为数据库服务器的机器都需要配置，而且更改配置后需要重新登录，以确保配置生效。

### 2. 调整内核参数

用户可以参照以下步骤来调整内核参数。

（1）备份系统原始的 vm 参数：

```
# bak_time=`date +%Y%m%d%H%M%S`
# cat /proc/sys/vm/swappiness                  > swappiness_bak_$bak_time
# cat /proc/sys/vm/dirty_ratio                 > dirty_ratio_bak_$bak_time
# cat /proc/sys/vm/dirty_background_ratio      > dirty_background_ratio_bak_$bak_time
# cat /proc/sys/vm/dirty_expire_centisecs      > dirty_expire_centisecs_bak_$bak_time
# cat /proc/sys/vm/vfs_cache_pressure          > vfs_cache_pressure_bak_$bak_time
# cat /proc/sys/vm/min_free_kbytes             > min_free_kbytes_bak_$bak_time
# cat /proc/sys/vm/overcommit_memory           > overcommit_memory_bak_$bak_time
# cat /proc/sys/vm/overcommit_ratio            > overcommit_ratio_bak_$bak_time
# cat /proc/sys/vm/max_map_count               > max_map_count_bak_$bak_time
```

（2）修改文件/etc/sysctl.conf，添加如下内容：

```
vm.swappiness = 0
vm.dirty_ratio = 100
vm.dirty_background_ratio = 40
vm.dirty_expire_centisecs = 3000
vm.vfs_cache_pressure = 200
vm.min_free_kbytes = < 物理内存大小的 8%，单位：KB(kbytes)。最大不超过 1GB（即
1048576KB）。>
vm.overcommit_memory = 2
vm.overcommit_ratio = 85
```

**注意**：当数据库可用物理内存不足 8GB 时无须设置 vm.swappiness = 0。上述 dirty 类参数（控制系统的 flush 进程只采用脏页超时机制刷新脏页，而不采用脏页比例超支刷新脏页）所给的只是建议值，具体参数值可根据实际情况进行设置。如果用户采用 SSD（固态磁盘），建议设置 vm.dirty_expire_centisecs = 1000。

（3）执行如下命令，使配置生效：

```
$ /sbin/sysctl -p
```

### 3. 调整文件系统的挂载参数

SequoiaDB 推荐使用 ext4 格式的文件系统。同时，建议在/etc/fstab 文件中添加 noatime 挂载参数，以提升文件系统的性能。

下面以块设备/dev/sdb（假设其 UUID 为 993c5bba-494f-44ae-b543-a109f3598777，挂载目录为/data/disk_ssd1）为例，介绍具体操作步骤。如果数据盘需要使用多个块设备，则需要对所有块设备进行设置。

首先，检查目标磁盘的文件系统状态：

```
# mount -t ext4
```

如果输出结果中显示文件系统为 ext4 格式的，并且挂载参数中包含 noatime，则表示已完成设置；如果输出为其他参数，则需要通过后续步骤进行配置。

```
/dev/sdb1 on /data/disk_ssd1 type ext4 (rw,noatime)
```

其次，对已挂载的块设备进行设置。如果块设备已创建分区且文件系统为 ext4 格式的，但其挂载参数不包含 noatime，可通过如下操作步骤进行设置。

（1）卸载已挂载的数据盘：

```
# cd /
# umount /dev/sdb1
```

（2）编辑/etc/fstab 文件：

```
# vi /etc/fstab
```

（3）将块设备/dev/sdb 的挂载参数调整为如下内容：

```
UUID=993c5bba-494f-44ae-b543-a109f3598777 /data/disk_ssd1 ext4 defaults,noatime 0 2
```

（4）挂载块设备：

```
# mount -a
```

（5）检查挂载参数是否生效：

```
# mount -t ext4
```

最后对新块设备进行设置。对于新增的块设备，可以进行如下设置。

（1）查看块设备情况：

```
# fdisk -l /dev/sdb
```

（2）创建分区：

```
# parted -s /dev/sdb mklabel gpt mkpart primary ext4 0% 100%
```

（3）将文件系统格式化为 ext4 格式的：

```
# mkfs.ext4 /dev/sdb1
```

（4）查看数据盘分区的 UUID：

```
# lsblk -f /dev/sdb
```

输出结果如下：

```
NAME        FSTYPE  LABEL   UUID                                    MOUNTPOINT
sdb
└─sdb1      ext4            993c5bba-494f-44ae-b543-a109f3598777
```

（5）创建需要挂载的数据目录：

```
# mkdir /data/disk_ssd1
```

（6）编辑/etc/fstab 文件：

```
# vi /etc/fstab
```

添加如下内容：

```
UUID=993c5bba-494f-44ae-b543-a109f3598777 /data/disk_ssd1 ext4 defaults,noatime 0 2
```

（7）挂载数据盘：

```
# mount -a
```

（8）检查挂载参数是否生效：

```
# mount -t ext4
```

### 4. 关闭 transparent_hugepage

具体操作步骤如下。

（1）编辑/etc/rc.local，在第一行#!/bin/sh 下添加如下两行：

```
echo never > /sys/kernel/mm/transparent_hugepage/enabled
echo never > /sys/kernel/mm/transparent_hugepage/defrag
```

（2）执行如下命令使配置生效：

```
$ source /etc/rc.local
```

（3）依次执行如下两条命令，验证关闭操作是否成功：

```
$ cat /sys/kernel/mm/transparent_hugepage/enabled
$ cat /sys/kernel/mm/transparent_hugepage/defrag
```

如果两条命令执行后均显示 always madvise [never]，则说明关闭操作成功。

### 5. 关闭（禁用）NUMA

Linux 操作系统默认情况下会开启 NUMA（Non Uniform Memory Access），其优先在进程所在的 CPU 节点本地进行内存分配。这种内存分配策略的初衷是，让内存更接近需要它的进程。但是，这不利于充分利用系统的物理内存，所以这种内存分配策略不适合数据库这种大规模使用内存的场景，它会导致 CPU 节点间内存分配得不均衡。比如，当某个 CPU 节点的内存不足时，NUMA 非但不从有充足物理内存的远程节点分配内存，而且还会直接导致"swap"过高。因此，建议用户在使用 SequoiaDB 时关闭 NUMA。

首先我们要检查 NUMA 的状态，查看是否已关闭 NUMA，具体步骤如下。

（1）安装 numactl 工具：

```
# yum install -y numactl
```

或

```
# apt-get install -y numactl
```

（2）检查是否已关闭 NUMA：

```
# numastat
```

如果输出结果中只有 node0，则表示已关闭 NUMA；如果有 node1 等其他节点出现，则表示未关闭 NUMA：

```
                        node0
numa_hit                15324652334
numa_miss               0
numa_foreign            0
interleave_hit          40411
local_node              15324652334
other_node              0
```

关闭 NUMA 的方法有两个：一是通过 BIOS（Basic Input Output System）设置来关闭 NUMA；二是通过修改 gurb 的配置文件来关闭 NUMA。首选是第一个方法：开机后按快捷键进入 BIOS 设置界面，关闭 NUMA，之后保存设置并重启。不同品牌的主板或服务器，具体操作略有差异，此处不做详述。

对于第二个方法，CentOS、SUSE、Ubuntu 的 grub 配置文件有差异，在同一款 Linux 的不同版本中也略有不同。

对于 CentOS 6/Red Hat 6，关闭 NUMA 的步骤如下。

（1）修改文件 /boot/grub/grub.conf：

```
# vi /boot/grub/grub.conf
```

（2）找到"kernel"引导行（不同版本的内容略有差异，但其开头均有"kernel /vmlinuz-"

字样）：

```
kernel /vmlinuz-2.6.32-358.el6.x86_64 ro root=/dev/mapper/vg_centos64001-lv_root quiet
```

（3）在"kernel"引导行的末尾加上空格和"numa=off"：

```
kernel /vmlinuz-2.6.32-358.el6.x86_64 ro root=/dev/mapper/vg_centos64001-lv_root
quiet numa=off
```

要注意的是，如果该配置文件中存在多个"kernel"引导行，则每个引导行都需要进行修改。

（4）重启操作系统：

```
# reboot
```

而对于 CentOS 7/Red Hat 7/CentOS 8/Red Hat 8/Suse 12/openEuler/中标麒麟/Ubuntu 16/统信 UOS 等系统，关闭 NUMA 的步骤如下。

（1）修改文件/etc/default/grub：

```
# vi /etc/default/grub
```

（2）找到配置项"GRUB_CMDLINE_LINUX"：

```
GRUB_CMDLINE_LINUX="crashkernel=auto rhgb quiet"
```

（3）在配置项"GRUB_CMDLINE_LINUX"的最后加上空格和"numa=off"：

```
GRUB_CMDLINE_LINUX="crashkernel=auto rhgb quiet numa=off"
```

（4）重新生成 grub 引导文件。

对于 CentOS 7/Red Hat 7/CentOS 8/Red Hat 8，用户需要执行如下命令：

```
# grub2-mkconfig -o /etc/grub2.cfg
```

对于 Suse12，用户需要执行如下命令：

```
# grub2-mkconfig -o /boot/grub2/grub.cfg
```

对于 openEuler/中标麒麟，用户需要执行如下命令：

```
# grub2-mkconfig -o /etc/grub2-efi.cfg
```

对于 Ubuntu 16/统信 UOS，用户需要执行如下命令：

```
# update-grub
```

（5）关闭 NUMA 后，需要重启操作系统：

```
# reboot
```

## 3.1.3 数据库引擎的安装

本节主要介绍如何在本地主机上安装 SequoiaDB，目前主要有命令行及可视化两种安装方式。使用命令行安装方式要求用户熟悉 Linux 基本操作。如需要在多台主机上安装 SequoiaDB，则前往 SequoiaDB 官网下载安装包并在每台机器上完成以下步骤即可。

### 1. 安装前的准备

安装前，用户需要做好以下准备工作：

- 确保本地主机满足硬件和软件要求（可参考 3.1.1 节的软硬件配置要求）。
- 确保在安装过程中可使用 root 用户权限。
- 确保所有主机都设置了主机名，以及主机名/IP 地址的映射关系。
- 确保所有主机之间可通过主机名（如 ssh 主机名）建立网络连接。
- 如果在图形界面模式下安装，则需要确保 X Server 服务已启动。

要注意，在安装过程中只接受英文字符的输入；而且如果有多台主机，则每台主机都需要完成将 SequoiaDB 安装到本地的过程。

### 2. 安装 SequoiaDB

下面以名为 sequoiadb-5.0-linux_x86_64-installer.run 的安装包为例介绍 SequoiaDB 的安装过程。

（1）参照操作系统设置，调整 Linux 的环境配置。

（2）使用 root 用户权限运行安装程序。

```
# ./sequoiadb-5.0-linux_x86_64-installer.run --mode text
```

（3）在程序提示选择向导语言时，输入"2"，选择中文。

（4）显示安装协议。若需要读取全文，则输入"2"；若输入"1"或直接按回车键，则表示忽略阅读并同意协议内容。

（5）提示指定安装路径。若按回车键，则表示选择默认路径/opt/sequoiadb；若输入路径后按回车键，则表示选择自定义路径。

（6）提示是否强制安装。若按回车键，则表示选择不强制安装；若输入"y"后按回车键，则表示选择强制安装。

（7）提示配置 Linux 的用户名和用户组，该用户名用于运行 SequoiaDB 服务。若直接按回车键，则表示选择创建默认的用户名（sdbadmin）和用户组（sdbadmin_group）；若输入用户名和用户组后按回车键，则表示选择自定义的用户名和用户组。

（8）提示配置刚才创建的 Linux 用户密码。若直接按回车键，则表示选择使用默认密码（sdbadmin）；若输入密码后按回车键，则表示选择自定义密码。

（9）提示配置服务端口号。若直接按回车键，则表示选择使用默认的服务端口号（11790）；若输入端口号后按回车键，则表示选择自定义端口号。

（10）提示选择允许 SequoiaDB 相关进程开机自启动。按回车键，表示设置为开机自启动。

（11）提示是否安装 OM（Operation Management）服务。若直接按回车键，则表示不安装；如果选择其他选项，则输入选项后按回车键即可。

（12）提示开始安装，需要用户确认。若直接按回车键，则表示继续安装。

（13）提示 SequoiaDB 安装完成。

### 3. 了解安装包的参数

安装包的相关参数如表 3-6 所示。

表 3-6　安装包的参数描述表

| 参数 | 描述 | 默认值 |
| --- | --- | --- |
| version | 安装包的版本 | 无 |
| installer-language | 安装过程中的提示语言类型，支持英文和中文两种类型 | en |
| mode | 安装模式，包含静默安装、文本模式安装及图形界面安装三种模式 | 图形界面安装 |
| perfix | 安装路径 | /opt/sequoiadb |
| force | 是否强制安装 | false |
| username | 安装目录用户名 | sdbadmin |
| groupname | 安装目录用户组 | sdbadmin_group |
| userpasswd | 安装用户密码 | sdbadmin |

（续表）

| 参数 | 描述 | 默认值 |
| --- | --- | --- |
| port | SequoiaDB 集群管理端口号 | 11790 |
| processAutoStart | 机器重启时是否自动重启 SequoiaDB 的相关进程 | true |
| SMS | 是否安装 OM 服务 | false |

### 3.1.4 集群模式部署

本节主要介绍如何在本地主机采用三副本机制部署 SequoiaDB 集群。集群模式是 SequoiaDB 部署的标准模式，具有高可用、容灾、数据分区等能力。

在集群环境下，SequoiaDB 需要三种角色的节点，分别为数据节点、编目节点和协调节点。在集群模式的最小配置中，每种角色的节点都至少启动一个，才能构成完整的集群模式。

在集群模式中，客户端或应用程序只需连接协调节点，协调节点会对接收到的请求进行解析，并将请求发送到数据节点进行处理。一个或多个节点组成复制组，复制组间的数据无须进行共享。复制组内的各节点采用异步数据复制方式，以保证数据的最终一致性。

在进行集群模式部署前，用户需要在每台数据库服务器上检查 SequoiaDB 的服务状态，具体语法如下。

```
# service sdbcm status
```

系统如提示 sdbcm is running，表示服务正在运行，否则就要重新配置服务程序。

```
# service sdbcm start
```

部署集群模式主要分为以下步骤：

（1）创建临时协调节点。

（2）创建编目节点组和节点。

（3）创建数据节点组和节点。

（4）创建协调节点组和节点。

（5）删除临时协调节点。

下述操作步骤假设 SequoiaDB 程序安装在/opt/sequoiadb 目录下。SequoiaDB 服务进程全部以 sdbadmin 用户运行，需要确保数据库目录都被赋予了 sdbadmin 读/写权限。同时，以下操作只需选择任意一台数据库服务器执行即可。

首先创建临时协调节点。具体操作步骤如下。

（1）切换到 sdbadmin 用户：

```
# su - sdbadmin
```

（2）在任意一台数据库服务器上启动 SequoiaDB Shell 控制台：

```
$ /opt/sequoiadb/bin/sdb
```

（3）连接到本地的集群管理服务进程 sdbcm：

```
> var oma = new Oma("localhost", 11790)
```

（4）创建临时协调节点：

```
> oma.createCoord(18800, "/opt/sequoiadb/database/coord/18800")
```

（5）启动临时协调节点：

```
> oma.startNode(18800)
```

然后，通过命令来配置和启动编目节点。

（1）用如下 Shell 命令连接到临时协调节点，其中 18800 为协调节点的端口号：

```
> var db = new Sdb("localhost",18800)
```

（2）创建编目节点组。其中，sdbserver1 为第一台服务器的主机名，11800 为编目节点的服务端口号，/opt/sequoiadb/database/cata/11800 为编目节点数据文件的存放路径：

```
> db.createCataRG("sdbserver1", 11800, "/opt/sequoiadb/database/cata/11800")
```

（3）添加另外两个编目节点。注意，createNode() 的第一个参数建议使用主机名：

```
> var cataRG = db.getRG("SYSCatalogGroup");
> var node1 = cataRG.createNode("sdbserver2", 11800,"/opt/sequoiadb/database/cata/11800")
> var node2 = cataRG.createNode("sdbserver3", 11800,"/opt/sequoiadb/database/cata/11800")
```

（4）启动编目节点组：

```
> node1.start()
```

```
> node2.start()
```

至此,已可通过命令来配置和启动数据节点。

(1)创建数据节点组:

```
> var dataRG = db.createRG("datagroup")
```

(2)添加数据节点。createNode()的第一个参数同样建议使用主机名:

```
> dataRG.createNode("sdbserver1", 11820, "/opt/sequoiadb/database/data/11820")
> dataRG.createNode("sdbserver2", 11820, "/opt/sequoiadb/database/data/11820")
> dataRG.createNode("sdbserver3", 11820, "/opt/sequoiadb/database/data/11820")
```

(3)启动数据节点组:

```
> dataRG.start()
```

此外,还需要创建和启动协调节点。

(1)创建协调节点组:

```
> var rg = db.createCoordRG()
```

(2)创建协调节点:

```
> rg.createNode("sdbserver1", 11810, "/opt/sequoiadb/database/coord/11810")
> rg.createNode("sdbserver2", 11810, "/opt/sequoiadb/database/coord/11810")
> rg.createNode("sdbserver3", 11810, "/opt/sequoiadb/database/coord/11810")
```

(3)启动协调节点:

```
> rg.start()
```

最后,删除临时协调节点。

(1)连接到本地的集群管理服务进程 sdbcm:

```
> var oma = new Oma("localhost", 11790)
```

(2)删除临时协调节点:

```
> oma.removeCoord(18800)
```

至此,数据库的配置、启动完成。

## 3.1.5 Docker 模式部署

Docker 是一个开源的应用容器引擎，允许开发者将应用及依赖包打包到一个可移植的容器中，然后发布到任意一种流行的 Linux 机器上。不同容器之间不会有任何接口，完全采用沙箱机制。Docker 也支持虚拟化，能利用 LXC（Linux Container）来实现类似虚拟机（VM）的功能，以通过节省硬件资源为用户提供更多计算资源。

SequoiaDB 提供了 Docker 镜像，可用来快速部署集群，以及进行开发和测试工作。下面讲解如何在 Linux 系统中安装 Docker，并通过拉取镜像进行 SequoiaDB 的部署，同时也将展示如何在部署后的环境中进行 MySQL 实例的增查改删操作。

### 1. 集群配置

如表 3-7 所示，我们将演示在 5 个容器中部署多节点、高可用的 SequoiaDB 集群。集群包含协调节点与编目节点各 1 个，3 个三副本数据节点，以及 1 个 MySQL 实例节点。

表 3-7 SequoiaDB 的集群配置

| 主机名 | IP 地址 | 分区组 | 软件版本 |
| --- | --- | --- | --- |
| Coord 协调节点 | 172.17.0.2:11810 | SYSCoord | SequoiaDB |
| Catalog 编目节点 | 172.17.0.2:11800 | SYSCatalogGroup | SequoiaDB |
| Data1 数据节点 1 | 172.17.0.3:11820 | group1 | SequoiaDB |
| Data2 数据节点 2 | 172.17.0.4:11820 | group1 | SequoiaDB |
| Data3 数据节点 3 | 172.17.0.5:11820 | group1 | SequoiaDB |
| Data1 数据节点 2 | 172.17.0.4:11830 | group2 | SequoiaDB |
| Data2 数据节点 3 | 172.17.0.5:11830 | group2 | SequoiaDB |
| Data3 数据节点 1 | 172.17.0.3:11830 | group2 | SequoiaDB |
| Data1 数据节点 3 | 172.17.0.5:11840 | group3 | SequoiaDB |
| Data2 数据节点 1 | 172.17.0.3:11840 | group3 | SequoiaDB |
| Data3 数据节点 2 | 172.17.0.4:11840 | group3 | SequoiaDB |
| MySQL 实例 | 172.17.0.6:3306 | | SequoiaSQL-MySQL |

### 2. 在 Linux Docker 环境中部署 SequoiaDB

SequoiaDB 在 Linux Docker 环境中的部署，可参考如下步骤。

（1）下载镜像并上传至 docker 服务器：

https://hub.******.com/u/sequoiadb

（2）对 sequoiadb_docker_image.gz 进行解压：

```
tar -zxvf sequoiadb_docker_image.tar.gz
```

（3）恢复镜像 sequoiadb.tar 与 sequoiasql-mysql.tar：

```
docker load -i sequoiadb.tar
docker load -i sequoiasql-mysql.tar
```

（4）启动 4 个 SequoiaDB 容器：

```
docker run -it -d --name coord_catalog sequoiadb/sequoiadb:latest
docker run -it -d --name sdb_data1 sequoiadb/sequoiadb:latest
docker run -it -d --name sdb_data2 sequoiadb/sequoiadb:latest
docker run -it -d --name sdb_data3 sequoiadb/sequoiadb:latest
```

（5）查看 4 个容器的容器 ID：

```
docker ps -a | awk '{print $NF}'
```

（6）查看 4 个容器对应的 IP 地址：

```
docker inspect coord_catalog | grep IPAddress |awk 'NR==2 {print $0}'
docker inspect sdb_data1 | grep IPAddress |awk 'NR==2 {print $0}'
docker inspect sdb_data2 | grep IPAddress |awk 'NR==2 {print $0}'
docker inspect sdb_data3 | grep IPAddress |awk 'NR==2 {print $0}'
```

（7）部署 SequoiaDB 集群。根据集群规划及各容器的 IP 地址，在对应参数处填入地址与端口号。建议存储空间在 30GB 以上：

```
docker exec coord_catalog "/init.sh" \
--coord='172.17.0.2:11810' \
--catalog='172.17.0.2:11800' \
--data='group1=172.17.0.3:11820,172.17.0.4:11820,172.17.
    0.5:11820;group2=172.17.0.4:11830,172.17.0.5:11830,172.17.0.3:11830;group3=172
.17.0.5:11840,172.17.0.3:11840,172.17.0.4:11840'
```

（8）启动一个 MySQL 实例容器，并查看容器的 ID：

```
docker run -it -d -p 3306:3306 --name mysql sequoiadb/sequoiasql-mysql:latest
```

（9）查看容器的 IP 地址：

```
docker inspect mysql | grep IPAddress | awk 'NR==2 {print $0}'
```

（10）将 MySQL 实例注册到协调节点：

```
docker exec mysql "/init.sh" --port=3306 --coord='172.17.0.2:11810'
```

（11）进入 MySQL 容器：

```
docker exec -it mysql /bin/bash
```

（12）查看 MySQL 实例的状态：

```
/opt/sequoiasql/mysql/bin/sdb_sql_ctl status
```

（13）进入 coord_catalog 容器，查看 SequoiaDB 存储引擎节点列。

首先查看 SequoiaDB 容器的名称：

```
docker ps -a | awk '{print $NF}'
```

然后进入 coord_catalog 容器，查看编目节点和协调节点：

```
docker exec -it coord_catalog /bin/bash
```

再切换为 sdbamdin 用户，默认用户密码为 sdbadmin：

```
su - sdbadmin
```

接着查看编目节点和协调节点列表：

```
sdblist -t all -l
```

最后退出容器：

```
exit
```

### 3. 数据库对接开发

具体操作步骤如下。

（1）进入 MySQL 容器：

```
docker exec -it mysql /bin/bash
```

如果未启动 MySQL，则需要先启动：

```
/opt/sequoiasql/mysql/bin/sdb_sql_ctl start MySQLInstance
```

（2）登录到 MySQL Shell：

```
/opt/sequoiasql/mysql/bin/mysql -h 127.0.0.1 -P 3306 -u root
```

（3）创建新数据库 company，并切换到 company：

```
create database company;
use company;
```

（4）在 company 数据库中创建数据表 employee：

```
create table employee
(
empno INT AUTO_INCREMENT primary key,
ename VARCHAR(128),
age INT
);
```

（5）在表 employee 中插入如下数据：

```
insert into employee (ename, age) values ("Jacky", 36);
insert into employee (ename, age) values ("Alice", 18);
```

（6）查询 employee 表中的数据：

```
select * from employee;
```

（7）退出 MySQL 容器：

```
quit
```

（8）进入 coord_catalog 容器并进入 SequoiaDB Shell 交互式界面，使用 JavaScript 连接协调节点并获取数据库连接：

```
docker exec -it coord_catalog /bin/bash
su sdbadmin
sdb
var db = new Sdb("localhost", 11810);
```

（9）使用 insert() 向 SequoiaDB 集合中写入数据记录：

```
db.company.employee.insert( { ename: "Abe", age: 20 } );
```

（10）使用 find() 从集合中查询数据记录：

```
db.company.employee.find( { ename: "Abe" } );
```

（11）使用 update()对集合中的数据记录进行修改：

```
db.company.employee.update( { $set: { ename: "Ben" } }, { ename: "Abe" } );
```

（12）使用 find()从集合中查询数据记录，确认数据记录是否已被修改：

```
db.company.employee.find( { ename: "Ben" } );
```

（13）使用 remove()从集合中删除数据记录：

```
db.company.employee.remove( { ename: "Ben" } );
```

（14）使用 find()从集合中查询数据记录，确认数据记录是否已被删除：

```
db.company.employee.find( { ename: "Ben" } );
```

从本节 3 项任务的实现步骤可以看出，使用基于 Docker 的 SequoiaDB 镜像，可快速创建一个数据库集群，并执行 SequoiaDB 操作。

## 3.2 MySQL 实例的基本操作

MySQL 是一款开源的关系型数据库管理系统，支持标准的 SQL 语法。由于其非常流行，因此 SequoiaDB 支持创建 MySQL 实例，而且完全兼容 MySQL 语法、协议。用户可以使用 SQL 语句访问 SequoiaDB，完成对数据的增查改删及其他 MySQL 语法操作。

### 3.2.1 配置 SequoiaDB 服务

SequoiaDB 配置参数记录了数据库节点的物理存储信息，包括数据库节点的角色、服务端口号、数据文件、事务日志文件、审计日志文件和诊断日志文件信息，以及缓存大小、事务等级等信息。通过调整参数配置，可以优化数据库服务，提高数据库性能。

配置数据库服务可以通过命令行或配置文件两种方式实现。在集群部署时，每个数据库节点默认生成一个配置文件，存放在数据库软件安装路径的 conf/local/目录下。默认情况下，通过集群管理服务或 sdbstart 命令启动数据库节点时，系统是使用默认配置文件来配置数据库服务的。

**1. 启用事务配置**

默认情况下，SequoiaDB 服务未开启事务功能。在 OLTP 场景下，需要通过在数据库配置文件中添加事务配置参数来启用该服务。首先，我们需要在协调节点和数据节点上新增如下配置参数：

```
transactionon=true       //开启事务
transactiontimeout=60    //事务锁等待超时时间（单位：s）
transisolation=1         //事务隔离级别。0: RU，读未提交；1: RC，读已提交；2: RS，读稳定性。
```

然后启动 Shell 模式，连接到 SequoiaDB 协调节点：

```
> db = new Sdb( "localhost", 11810 )
```

最后使用 updateConf() 在协调节点和数据节点上添加配置参数：

```
> db.updateConf( {transactionon : 'true', transactiontimeout : 60, transisolation : 1 }, {Role : ["data", "coord"]} )
```

#### 2. 重启 SequoiaDB 服务

transactionon 参数配置需要重启数据库集群才能生效。可用 reloadConf() 重新加载配置文件，使配置动态生效。

### 3.2.2 启动存储集群

启动 SequoiaDB 存储引擎服务，包括启动集群管理服务 sdbcm 和启动数据库集群节点。其中，启动数据库集群节点包括启动协调节点、启动编目节点和启动数据节点；而集群管理服务默认为系统开机自启，无须用户启动。

#### 1. 启动集群管理服务

集群管理服务默认为系统开机自启，用户只需检查集群管理服务是否运行正常即可。在 sdbadmin 用户下，检查 sdbcm 服务的状态：

```
$ su - sdbadmin
$ sdblist -t cm -l
Name     SvcName   Role    PID    GID   NID   PRY  GroupName   StartTime              DBPath
sdbcm    11790     cm      2357   -     -     Y    -           2019-02-27-06.13.10    -
sdbcmd   -         -       2355   -     -     -    -           -                      -
Total: 2
```

执行结果出现 sdbcm 和 sdbcmd 两个进程，表示 sdbcm 服务正常运行。如果 sdbcm 服务未启动，则在 sdbadmin 用户下执行如下命令：

```
$ sdbcmart
```

### 2. 启动数据库集群节点

服务器重启后，可通过 sdbstart 命令一次性启动所在服务器的所有数据库节点：

`$ sdbstart -t all`

在检查所在服务器的数据库节点状态时，不同模式下的节点信息如下。

- 独立模式下的节点信息：

```
$ sdblist -t all -l
Name        SvcName    Role         PID    GID   NID   PRY  GroupName       StartTime              DBPath
sdbcm       11790      cm           2357   -     -     Y    -               2019-02-27-06.13.10    -
sdbom       11780      om           2394   3     800   Y    -               2019-02-27-06.13.12    /opt/sequoiadb/database/sms/11780/
sequoiadb   18810      standalone   2410   -     -     Y    -               2019-02-27-06.13.12    /opt/sequoiadb/database/standalone/18810/
sdbcmd      -          -            2355
```

- 集群模式下的节点信息：

```
$ sdblist -t all -l
Name        SvcName    Role       PID    GID   NID   PRY  GroupName         StartTime              DBPath
sdbcm       11790      cm         2357   -     -     Y    -                 2019-02-27-06.13.10    -
sequoiadb   11800      catalog    2392   1     1     N    SYSCatalogGroup   2019-02-27-06.13.12    /data01/sequoiadb/database/cata/11800/
sequoiadb   11820      data       2393   -     -     N    -                 2019-02-27-06.13.12    /data01/sequoiadb/database/data/11820/
sdbom       11780      om         2394   3     800   Y    -                 2019-02-27-06.13.12    /opt/sequoiadb/database/sms/11780/
sequoiadb   11830      data       2401   -     -     N    -                 2019-02-27-06.13.12    /data02/sequoiadb/database/data/11830/
sequoiadb   11840      data       2404   -     -     N    -                 2019-02-27-06.13.12    /data03/sequoiadb/database/data/11840/
sequoiadb   11810      coord      2407   -     -     Y    SYSCoord          2019-02-27-06.13.12    /opt/sequoiadb/database/standalone/18810/
sdbcmd      -          -          355
```

根据集群的部署情况，用户需要检查、确认所有数据库节点是否都已启动。

## 3.2.3 启动 MySQL 服务

在启动 MySQL 实例服务之前，需要先安装 MySQL 实例组件，安装完该组件后数据库服务会自动启动。用户可通过执行下面的步骤（3）来检查 MySQL 实例服务是否已经启动。如果未启动，则可通过以下步骤来启动该服务。注意：在启动 MySQL 实例组件前，需要确保 MySQL 实例的端口号没有被其他应用程序占用。若端口号被占用，则会导致该服务启动失败。

（1）检查端口号是否被其他应用程序占用。当执行检查命令后只显示以下信息时，说明端口号没有被其他应用程序占用，可以启动 MySQL 实例服务；否则，需要先结束占用该端口的进程，之后启动该服务：

```
$ netstat -nap | grep 3306
(Not all processes could be identified, non-owned process info
will not be shown, you would have to be root to see it all.)
```

（2）启动 MySQL 实例，当执行启动命令后显示以下信息时，表示该服务已经成功启动：

```
$ /opt/sequoiasql/mysql/bin/sdb_mysql_ctl start 3306
Start total: 1; Succeed: 1; Failed: 0
```

（3）检查 MySQL 实例服务的状态，当执行查询命令后显示以下信息时，表示该服务已经启动：

```
$ /opt/sequoiasql/mysql/bin/sdb_mysql_ctl status 3306
mysqld3306 is running
```

## 3.2.4　创建表和索引

在安装完 SequoiaDB MySQL 实例后，可以通过创建数据表对数据进行增查改删的操作。一般情况下，为了提高数据的检索速度，还需要创建索引。本节主要讲解如何使用 SequoiaDB MySQL 实例工具创建数据表和索引，操作均在 SequoiaDB MySQL 实例的 Shell 环境中完成。

（1）找到安装路径/etc/default/sequoiasql-mysql，进入 MySQL 实例的 Shell 环境：

```
$ export MYSQL_HOME=`cat /etc/default/sequoiasql-mysql|grep INSTALL_DIR|cut -d "=" -f 2`
$ ${MYSQL_HOME}/bin/mysql -u root -p
```

（2）使用 create database <database_name>创建数据库实例：

```
mysql> create database employees;
Query OK, 1 row affected (0.02 sec)

mysql> use employees;
Database changed
```

（3）使用 create table <table_name>(<column_name> <column_type>)创建数据表：

```
mysql> create table employees (
```

```
    -> emp_no        INT              not null,
    -> birth_date    DATE             not null,
    -> first_name    VARCHAR(14)      not null,
    -> last_name     VARCHAR(16)      not null,
    -> gender        ENUM ('M','F')   not null,
    -> hire_date     DATE             not null,
    -> primary key (emp_no)
    -> );
Query OK, 0 rows affected (0.59 sec)


mysql> show create table employees;

+-----------+---------------+
| Table     | Create Table  |
+-----------+---------------+
| employees | create table `employees` (
  `emp_no` int(11) not null,
  `birth_date` date not null,
  `first_name` varchar(14) not null,
  `last_name` varchar(16) not null,
  `gender` enum('M','F') not null,
  `hire_date` date not null,
  primary key (`emp_no`)
) ENGINE=SEQUOIADB default CHARSET=utf8 |
+-----------+-------------------------------------------------------
---------------------------------------------------------------------
---------------------------------------------------------------------
-------------------------------------------------+
1 row in set (0.03 sec)
```

（4）使用 alter table <tablename> add index <indexname>(<columnname>)创建索引：

```
mysql> alter table employees.employees add index first_name_last_name_index
( first_name(14), last_name(16) );
```

```
Query OK, 0 rows affected (0.09 sec)
Records: 0  Duplicates: 0  Warnings: 0

mysql> show index from employees.employees;
+-----------+------------+------------------------+--------------+-------------+-----------+-------------+----------+--------+------+------------+---------+---------------+
| Table     | Non_unique | Key_name               | Seq_in_index | Colum_name  | Collation | Cardinality | Sub_part | Packed | NULL | Index_type | Comment | Index_comment |
| employees | 0          | PRIMAR                 | 1            | emp_no      | A         | NULL        | NULL     | NULL   |      | BTREE      |         |               |
| employees | 1          | first_name_last_name_index | 1        | first_name  | A         | NULL        | NULL     | NULL   |      | BTREE      |         |               |
| employees | 1          | first_name_last_name_index | 2        | last_name   | A         | NULL        | NULL     | NULL   |      | BTREE      |         |               |
+-----------+------------+------------------------+--------------+-------------+-----------+-------------+----------+--------+------+------------+---------+---------------+
3 rows in set (0.00 sec)
```

## 3.2.5 CRUD

CRUD 操作指的是使用 SQL 语句对数据表中的数据进行增查改删。本节基于 employees 数据表介绍 CRUD 操作的基本 SQL 语句。

（1）使用 SQL 的 insert 语句向表内插入数据：

```
mysql> insert into employees values(1,
"1990-01-01","David","Smith","M","2019-01-01");
Query OK, 1 row affected (0.00 sec)
```

（2）使用 SQL 的 select 语句检索表内的数据：

```
mysql> select * from employees;
+--------+------------+------------+-----------+--------+------------+
| emp_no | birth_date | first_name | last_name | gender | hire_date  |
+--------+------------+------------+-----------+--------+------------+
|      1 | 1990-01-01 | David      | Smith     | M      | 2019-01-01 |
+--------+------------+------------+-----------+--------+------------+
1 row in set (0.00 sec)
```

（3）使用 SQL 的 update 语句修改表内的数据：

```
mysql> update employees set first_name="Tom" where emp_no=1;
Query OK, 1 row affected (0.00 sec)
Rows matched: 1  Changed: 1  Warnings: 0
```

（4）使用 SQL 的 delete 语句删除表内的数据：

```
mysql> delete from employees where emp_no=1;
Query OK, 1 row affected (0.00 sec)
```

## 3.3 SDB Shell 模式

SDB Shell 指的是 SequoiaDB 自带的 JavaScript Shell，通过此模式可以使用命令行方式与 SequoiaDB 的分布式引擎进行交互，以及执行管理、运行实例检查、进行数据的增查改删等操作。

### 3.3.1 启动 Shell

作为 SequoiaDB 的交互式 JavaScript 接口，SDB Shell 提供插入、查询、更新、删除等数据操作和数据库管理操作。SequoiaDB 提供了以下 3 种启动 SDB Shell 的方式。

#### 1. 交互模式

进入 SDB Shell 控制台，使用以下命令进行连接、创建集合空间、创建集合操作，以及进行插入数据和查询数据等操作：

```
$ sdb
> var db= new Sdb()
Takes 0.046788s.
> var cs = db.createCS("emp")
Takes 0.022974s.
> db.emp.createCL("employees")
localhost:11810.emp.employees
Takes 0.361858s.
> db.emp.employees.insert({"emp_no": 10001,"birth_date": "1995-06-02","first_name": "Bezalel","last_name": "Simmel","gender": "F","hire_date": "2018-11-21"})
Takes 0.011415s.
> db.emp.employees.find({"emp_no": 10001})
{
    "_id": {
        "$oid": "5cb05debd737b02dca3f9b6f"
    },
```

```
    "emp_no": 10001,
    "birth_date": "1995-06-02",
    "first_name": "Bezalel",
    "last_name": "Simmel",
    "gender": "F",
    "hire_date": "2018-11-21"
}
Return 1 row(s).
Takes 0.027824s.
```

### 2. 嵌入命令模式

可以在 Linux Shell 环境中直接与 SequoiaDB 交互，如使用以下命令进行连接、查询操作：

```
$ sdb 'var db = new Sdb()'
$ sdb 'db.emp.employees.find({"emp_no": 10001})'
{
    "_id": {
        "$oid": "5cb05debd737b02dca3f9b6f"
    },
    "emp_no": 10001,
    "birth_date": "1995-06-02",
    "first_name": "Bezalel",
    "last_name": "Simmel",
    "gender": "F",
    "hire_date": "2018-11-21"
}
Return 1 row(s).
```

### 3. 脚本模式

将需要执行的 SDB Shell 操作写成一个 JavaScript 脚本文件，使用-f 命令参数可以执行该脚本，具体步骤如下。

（1）创建名为 query_data.js 的如下脚本文件，用来执行连接、查询操作：

```
$ cat query_data.js
var db = new Sdb();
```

```
var cs = db.getCS("emp");
var cl = cs.getCL("employees");
var condition = {"emp_no" : 10001};
var cursor = cl.find(condition);
while( cursor.next() ){
    var record = cursor.current().toString();
    println(record);
}
cursor.close();
db.close();
```

（2）使用 SDB Shell 的 -f 命令参数指定执行 query_data.js 脚本：

```
$ sdb -f query_data.js
{
    "_id": {
        "$oid": "5cb05debd737b02dca3f9b6f"
    },
    "emp_no": 10001,
    "birth_date": "1995-06-02",
    "first_name": "Bezalel",
    "last_name": "Simmel",
    "gender": "F",
    "hire_date": "2018-11-21"
}
```

## 3.3.2　SDB Shell 的基本操作

SDB Shell 这个 SequoiaDB 的组件，可用来查询和更新 SequoiaDB 中的数据，以及对 SequoiaDB 进行管理。当用户安装并启动 SequoiaDB 服务后，可以通过 SDB Shell 连接到正在运行的 SequoiaDB 实例。以下是 SDB Shell 基本操作的示例。

- 连接 SequoiaDB 实例：

```
> db = new Sdb("localhost",11810)
```

- 创建数据域：

```
> db.createDomain("domain_1",["group1","group2","group3"],{AutoSplit:true})
```

- 创建集合空间：

```
> db.createCS("employees",{Domain:"domain_1"})
```

- 创建集合：

```
> db.employees.createCL("employees",{ShardingKey:{"id":1},ShardingType:"hash",
Compressed:true,CompressionType:"lzw",AutoSplit:true,EnsureShardingIndex:false})
```

- 创建唯一索引：

```
> db.employees.employees.createIndex("id_PriIdx",{"id":1},true)
```

- 插入两条记录：

```
> db.employees.employees.insert({"id":1,"name":"xiaoli","phone":5553})
> db.employees.employees.insert({"id":2,"name":"xiaozhang","phone":1371})
```

- 按条件修改一条记录：

```
> db.employees.employees.update({$set:{"name":"xiaolili"}},{"phone":5553})
```

- 按条件查询一条记录：

```
> db.employees.employees.find({"phone":5553})
{
  "_id": {
    "$oid": "5c98d499ee15aef104e88722"
  },
  "id": 1,
  "name": "ruichang",
  "phone": 5553
}
Return 1 row(s).
```

- 按条件删除一条记录：

```
> db.employees.employees.remove({"phone":5553})
```

## 3.3.3　使用 SDB Shell 执行脚本

　　SDB Shell 能与 SequoiaDB 进行命令交互，可用来执行脚本，以方便、灵活地实现各种数据操作。本节主要讲解如何使用这款 SequoiaDB 的自带工具执行 JavaScript 脚本。

### 1. JavaScript 脚本

JavaScript 脚本的主要功能是创建集合空间与集合，以及对数据进行增查改删操作，示例如下：

```javascript
function main(){
  // 连接数据库实例
  // hostname 为主机名，service_name 为协调节点
  var db = new Sdb(hostname,service_name);

  // 创建集合空间
  // cs_name 为集合空间名
  var cs_obj = db.createCS(cs_name);

  // 创建集合
  // cl_name 为集合名
  var cl_obj = cs_obj.createCL(cl_name);

  // 插入数据
  cl_obj.insert({"emp_no": 10002,"birth_date": "1964-06-02", "first_name": "Bezalel", "last_name": "Simmel", "gender": "F", "hire_date": "1985-11-21"});
  cl_obj.insert({"emp_no": 10003,"birth_date": "1959-12-03", "first_name": "Parto", "last_name": "Bamford", "gender": "M", "hire_date": "1986-08-28"});
  cl_obj.insert({"emp_no": 10004,"birth_date": "1954-05-01", "first_name": "Chirstian", "last_name": "Koblick", "gender": "M", "hire_date": "1986-12-01"});

  // 修改数据
  cl_obj.update({"$set": {"first_name": "SequoiaDB"}},{"emp_no": 10003});

  // 删除数据
  cl_obj.remove({"emp_no": 10004});
}
main();
```

### 2. 执行 JavaScript 脚本

可参考以下示例，使用 SDB Shell 执行 JavaScript 脚本：

```
$ export SEQUOIADB_HOME=`cat /etc/default/sequoiadb |grep "INSTALL_DIR"|cut -d "=" -f 2`

$ {SEQUOIADB_HOME}/bin/sdb -e "var hostname = 'localhost'; var service_name = 11810; var cs_name = 'emp'; var cl_name = 'employees';" -f sdb_shell_test.js
```

还可以通过 SDB Shell 查看集合记录：

```
> db.emp.employees.find()
{
  "_id": {
    "$oid": "5c8b6eb49c91348f8af3b5b9"
  },
  "emp_no": 10002,
  "birth_date": "1964-06-02",
  "first_name": "Bezalel",
  "last_name": "Simmel",
  "gender": "F",
  "hire_date": "1985-11-21"
}
{
  "_id": {
    "$oid": "5c8b6eb49c91348f8af3b5ba"
  },
  "birth_date": "1959-12-03",
  "emp_no": 10003,
  "first_name": "SequoiaDB",
  "gender": "M",
  "hire_date": "1986-08-28",
  "last_name": "Bamford"
}
Return 2 row(s).
Takes 0.046815s.
```

# 第 4 章 数据库实例

SequoiaDB（巨杉数据库）采用计算和存储分离的分布式架构，一方面可以提供针对数据表的无限横向水平扩展；另一方面通过提供不同类型数据库实例的方式，在计算层 100% 兼容 MySQL、PostgreSQL、SparkSQL 和 MariaDB 的协议与语法，原生支持跨表、跨节点的分布式事务能力，确保应用程序基本可以在零改动的基础上进行数据库迁移。除了结构化数据，SequoiaDB 还可以在同一集群内支持 JSON、S3 对象存储及 SequoiaFS 文件系统等非结构化数据，面向上层微服务架构的应用提供完整的数据服务资源池。

本章将主要介绍 SequoiaDB 支持的如下数据库实例（组件）的操作和开发。

- 关系型数据库实例：MySQL 实例、PostgreSQL 实例、SparkSQL 实例、MariaDB 实例。
- JSON 实例。
- 对象存储实例：S3 实例、SequoiaFS 文件系统实例。

## 4.1 MySQL 实例

MySQL 是一款开源的关系型数据库管理系统，也是目前最流行的关系型数据库管理系统之一，其支持标准的 SQL 语言。SequoiaDB 支持创建 MySQL 实例，完全兼容 MySQL

语法和协议。用户可以使用 SQL 语句访问 SequoiaDB 数据库，完成对数据的增查改删以及其他 MySQL 语法操作。

SequoiaDB 支持 MySQL 5.7.24 及以上版本。

## 4.1.1　MySQL 实例的安装和部署

用户在使用 MySQL 实例组件前，需要先行安装和部署。

### 1. 安装 MySQL 实例组件

安装 MySQL 实例组件前需要做以下准备工作：

- 使用 root 用户权限来安装 MySQL 实例组件。
- 检查 MySQL 实例组件产品包是否与 SequoiaDB 的版本一致。
- 如需要在图形界面模式下安装，则应确保 X Server 服务处于运行状态。

准备好后，可以参照以下步骤，以命令行方式完成 MySQL 实例组件的安装。若使用图形界面进行安装，则可根据向导提示进行。在此过程中若输入有误，则可按 Ctrl+退格键进行删除。

（1）以 root 用户权限登录目标主机，将 MySQL 实例组件产品包解压为 sequoiasql-mysql-5.0-linux_x86_64-enterprise-installer.run 安装包并设置可执行权限：

```
# tar -zxvf sequoiasql-mysql-5.0-linux_x86_64-enterprise-installer.run
# chmod u+x sequoiasql-mysql-5.0-linux_x86_64-enterprise-installer.run
```

（2）使用 root 用户权限运行该安装包。如果执行安装包时不添加参数--mode，则进入图形界面安装模式：

```
# ./sequoiasql-mysql-5.0-linux_x86_64-enterprise-installer.run --mode text
```

（3）提示选择向导语言，可输入"2"，选择中文。

（4）提示指定 MySQL 的安装路径。如果选择默认的/opt/sequoiasql/mysql，则按回车键；否则，输入自定义路径。

（5）提示配置 Linux 用户名和用户组。该用户名用于运行 MySQL 服务。默认的用户名和用户组为 sdbadmin 和 sdbadmin_group，也可自定义用户名和用户组。

（6）提示配置新创建 Linux 用户的密码。默认为 sdbadmin，也可自定义密码。

（7）继续确认，直至安装完成。

### 2. 部署 MySQL 实例组件

用户需要通过 sdb_mysql_ctl 工具部署 MySQL 实例组件，具体步骤如下。

（1）切换用户和目录：

```
# su - sdbadmin
$ cd /opt/sequoiasql/mysql
```

（2）添加实例，并将实例名指定为 myinst。该实例名会映射到相应的数据目录和日志路径。用户可以根据需要指定不同的实例名。实例的默认端口号为 3306：

```
$ bin/sdb_mysql_ctl addinst myinst -D database/3306/
```

若端口号 3306 被占用，则用户可以使用 -p 参数指定实例的其他端口号：

```
$ bin/sdb_mysql_ctl addinst myinst -D database/3316/ -p 3316
```

（3）查看实例的状态：

```
$ bin/sdb_mysql_ctl status
```

（4）系统提示"Run"，表示实例部署完成，用户可通过 MySQL Shell 进行实例操作：

```
INSTANCE  PID    SVCNAME  SQLDATA                              SQLLOG
myinst    25174  3306     /opt/sequoiasql/mysql/database/3306/ /opt/sequoiasql/mysql/myinst.log
Total: 1; Run: 1
```

### 3. MySQL 实例组件系统服务

安装 MySQL 实例组件时，会自动添加系统服务 sequoiasql-mysql。该服务会在系统启动的时候自动运行。该服务是 MySQL 实例的守护进程。它能在机器启动时，自动启动相关的 MySQL 实例，也能实时重启异常退出的 MySQL 实例进程。一个实例对应一个 sequoiasql-mysql 系统服务，如一台机器上存在多个实例时，系统服务名为 sequoiasql-mysql[$i$]，$i$ 为小于 50 的数值或为空。

## 4.1.2 MySQL 实例的使用方法

安装好 MySQL 实例组件后，可直接通过 MySQL Shell 使用标准的 SQL 语法访问 SequoiaDB。如想连接 MySQL 实例与数据库分布式存储引擎，则可通过配置 SequoiaDB 的连接地址、登录 MySQL Shell、设置 MySQL Shell 的登录密码来实现。

### 1. 配置 SequoiaDB 的连接地址

SequoiaDB 默认的连接地址为 localhost:11810，用户可通过命令行或修改配置文件两种方式来修改连接地址。以下步骤中的路径均为默认的安装路径，用户可根据实际情况修改。

通过 sdbmysqlctl 可修改指定实例名的 SequoiaDB 连接地址。在修改过程中，需要提供该数据库实例 root 用户的密码。若未设置 root 用户的密码，在提示输入密码时直接按回车键即可：

```
$ /opt/sequoiasql/mysql/bin/sdb_mysql_ctl chconf myinst
--sdb-conn-addr=sdbserver1:11810,sdbserver2:11810

Changing configure of instance myinst ...
Enter password:
ok
```

可通过实例配置文件修改 SequoiaDB 的连接地址：

```
$ vim /opt/sequoiasql/mysql/database/3306/auto.cnf
```

修改内容如下：

```
...
sequoiadb_conn_addr=sdbserver1:11810,sdbserver2:11810
...
```

目前 sdbmysqlctl 仅支持对简单配置项的修改。建议采用修改配置文件的方式来修改配置，修改方式同上。

### 2. 登录 MySQL Shell

MySQL 支持基于 UNIX 套接字文件和基于 TCP/IP 这两种连接方式。前者属于进程间通信，无须使用网络协议且传输效率比后者高，但其仅限于本地连接，而且需要指定对应的套接字文件；后者属于网络通信，支持本地（采用环回接口）和远程连接，同时可以对客户端 IP 地址的访问权限进行灵活的配置和授予。

通过 UNIX 套接字文件连接的方法如下：

```
$ cd /opt/sequoiasql/mysql
$ bin/mysql -S database/3306/mysqld.sock -u root
```

SequoiaSQL-MySQL 实例默认无密码，所以无须输入-p 选项。

通过 TCP/IP 进行的连接分为本地连接和远程连接。本地连接方法如下：

```
$ cd /opt/sequoiasql/mysql
$ bin/mysql -h 127.0.0.1 -P 3306 -u root
```

MySQL 默认未授予用户远程连接的访问权限，所以需要在服务端对客户端的 IP 地址进行访问授权。首先，创建 sdbadmin 用户，对所有的 IP 地址都授予访问权限，且设置授权密码 123456：

```
mysql> grant all privileges on *.* to sdbadmin@'%' identified by '123456' with grant option;
mysql> flush privileges;
```

假设 MySQL 服务器地址为 sdbserver1:3306，在客户端可以使用如下方式进行远程连接：

```
$ /opt/sequoiasql/mysql/bin/mysql -h sdbserver1 -P 3306 -u root
```

### 3. 设置 MySQL Shell 的登录密码

如果允许远程连接，则建议为 MySQL 设置密码，之后登录 MySQL Shell 需要指定-p 参数并输入密码：

```
mysql> alter USER root@'%' identified by '123456';     //为root用户设置密码 123456
```

### 4. MySQL 实例的常见操作

下面列举一些简单的操作示例。

- 创建数据库实例：

```
mysql> create database company;
mysql> use company;
```

- 创建表：

```
mysql> create table employee(id INT AUTO_INCREMENT PRIMARY KEY, name VARCHAR(128), age INT);
mysql> create table manager(employee_id INT, department TEXT, INDEX id_idx(employee_id));
```

- 基本数据操作：

```
mysql> insert into employee(name, age) values("Jacky", 36);
```

```
mysql> insert into employee(name, age) values("Alice", 18);
mysql> insert into manager values(1, "Wireless Business");
mysql> select * from employee order by id asc limit 1;
mysql> select * from employee, manager where employee.id=manager.employee_id;
mysql> update employee set name="Bob" where id=1;
mysql> delete from employee where id=2;
```

- 创建索引:

```
mysql> alter table employee add index name_idx(name(30));
```

- 删除表和数据库实例:

```
mysql> drop table employee, manager;
mysql> drop database company;
```

### 4.1.3 MySQL 开发——JDBC 驱动程序

下载 JDBC（Java Database Connectivity）驱动程序（简称"驱动"）并导入 jar 包后，即可使用 JDBC 提供的 API。下面示范如何在 Maven 工程中使用 JDBC 进行简单的增查改删操作。

（1）在 pom.xml 中添加 MySQL JDBC 驱动程序的依赖，如 mysql-connector-java-5.1.38：

```xml
<dependencies>
    <dependency>
        <groupId>mysql</groupId>
        <artifactId>mysql-connector-java</artifactId>
        <version>5.1.38</version>
    </dependency>
</dependencies>
```

（2）假设本地有默认安装的 MySQL 实例，root 用户密码为 123456。连接到该实例并准备样例使用的数据库 db 和表 tb：

```
create database db;
use db;
create table tb (id INT, first_name VARCHAR(128), last_name VARCHAR(128));
```

（3）在工程的 src/main/java/com/sequoiadb/sample 目录下添加 JdbcSample.java 文件：

```java
package com.sequoiadb.sample;

import java.sql.*;

public class JdbcSample {
    static {
        try {
            Class.forName("com.mysql.jdbc.Driver");
        } catch (ClassNotFoundException e) {
            e.printStackTrace();
        }
    }

    public static void main(String[] args) throws SQLException {
        String hostName = "127.0.0.1";
        String port = "3306";
        String databaseName = "db";
        String myUser = "root";
        String myPasswd = "123456";
        String url = "jdbc:mysql://" + hostName + ":" + port + "/" + databaseName + "?useSSL=false";
        Connection conn = DriverManager.getConnection(url, myUser, myPasswd);

        System.out.println("---INSERT---");
        String sql = "INSERT INTO tb VALUES(?,?,?)";
        PreparedStatement ins = conn.prepareStatement(sql);
        ins.setInt(1, 1);
        ins.setString(2, "Peter");
        ins.setString(3, "Parcker");
        ins.executeUpdate();

        System.out.println("---UPDATE---");
        sql = "UPDATE tb SET first_name=? WHERE id = ?";
        PreparedStatement upd = conn.prepareStatement(sql);
        upd.setString(1, "Stephen");
        upd.setInt(2, 1);
```

```java
        upd.executeUpdate();

        System.out.println("---SELECT---");
        Statement stmt = conn.createStatement();
        sql = "SELECT * FROM tb";
        ResultSet rs = stmt.executeQuery(sql);
        boolean isHeaderPrint = false;
        while (rs.next()) {
            ResultSetMetaData md = rs.getMetaData();
            int col_num = md.getColumnCount();
            if (!isHeaderPrint) {
                System.out.print("|");
                for (int i = 1; i <= col_num; i++) {
                    System.out.print(md.getColumnName(i) + "\t|");
                    isHeaderPrint = true;
                }
            }
            System.out.println();
            System.out.print("|");
            for (int i = 1; i <= col_num; i++) {
                System.out.print(rs.getString(i) + "\t|");
            }
            System.out.println();
        }
        stmt.close();

        System.out.println("---DELETE---");
        sql = "DELETE FROM tb WHERE id = ?";
        PreparedStatement del = conn.prepareStatement(sql);
        del.setInt(1, 1);
        del.executeUpdate();

        conn.close();
    }
}
```

（4）使用 Maven 编译并运行：

```
$ mvn compile
```

```
$ mvn exec:java -Dexec.mainClass="com.sequoiadb.sample.JdbcSample"
```

得到如下运行结果：

```
---INSERT---
---UPDATE---
---SELECT---
|id |first_name |last_name |
|1  |Stephen |Parcker |
---DELETE---
```

## 4.1.4　MySQL 开发——ODBC 驱动程序

用户下载 ODBC（Open Database Connectivity）驱动程序后，需要安装、配置后才能使用。下面以 Windows 操作系统为例介绍其安装、配置的步骤。不同版本 Windows 的命名与界面可能存在差异。

首先运行 msi 文件，根据提示完成 MySQL ODBC 驱动程序的安装。然后依次选择"控制面板"→"管理工具"→"数据源（ODBC）"选项，在"ODBC 数据源管理器"对话框中添加数据源，如图 4-1 所示。

图4-1　添加数据源

驱动程序有 ANSI 和 Unicode 两个版本，推荐使用支持更多字符的 Unicode 版本，如图 4-2 所示。

图4-2　选择驱动程序中的Unicode版本

接下来配置数据源，输入 MySQL 相关信息即可，如图 4-3 所示。

图4-3　配置数据源

下面示范用 C#对接 ODBC 来进行增查改删的基本操作。

（1）连接到 MySQL 实例，并准备样例使用的数据库 db 和表 tb：

```
Create database db;
use db;
create table tb (id INT, first_name VARCHAR(128), last_name VARCHAR(128));
```

（2）添加数据源，并将 DSN（Data Source Name）配置为 SequoiaSQL-MySQL，将

Database 配置为 db。

（3）新建项目：以 Visual Studio 2013 开发环境为例，依次点击工具栏中的"文件"→"新建"→"项目"选项，新建一个 Visual C#的控制台应用程序。

（4）输入示例代码：

```csharp
using System;
using System.Collections.Generic;
using System.Linq;
using System.Text;
using System.Data.Odbc;

namespace ConsoleApplication
{
    class Program
    {
        static void Main(string[] args)
        {
            string connStr = "DSN=SequoiaSQL-MySQL";
            OdbcConnection conn = new OdbcConnection(connStr);
            conn.Open();

            Console.WriteLine("---INSERT---");
            OdbcCommand cmd = conn.CreateCommand();
            cmd.CommandText = "INSERT INTO tb(id, first_name, last_name) VALUES (1, 'Peter', 'Packer')";
            cmd.ExecuteNonQuery();

            Console.WriteLine("---UPDATE---");
            cmd.CommandText = "UPDATE tb SET first_name = 'Tony' WHERE id = 1";
            cmd.ExecuteNonQuery();

            Console.WriteLine("---SELECT---");
            cmd.CommandText = "SELECT * FROM tb";
            OdbcDataReader odr = cmd.ExecuteReader();
            while (odr.Read())
            {
```

```
            for (int i = 0; i < odr.FieldCount; i++)
            {
                Console.Write("{0}\t", odr[i]);
            }
            Console.WriteLine();
        }
        conn.Close();

        Console.WriteLine("---DELETE---");
        cmd.CommandText = "DELETE FROM tb WHERE id = 1";
        cmd.ExecuteNonQuery();

        Console.Read();
    }
  }
}
```

（5）依次选择"调试"→"开始执行"选项，得到如下运行结果：

```
---INSERT---
---UPDATE---
---SELECT---
1       Tony    Parker
---DELETE---
```

## 4.2 PostgreSQL 实例

PostgreSQL 是一款开源的关系型数据库，支持标准 SQL。用户可通过 JDBC 驱动程序与其连接，进行应用程序的开发。SequoiaDB 支持创建 PostgreSQL 实例，并且完全兼容 PostgreSQL 语法。用户可使用 SQL 语句访问 SequoiaDB，完成对数据的增查改删及其他操作。

### 4.2.1 PostgreSQL 实例的安装和部署

在使用 PostgreSQL 实例组件前，需要先进行安装和部署。

### 1. 安装 PostgreSQL 实例组件

安装 PostgreSQL 实例组件前需要完成以下准备工作：

- 确保可使用 root 用户权限来安装 PostgreSQL 实例组件。
- 确保 PostgreSQL 实例组件产品软件包与 SequoiaDB 的版本一致。
- 如果需要在图形界面模式下安装，则应确保 X Server 服务正在运行。

准备工作完成后，可以参照以下步骤，用命令行方式完成 PostgreSQL 实例组件的安装；也可使用图形界面，在向导提示下完成 PostgreSQL 实例组件的安装。

（1）以 root 用户权限登录目标主机，解压 PostgreSQL 实例组件产品包，并赋予解压得到的安装包执行权限：

```
# chmod u+x sequoiasql-postgresql-5.0-x86_64-enterprise-installer.run
```

（2）使用 root 用户权限运行该安装包。如果在执行安装包时不添加参数--mode，则进入图形界面安装模式：

```
# ./sequoiasql-postgresql-5.0-x86_64-enterprise-installer.run --mode text
```

（3）在选择向导语言时，可输入"2"，选择中文。

（4）提示指定 PostgreSQL 的安装路径。若直接按回车键，则选择默认安装路径 /opt/sequoiasql/postgresql；若输入路径后按回车键，则表示选择自定义路径。

（5）提示配置 Linux 用户名和用户组，该用户名用于运行 PostgreSQL 服务。若直接按回车键，则选择创建默认的用户名（sdbadmin）和用户组（sdbadmin_group）；若输入用户名和用户组后按回车键，则表示选择自定义的用户名和用户组。

（6）提示配置用户密码。若直接按回车键，则选择使用默认密码（sdbadmin）；若输入密码后按回车键，则表示选择自定义密码。

（7）按回车键，确认继续安装。

（8）安装完成后会自动添加 sequoiasql-postgresql 系统服务。

（9）查看 sequoiasql-postgresql 系统服务的状态：

```
# service sequoiasql-postgresql status
```

系统提示 running，表示服务正在运行：

```
sequoiasql-postgresql.service - SequoiaSQL-PostgreSQL Daemon
Loaded: loaded (/lib/systemd/system/sequoiasql-postgresql.service; enabled; vendor
preset: enabled)
Active: active (running) since 四 2020-08-27 15:55:40 CST; 1 months 16 days ago
```

#### 2. 部署 PostgreSQL 实例组件

用户需要通过 sdb_pg_ctl 工具部署 PostgreSQL 实例组件，步骤如下。

（1）检查端口号是否被占用，SequoiaSQL PostgreSQL 的默认启动端口号为 5432：

```
$ sudo netstat -nap | grep 5432
```

（2）切换用户和目录：

```
$ su - sdbadmin
$ cd /opt/sequoiasql/postgresql
```

（3）添加实例，指定实例名为 myinst。该实例名与相应的数据目录和日志路径存在映射关系，用户也可根据需要另行指定。实例的默认端口号为 5432：

```
$ bin/sdb_pg_ctl addinst myinst -D database/5432/
```

（4）若端口号 5432 被占用，用户可以使用-p 参数指定实例的其他端口号：

```
$ bin/sdb_pg_ctl addinst myinst -D database/5442/ -p 5442
```

（5）启动实例进程：

```
$ bin/sdb_pg_ctl start myinst
```

（6）查看实例的状态。如系统提示 Run，则表示实例部署完成，用户可通过 PostgreSQL Shell 进行实例操作：

```
$ bin/sdb_pg_ctl status
```

#### 3. PostgreSQL 实例组件的启动

安装 PostgreSQL 实例组件时，会自动添加 sequoiasql-postgresql 系统服务。该服务会在系统启动的时候自动运行。该服务是 PostgreSQL 实例的守护进程。它能在机器启动时，自动启动相关的 PostgreSQL 实例，也能实时重启异常退出的 PostgreSQL 实例进程。一个实例对应一个 sequoiasql-postgresql 系统服务。如一台机器上存在多个实例，一台机器上存在多个实例时，系统服务名为 sequoiasql-postgresql[$i$]，$i$ 为小于 50 的数值或为空。

用户可通过 service 命令来管理 sequoiasql-postgresql 系统服务。如果需要查看服务的运行状态，可使用如下命令：

```
$ sudo service sequoiasql-postgresql status
```

如果需要停止服务，可使用如下命令：

```
$ sudo service sequoiasql-postgresql stop
```

如果需要启动服务，可使用如下命令：

```
$ sudo service sequoiasql-postgresql start
```

用户添加的新实例会自动加入 sequoiasql-postgresql 系统服务的管理中。如果需要将指定实例从服务的管理中剔除，可使用如下命令：

```
$ bin/sdb_pg_ctl delfromsvc myinst
```

或者在添加实例的时候指定参数 --addtosvc：

```
$ bin/sdb_pg_ctl addinst myinst -D database/5432/ --addtosvc=false
```

如果需要将被剔除的实例重新纳入服务的管理，可使用如下命令：

```
$ bin/sdb_pg_ctl addtosvc myinst
```

## 4.2.2　PostgreSQL 实例的使用方法

安装好 PostgreSQL 实例组件后，可在 PostgreSQL Shell 环境下使用标准的 SQL 语句直接访问 SequoiaDB。

### 1. 连接与基本操作

连接 PostgreSQL 实例组件与存储引擎的步骤如下。

（1）创建 SequoiaSQL PostgreSQL 的数据库：

```
$ bin/sdb_pg_ctl createdb sample myinst
```

（2）进入 SequoiaSQL PostgreSQL Shell 环境。本地连接的方式如下：

```
$ bin/psql -p 5432 sample
```

若需要进行远程连接（我们假设 PostgreSQL 服务器的地址为 sdbserver1:5432），则在客户端可以使用如下方式进行：

`$ bin/psql -h sdbserver1 -p 5432 sample`

需要注意的是，PostgreSQL 默认未授予远程连接的访问权限，所以需要在服务端对客户端的 IP 地址进行访问授权。同时，我们需要确保本地创建的数据库与服务器创建的数据库同名，否则连接将会失败。

（3）加载 SequoiaDB 连接驱动程序：

`sample=# create extension sdb_fdw;`

（4）配置与 SequoiaDB 连接的参数：

`sample=# create server sdb_server foreign data wrapper sdb_fdw options(address '127.0.0.1', service '11810', user 'sdbUserName', password 'sdbPassword', preferedinstance 'A', transaction 'off');`

（5）关联 SequoiaDB 的集合空间与集合：

`sample=# create foreign table test (name text, id numeric) server sdb_server options ( collectionspace 'sample', collection 'employee', decimal 'on' ) ;`

（6）更新表的统计信息：

`sample=# analyze test;`

（7）查询：

`sample=# select * from test;`

（8）写入数据：

`sample=# insert into test values('one',3);`

（9）更改数据：

`sample=# update test set id=9 where name='one';`

（10）查看所有的表：

`sample=# \d`

（11）查看表的描述信息：

`sample=# \d test`

（12）删除表的映射关系：

```
sample=# drop foreign table test;
```

（13）退出 PostgreSQL Shell 环境：

```
sample=# \q
```

PostgreSQL 与 SequoiaDB 的数据类型映射关系如表 4-1 所示。

表 4-1 PostgreSQL 与 SequoiaDB 的数据类型映射关系

| PostgreSQL | API | 注意事项 |
|---|---|---|
| smallint | int32 | 当 API 中的值超过 smallint 的范围时会发生截断的情况 |
| integer | int32 | |
| bigint | int64 | |
| serial | int32 | |
| bigserial | int64 | |
| real | double | 存在精度问题，SequoiaDB 在存储过程中无法保持精度始终一致 |
| double precision | double | |
| numeric | decimal/string | 在创建外表时，如指定选项 decimal 为'on'，numeric 映射对应 decimal，否则对应 string |
| decimal | decimal/string | 在创建外表时，如指定选项 decimal 为'on'，decimal 映射对应 decimal，否则对应 string |
| text | string | |
| char | string | |
| varchar | string | |
| bytea | binary(type=0) | |
| date | date | |
| timestamp | timestamp | |

PostgreSQL 关联 SequoiaDB 连接参数的说明如表 4-2 所示。

表 4-2 PostgreSQL 关联 SequoiaDB 连接参数的说明

| 参数名 | 类型 | 描述 | 是否必填 |
|---|---|---|---|
| user | string | 数据库用户名 | 否 |
| password | string | 数据库密码 | 否 |

（续表）

| 参数名 | 类型 | 描述 | 是否必填 |
| --- | --- | --- | --- |
| address | string | 协调节点地址，需要填写多个协调节点地址时，格式如下：'ip1:port1,ip2:port2,ip3:port3'。在 service 字段中可填写任意一个非空字符串 | 是 |
| service | string | 协调节点的 serviceName | 是 |
| preferedinstance | string | 设置 SequoiaDB 的连接属性，多个属性以逗号进行分隔，如下所示：preferedinstance '1,2,A' | 否 |
| preferedinstancemode | string | 设置 SequoiaDB 的连接属性 preferedinstance 的选择模式 | 否 |
| sessiontimeout | string | 设置 SequoiaDB 的连接属性会话超时时间，如 sessiontimeout '100' | 否 |
| transaction | string | 设置 SequoiaDB 是否开启事务，默认为 off，开启为 on | 否 |
| cipher | string | 设置是否使用加密文件输入密码，默认为 off，开启为 on | 否 |
| token | string | 设置加密令牌 | 否 |
| cipherfile | string | 设置加密文件，默认为 ~/sequoiadb/passwd | 否 |

PostgreSQL 关联 SequoiaDB 集合空间与集合参数的说明如表 4-3 所示。

表 4-3  PostgreSQL 关联 SequoiaDB 集合空间与集合参数的说明

| 参数名 | 类型 | 描述 | 是否必填 |
| --- | --- | --- | --- |
| collectionspace | string | SequoiaDB 中已存在的集合空间 | 是 |
| collection | string | SequoiaDB 中已存在的集合 | 是 |
| decimal | string | 是否对接 SequoiaDB 的 decimal 字段，默认为 off | 否 |
| pushdownsort | string | 是否下压排序条件到 SequoiaDB，默认为 on，关闭为 off | 否 |
| pushdownlimit | string | 是否下压 limit 和 offset 条件到 SequoiaDB，默认为 on。开启 pushdownlimit 时，必须同时开启 pushdownsort，否则可能会造成结果非预期的问题 | 否 |

**2. 调整配置**

如果需要调整 PostgreSQL 配置文件，则可参考以下步骤。

（1）查看 PostgreSQL Shell 中的默认配置：

```
sample=#\set
AUTOCOMMIT = 'on'
PROMPT1 = '%/%R%# '
PROMPT2 = '%/%R%# '
PROMPT3 = '>> '
VERBOSITY = 'default'
VERSION = 'PostgreSQL 9.3.4 on x86_64-unknown-linux-gnu, compiled by gcc (SUSE Linux)
4.3.4 [gcc-4_3-branch revision 152973], 64-bit'
DBNAME = 'sample'
USER = 'sdbadmin'
PORT = '5432'
ENCODING = 'UTF8'
```

（2）调整 PostgreSQL Shell 每次查询能获取的记录数：

```
sample=#\set FETCH_COUNT 100
```

直接在 PostgreSQL Shell 中修改配置，该配置只能在当前 PostgreSQL Shell 中生效。如果希望该配置永久生效，则需要通过配置文件修改相关配置。下面获取配置文件路径：

```
$ /opt/postgresql/bin/pg_config –sysconfdir
```

输出结果如下：

```
$ /opt/postgresql/etc
```

如果显示目录不存在，则需要手动创建：

```
$ mkdir -p /opt/postgresql/etc
```

并将需要修改的参数写入配置文件中：

```
$ echo "\\set FETCH_COUNT 100" >> /opt/postgresql/etc
```

（3）编辑/opt/postgresql/data/postgresql.conf 文件，将 PostgreSQL Shell 的日志级别从

```
client_min_messages = notice
```

改为

```
client_min_messages = debug1
```

（4）编辑/opt/postgresql/data/postgresql.conf 文件，将 PostgreSQL 引擎的日志级别从

```
log_min_messages = warning
```

改为

```
log_min_messages = debug1
```

### 3. 常见问题处理

使用 PostgreSQL 时会遇到一些常见问题。比如，PostgreSQL 连接的 SequoiaDB 协调节点重启，查询集合信息时报错如下：

```
ERROR: Unable to get collection "sample.employee", rc = -15
HINT: Make sure the collectionspace and collection exist on the remote database
```

一般只需重新进入 PostgreSQL Shell，即可解决此类问题：

```
sample=# \q
$ bin/psql -p 5432 sample
```

## 4.2.3 PostgreSQL 开发——JDBC 驱动程序

下载 JDBC 驱动程序并导入 jar 包后，即可使用 JDBC 提供的 API。下面示范如何用 PostgreSQL JDBC 进行简单的增查改删操作。

（1）在 pom.xml 中添加 PostgreSQL DBC 驱动程序的依赖，这里以 postgresql-9.3-1104-jdbc41 为例：

```xml
<dependencies>
    <dependency>
        <groupId>org.postgresql</groupId>
        <artifactId>postgresql</artifactId>
        <version>9.3-1104-jdbc41</version>
    </dependency>
</dependencies>
```

（2）假设本地有默认安装的 PostgreSQL 实例，连接到该实例并准备数据库 sample 和表 test，将其映射到 SequoiaDB 已存在的集合 sample.employee 上：

```
$ bin/psql -p 5432 sample
psql (9.3.4)
Type "help" for help.
```

```
sample=# create foreign table test (name text, id numeric) server sdb_server options
(collectionspace 'sample', collection 'employee', decimal 'on');
CREATE FOREIGN TABLE
sample=# \q
```

（3）在工程的 src/main/java/com/sequoiadb/sample 目录下添加 Sample.java 文件：

```java
package com.sequoiadb.sample;

import java.sql.Connection;
import java.sql.DriverManager;
import java.sql.PreparedStatement;
import java.sql.ResultSet;
import java.sql.ResultSetMetaData;
import java.sql.SQLException;

public class Sample {
    static {
        try {
            Class.forName("org.postgresql.Driver");
        } catch (ClassNotFoundException e) {
            e.printStackTrace();
        }
    }

    public static void main(String[] args) throws SQLException {
        String pghost = "127.0.0.1";
        String port = "5432";
        String databaseName = "sample";

        String pgUser = "sdbadmin";
        String url = "jdbc:postgresql://" + pghost + ":" + port + "/" + databaseName;
        Connection conn = DriverManager.getConnection(url, pgUser, null);


        String sql = "INSERT INTO test(name, id) VALUES(?, ?)";
        PreparedStatement pstmt = conn.prepareStatement(sql);
```

```java
        for (int i = 0; i < 5; i++) {
            pstmt.setString(1, "Jim" + i);
            pstmt.setLong(2, i);
            pstmt.addBatch();
        }
        pstmt.executeBatch();


        sql = "SELECT * FROM test";
        pstmt = conn.prepareStatement(sql);
        ResultSet rs = pstmt.executeQuery();
        boolean isHeaderPrint = false;
        while (rs.next()) {
            ResultSetMetaData md = rs.getMetaData();
            int col_num = md.getColumnCount();
            if (!isHeaderPrint) {
                System.out.print("|");
                for (int i = 1; i <= col_num; i++) {
                    System.out.print(md.getColumnName(i) + "\t|");
                    isHeaderPrint = true;
                }
                System.out.println();
            }
            System.out.print("|");
            for (int i = 1; i <= col_num; i++) {
                System.out.print(rs.getString(i) + "\t|");
            }
            System.out.println();
        }
        pstmt.close();
        conn.close();
    }
}
```

（4）使用 Maven 编译并运行：

```
$ mvn compile
$ mvn exec:java -Dexec.mainClass="com.sequoiadb.sample.Sample"
```

运行结果如下:

```
|name    |id |
|Jim0    |0  |
|Jim1    |1  |
|Jim2    |2  |
|Jim3    |3  |
|Jim4    |4  |
```

## 4.2.4　PostgreSQL 开发——ODBC 驱动程序

**1. 配置数据源**

下载、安装 ODBC 驱动程序后,需要配置数据源才可以使用。下面以 Windows 操作系统为例介绍数据源的配置过程。

(1) 依次选择"控制面板"→"管理工具"→"数据源(ODBC)"选项,在"ODBC 数据源管理器"对话框中添加数据源,如图 4-4 所示。

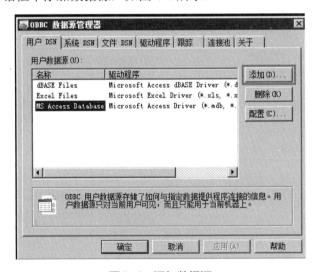

图 4-4　添加数据源

(2) 选择"PostgreSQL Unicode",如图 4-5 所示。

第 4 章 数据库实例

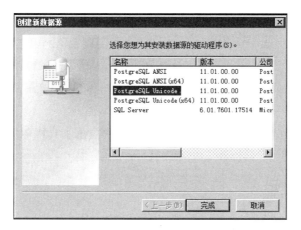

图4-5 选择驱动程序的版本

（3）如图 4-6 所示，完成数据源各项目的配置。

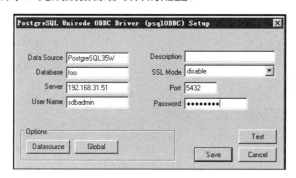

图4-6 配置数据源

（4）点击"Test"按钮，看到连接成功的提示后，点击"Save"按钮保存配置。

2. 示例

以下示例通过 C#对接 ODBC 进行基础的增加和查询操作。

（1）连接到本地 PostgreSQL 实例并准备好数据库 sample 和表 test，将其映射到 SequoiaDB 已存在的集合 sample.employee 上：

```
$ bin/psql -p 5432 sample
psql (9.3.4)
Type "help" for help.

sample=# create foreign table test (name text, id numeric) server sdb_server options
```

```
(collectionspace 'sample', collection 'employee', decimal 'on');
CREATE FOREIGN TABLE
sample=# \q
```

（2）添加数据源，并将 DSN（Data Source Name）配置为 PostgreSQL35W，将 Database 配置为 sample。

（3）以 Visual Studio 2013 开发环境为例，依次点击工具栏中的"文件"→"新建"→"项目"选项，新建一个 Visual C#的控制台应用程序。

（4）输入示例代码：

```
using System;
using System.Collections.Generic;
using System.Linq;
using System.Text;
using System.Data.Odbc;

namespace ConsoleApplication
{
    class Program
    {
        static void Main(string[] args)
        {
            string connStr = "DSN=PostgreSQL35W";
            OdbcConnection conn = new OdbcConnection(connStr);
            conn.Open();

            OdbcCommand cmd = conn.CreateCommand();
            cmd.CommandText = "INSERT INTO test(name, id) VALUES ('Steven', 1)";
            cmd.ExecuteNonQuery();

            cmd.CommandText = "SELECT * FROM test";
            OdbcDataReader odr = cmd.ExecuteReader();
            while (odr.Read())
            {
                for (int i = 0; i < odr.FieldCount; i++)
                {
                    Console.Write("{0} ", odr[i]);
                }
                Console.WriteLine();
```

```
        }
        conn.Close();

        Console.Read();
    }
}
```

（5）依次选择"调试"→"开始执行"选项，得到如下运行结果：

Steven 1

## 4.3 SparkSQL 实例

Apache Spark 是一个可扩展的数据分析平台。该平台集成了原生的内存计算，与 Hadoop 的集群存储相比，有较大的性能优势。Spark 提供了 Java、Scala 和 Python 的高级 API，并且拥有优化的引擎来支持常用的执行图。同时，Spark 支持多样化的高级工具，包括处理结构化数据和 SQL 语句的 SparkSQL、面向机器学习的 MLlib、面向图形处理的 GraphX，以及 Spark Streaming。

在集群中，Spark 应用以独立进程集合的方式运行，并由主程序（Driver Program）中的 SparkContext 对象进行统一调度。当需要在集群上运行时，SparkContext 会连接到几个不同类的 Cluster Manager（集群管理器）上（比如，Spark 的 Standalone/Mesos/YARN），集群管理器将给各个应用分配资源，连接成功后 Spark 会请求集群各个节点的 Executor（执行器）。然后，Spark 会将应用提供的代码（应用已经提交给 SparkContext 的 JAR 或 Python 文件）交给 Executor。最后，由 SparkContext 发送"Task"提供给 Executor 执行。Spark 的组成架构如图 4-7 所示。

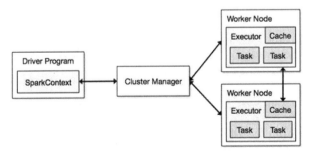

图 4-7 Spark 的组成架构

这个架构有如下特点：

- 每一个应用都有独立的 Executor 进程。这些进程将会在应用的整个生命周期内为其服务，并且会在多个线程中执行任务。每个驱动程序调度自己的任务、不同任务在不同 JVM（Java Virtual Machine）中执行的做法，在调度和执行端都能有效隔离不同的应用。如果不写入外部的存储设备，数据就不能在不同的 Spark 应用（SparkContext 实例）之中共享了。
- Spark 对于下列的集群管理者是不可知的：只要 Spark 能请求 Executor 进程，且这些进程之间能互相通信，就能相对容易地运行支持其他应用的集群管理器（如 Mesos/YARN）。
- 由于驱动程序在集群中负责调度任务，因此其运行于 Worker Node（工作节点）附近，而各 Worker Node 最好位于相同的局域网中。如果用户并非从远程向集群发送请求，则需要为驱动程序打开一个 RPC（Remote Procedure Call）并让其在附近提交操作，而不是在远离 Worker Node 处运行驱动程序。

通过使用 Spark-SequoiaDB 连接组件，SequoiaDB 可以作为 Spark 的数据源，从而可使用 SparkSQL 实例对 SequoiaDB 数据存储引擎的数据进行查询、统计操作。

## 4.3.1　SparkSQL 实例的安装

本节将介绍 Spark 和 Spark-SequoiaDB 连接器的安装。需要先下载 Spark 产品包，然后安装 Spark，在此可参考 Spark 官方文档。之后从 SequoiaDB 或者 Maven 仓库下载相应版本的 Spark-SequoiaDB 连接器和 SequoiaDB Java 驱动程序。Spark-SequoiaDB 连接组件的环境要求如下：

- JDK 1.7+
- Scala 2.11
- Spark 2.0.0+

若要安装 Spark-SequoiaDB 连接器，只需将 Spark-SequoiaDB 连接组件和 SequoiaDB Java 驱动程序的 jar 包复制到 Spark 安装路径的 jars 目录下即可。注意：用户需要将 jar 包复制到每一台机器的 Spark 安装路径下。

## 4.3.2　SparkSQL 实例的使用方法

下面将介绍存储类型与 SparkSQL 实例类型的映射、SequoiaDB 存储类型向 SparkSQL

实例类型转换的兼容性及 Spark-SequoiaDB 的使用。

### 1. 存储类型与 SparkSQL 实例类型的映射

表 4-4 展示了存储类型与 SparkSQL 实例类型的映射。

表 4-4 存储类型与 SparkSQL 实例类型的映射表

| 存储类型 | SparkSQL 实例类型 | SQL 实例类型 |
| --- | --- | --- |
| int32 | IntegerType | int |
| int64 | LongType | bigint |
| double | DoubleType | double |
| decimal | DecimalType | decimal |
| string | StringType | string |
| ObjectId | StringType | string |
| boolean | BooleanType | boolean |
| date | DateType | date |
| timestamp | TimestampType | timestamp |
| binary | BinaryType | binary |
| null | NullType | null |
| BSON（嵌套对象） | StructType | struct<field:type,…> |
| array | ArrayType | array<type> |

### 2. SequoiaDB 存储类型向 SparkSQL 实例类型转换的兼容性

表 4-5 展示了 SequoiaDB 存储类型向 SparkSQL 实例类型转换的兼容性。其中，Y 表示兼容，N 表示不兼容。

表 4-5 SequoiaDB 存储类型向 SparkSQL 实例类型转换的兼容性列表

| | ByteType | ShortType | IntegerType | LongType | FloatType | DoubleType | DecimalType | BooleanType |
| --- | --- | --- | --- | --- | --- | --- | --- | --- |
| int32 | Y | Y | Y | Y | Y | N | N | Y |
| int64 | Y | Y | Y | Y | Y | N | N | Y |
| double | Y | N | N | N | Y | N | N | N |
| decimal | Y | Y | Y | Y | Y | N | N | Y |
| string | Y | Y | Y | Y | Y | N | N | Y |
| ObjectId | Y | N | N | Y | N | N | N | Y |

（续表）

| ByteType | ShortType | IntegerType | LongType | FloatType | DoubleType | DecimalType | BooleanType |
|---|---|---|---|---|---|---|---|
| boolean | Y | N | N | Y | N | N | N | Y |
| date | Y | Y | Y | Y | N | N | N | Y |
| timestamp | Y | Y | Y | Y | N | N | N | Y |
| binary | Y | N | N | Y | N | N | N | Y |
| null | Y | Y | Y | Y | Y | Y | Y | Y |
| BSON | Y | N | N | N | N | N | Y | Y |
| array | Y | N | N | N | Y | Y | N | Y |

### 3. Spark-SequoiaDB 的使用

下面将以通过 SparkSQL 创建 SequoiaDB 表为例，创建语句如下：

```
create <[temporary] table| temporary view> <tableName> [(schema)] using
com.sequoiadb.spark options (<option>, <option>, ...)
```

temporary 表示这是临时表或视图，其只在创建表或视图的会话中有效，会话退出后该临时表或视图会被自动删除。表名后紧跟的 schema 可不填，连接器会自动生成。自动生成的 schema 字段顺序与集合中记录的顺序不一致，因此如果对 schema 的字段顺序有要求，应该显式定义 schema。option 为参数列表，参数是键和值都为字符串类型的键值对，其中值的前后需要有单引号，多个参数之间用逗号分隔（见表 4-6）。

表 4-6  Spark-SequoiaDB 参数列表

| 名称 | 类型 | 默认值 | 描述 | 是否必填 |
|---|---|---|---|---|
| host | string | — | SequoiaDB 协调节点/独立节点地址，多个地址间以","分隔，比如"server1:11810,server2:11810" | 是 |
| collectionspace | string | — | 集合空间名称 | 是 |
| collection | string | — | 集合名称（不包含集合空间名称） | 是 |
| username | string | "" | 用户名 | 否 |
| passwordtype | string | "cleartext" | 密码类型，取值如下：<br>"cleartext"：表示参数 password 为明文密码<br>"file"：表示参数 password 的密码文件路径 | 否 |
| password | string | "" | 用户名对应的密码 | 否 |
| samplingratio | double | 1 | schema 采样率，取值范围为(0, 1.0] | 否 |
| samplingnum | int64 | 1000 | schema 采样数量（每个分区），取值大于 0 | 否 |

(续表)

| 名称 | 类型 | 默认值 | 描述 | 是否必填 |
|---|---|---|---|---|
| samplingwithid | boolean | FALSE | schema 采样时是否带_id 字段，取值为 TRUE 或 FALSE | 否 |
| samplingsingle | boolean | TRUE | schema 采样时是否使用一个分区，取值为 TRUE 或 FALSE | 否 |
| bulksize | int32 | 500 | 向 SequoiaDB 集合插入数据时批量插入的数据量，取值大于 0 | 否 |
| partitionmode | string | auto | 分区模式，取值可以是"single"、"sharding"、"datablock"、"auto"；设为"auto"时，可根据情况自动选择"sharding"或"datablock" | 否 |
| partitionblocknum | int32 | 4 | 每个分区的数据块数，在按 datablock 分区时有效，取值大于 0 | 否 |
| partitionmaxnum | int32 | 1000 | 最大分区数量，在按 datablock 分区时有效，取值大于或等于 0，等于 0 时表示不限制分区的最大数量。由于 partitionmaxnum 的限制，因此每个分区的数据块数可能与 partitionblocknum 不同 | 否 |
| preferredinstance | string | "A" | 指定分区优先选择的节点实例 | 否 |
| preferredinstancemode | string | "random" | 在 preferredinstance 有多个实例符合时的选择模式 | 否 |
| preferredinstancestrict | boolean | TRUE | 在 preferredinstance 指定的实例 ID 都不符合时是否报错 | 否 |
| ignoreduplicatekey | boolean | FALSE | 向表中插入数据时忽略主键重复的错误 | 否 |
| ignorenullfield | boolean | FALSE | 向表中插入数据时忽略值为 null 的字段 | 否 |
| pagesize | int32 | 65536 | 在使用 create table as select 创建集合空间时,指定数据页的大小。如果集合空间已存在，则忽略该参数 | 否 |
| domain | string | — | 在使用 create table as select 创建集合空间时,指定所属域。如果集合空间已存在，则忽略该参数 | 否 |
| shardingkey | json | — | 在使用 create table as select 创建集合时,指定分区键 | 否 |
| shardingtype | string | "hash" | 在使用 create table as select 创建集合时,指定分区类型，取值可以是"hash"、"range" | 否 |
| replsize | int32 | 1 | 在使用 create table as select 创建集合时,指定副本写入数 | 否 |
| compressiontype | string | "none" | 在使用 create table as select 创建集合时,指定压缩类型，取值可以是"none"、"lzw"、"snappy"，"none"表示不压缩 | 否 |

（续表）

| 名称 | 类型 | 默认值 | 描述 | 是否必填 |
| --- | --- | --- | --- | --- |
| autosplit | boolean | FALSE | 在使用 create table as select 创建集合时，指定是否自动切分，必须配合散列分区和域使用，且不能与 group 同时使用 | 否 |
| group | string | — | 在使用 create table as select 创建集合时，指定该集合将创建在某个复制组中，group 必须存在于集合空间所属的域中 | 否 |

Spark-SequoiaDB 使用的示例如下。

假设集合名为 test.data，协调节点在 serverX 和 serverY 上，通过 spark-sql 创建一个表来对应 SequoiaDB 的集合：

```
spark-sql> create table datatable(c1 string, c2 int, c3 int) using com.sequoiadb.spark options(host 'serverX:11810,serverY:11810', collectionspace 'test', collection 'data');
```

从 SequoiaDB 的表 t1 向表 t2 插入数据：

```
spark-sql> insert into table t2 select * from t1;
```

## 4.3.3 Spark 命令行的连接

用户通过 Spark 自带的命令行工具 spark-shell、spark-sql 或 beeline 均可以实现 SparkSQL 实例访问 SequoiaDB，详情如下。

### 1. spark-shell

用户可使用以下步骤通过 spark-shell 命令行工具实现 SparkSQL 实例访问 SequoiaDB。

（1）进入 Spark 部署目录，启动 spark-shell：

```
$ cd spark
$ bin/spark-shell
```

（2）关联 SequoiaDB 的集合空间和集合。

假设 SequoiaDB 中的集合名为 test.test，协调节点在 server1 和 server2 上，通过 spark-shell 创建一个表 test 来对应 SequoiaDB 的集合：

```
scala> sqlContext.sql("CREATE TABLE test ( c1 int, c2 string, c3 int ) USING
com.sequoiadb.spark OPTIONS ( host 'server1:11810,server2:11810', collectionspace
'test', collection 'test')")
```

2. spark-sql

用户可通过 spark-sql 命令行工具实现 SparkSQL 实例访问 SequoiaDB。

（1）进入 Spark 部署目录，启动 spark-sql：

假设 Spark Master 所在的主机名为 sparkServer：

```
$ cd spark
$ bin/spark-sql --master spark://sparkServer:7077
```

要注意的是，如果不指定--master，spark-sql 将以 local 方式启动。

（2）关联 SequoiaDB 的集合空间和集合。假设 SequoiaDB 中的集合名为 test.test，协调节点在 server1 和 server2 上，通过 spark-sql 创建一个表 test 来对应 SequoiaDB 的集合：

```
spark-sql> CREATE TABLE test( c1 int, c2 string, c3 int ) USING com.sequoiadb.spark
OPTIONS ( host 'server1:11810,server2:11810', collectionspace 'test', collection
'test');
```

（3）创建表或视图之后就可以在表上执行 SQL 语句了，这里以查询操作为例：

```
spark-sql> select * from test;
```

这时，显示 SequoiaDB 集合中的数据信息：

```
0    mary 15
1    lili 25
```

3. beeline

用户还可以通过 beeline 命令行工具实现 SparkSQL 实例访问 SequoiaDB，详情如下。

（1）启动 thrift 服务的主机，使其运行在 Spark 集群中。

假设启动 thrift 服务的主机为 sparkServer：

```
$ ./sbin/start-thriftserver.sh --master spark://sparkServer:7077
```

**注意：**
thrift 服务的主机是 JDBC 的接口，用户可以通过 JDBC 连接 thrift 服务的主机来访问数据。

（2）启动 beeline 并连接 thrift 服务，thrift 服务的默认服务端口号为 10000：

```
$ ./bin/beeline -u jdbc:hive2://sparkServer:10000
```

（3）使用直线脚本测试 thrift JDBC/ODBC 服务：

```
$ ./bin/beeline
```

（4）在直线脚本中，连接 JDBC/ODBC 在 beeline 中的服务：

```
beeline> !connect jdbc:hive2://localhost:10000
```

这里显示成功连接：

```
Connecting to jdbc:hive2://localhost:10000
```

**注意：**
beeline 直线脚本会向用户询问用户名和密码。在非安全模式下，简单输入用户名和空白密码即可。在安全模式下，应按照 beeline 文档下的说明来执行。

（5）在 beeline 命令行窗口中执行创建表语句：

```
0: jdbc:hive2://localhost:10000> create table test ( c1 int, c2 string, c3 int) using com.sequoiadb.spark options(host 'suse-lyb:50000', collectionspace 'cs', collection 'cl', username 'sdbadmin', password '/opt/spark/conf/sdb.passwd', passwordtype='file');
```

（6）连接 SequoiaDB，访问映射表的数据：

```
0: jdbc:hive2://localhost:10000> select * from test;
```

这里显示 SequoiaDB 集合中的数据信息：

```
+-----+-------+-----+--+
| c1  |  c2   | c3  |
+-----+-------+-----+--+
```

```
| 0   | mary  | 15  |

| 1   | lili  | 25  |

+-----+-------+-----+--+
```

## 4.3.4　Spark 开发——JDBC 驱动程序

本节将介绍 SparkSQL 通过 JDBC 驱动程序对接 SequoiaDB 的示例。

**1. SparkSQL 连接 SequoiaDB**

首先，下载并安装 Spark 和 SequoiaDB，将 Spark-SequoiaDB 连接组件和 SequoiaDB Java 驱动程序的 jar 包复制到 Spark 安装路径下的 jars 目录下。然后新建一个 Java 项目，并导入 SparkSQL 的 JDBC 驱动程序依赖包（可使用 Maven 下载），参考配置如下：

```xml
<dependencies>
  <dependency>
      <groupId>org.apache.hive</groupId>
      <artifactId>hive-jdbc</artifactId>
      <version>$version</version>
  </dependency>
  <dependency>
      <groupId>org.apache.hadoop</groupId>
      <artifactId>hadoop-common</artifactId>
      <version>$version</version>
  </dependency>
</dependencies>
```

假设 SequoiaDB 存在集合 test.test，且保存数据如下：

```
> db.test.test.find()
{
  "_id": {
    "$oid": "5d5911f41125bc9c9aa2bc0b"
  },
  "c1": 0,
  "c2": "mary",
```

```
    "c3": 15
}
{
  "_id": {
    "$oid": "5d5912041125bc9c9aa2bc0c"
  },
  "c1": 1,
  "c2": "lili",
  "c3": 25
}
```

编写并执行示例代码：

```java
package com.spark.samples;

import java.sql.Connection;
import java.sql.DriverManager;
import java.sql.ResultSet;
import java.sql.SQLException;
import java.sql.Statement;

public class HiveJdbcClient {
    public static void main(String[] args) throws ClassNotFoundException {
        //JDBC 驱动程序的类名
        Class.forName("org.apache.hive.jdbc.HiveDriver");
        try {
            //连接 SparkSQL，假设 Spark 服务所在的主机名为 sparkServer
            Connection connection =
DriverManager.getConnection("jdbc:hive2://sparkServer:10000/default", "", "");
            System.out.println("connection success!");
            Statement statement = connection.createStatement();
            // 创建表，该表映射 SequoiaDB 中的表 test.test
            String crtTableName = "test";
            statement.execute("CREATE TABLE" + crtTableName
                    + "( c1 int, c2 string, c3 int ) USING com.sequoiadb.spark OPTIONS ( host 'server1:11810,server2:11810', "
                    + "collectionspace 'test', collection 'test',username '',password '')");
```

```java
        // 查询表 test 的数据，返回 sequoiaDB 中 test.test 表的数据信息
        String sql = "select * from " + crtTableName;
        System.out.println("Running:" + sql);
        ResultSet resultSet = statement.executeQuery(sql);
        while (resultSet.next()) {
            System.out.println(
                    String.valueOf(resultSet.getString(1)) + "\t" + String.valueOf(resultSet.getString(2)));

        }
        statement.close();
        connection.close();
    } catch (SQLException e) {
        e.printStackTrace();
    }
  }
}
```

运行结果如下：

```
connection success!
Running:select * from test
1    lili    25
0    mary    15
```

### 2. SparkSQL 对接 SequoiaSQL

SparkSQL 可以通过 DataFrames 使用 JDBC 对 SequoiaSQL-MySQL 或 SequoiaSQL-PGSQL 进行读/写操作。

下载相应的 JDBC 驱动程序，将其复制到 Spark 集群的 SPARK_HOME/jars 目录下，接着在读实例中执行创建测试库、测试用户、授权及准备数据的工作，在写实例中执行创建测试库、测试用户及授权的工作：

```sql
-- 创建测试数据库
create database sparktest;

-- 创建代表 Spark 集群的用户
create user 'sparktest'@'%' identified by 'sparktest';
```

```sql
-- 为 Spark 集群添加权限
grant create, delete, drop, insert, select, update on sparktest.* to 'sparktest'@'%';
flush privileges;

-- 创建物理特性测试表
use sparktest;
create table people (
  id int(10) not null auto_increment,
  name char(50) not null,
  is_male tinyint(1) not null,
  height_in int(4) not null,
  weight_lb int(4) not null,
  primary key (id),
  key (id)
);

-- 创建用于加载到 DataFrame 中的示例数据
insert into people values (null, 'Alice', 0, 60, 125);
insert into people values (null, 'Brian', 1, 64, 131);
insert into people values (null, 'Charlie', 1, 74, 183);
insert into people values (null, 'Doris', 0, 58, 102);
insert into people values (null, 'Ellen', 0, 66, 140);
insert into people values (null, 'Frank', 1, 66, 151);
insert into people values (null, 'Gerard', 1, 68, 190);
insert into people values (null, 'Harold', 1, 61, 128);
```

以下是相关示例：

```java
package com.sequoiadb.test;

import org.apache.spark.sql.Dataset;
import org.apache.spark.sql.Row;
import org.apache.spark.sql.SparkSession;

import java.io.File;
import java.io.FileInputStream;
import java.util.Properties;
```

```java
public final class JDBCDemo {

    public static void main(String[] args) throws Exception {
        String readUrl = "jdbc:mysql://192.168.30.81/sparktest" ;
        String writeUrl = "jdbc:mysql://192.168.30.82/sparktest" ;

        SparkSession spark = SparkSession.builder().appName("JDBCDemo").getOrCreate();

        Properties dbProperties = new Properties();
        dbProperties.setProperty("user", "sparktest") ;
        dbProperties.setProperty("password", "sparktest" );

        System.out.println("A DataFrame loaded from the entire contents of a table over JDBC.");
        String where = "sparktest.people";
        Dataset<Row> entireDF = spark.read().jdbc(readUrl, where, dbProperties);
        entireDF.printSchema();
        entireDF.show();

        System.out.println("Filtering the table to just show the males.");
        entireDF.filter("is_male = 1").show();

        System.out.println("Alternately, pre-filter the table for males before loading over JDBC.");
        where = "(select * from sparktest.people where is_male = 1) as subset";
        Dataset<Row> malesDF = spark.read().jdbc(readUrl, where, dbProperties);
        malesDF.show();

        System.out.println("Update weights by 2 pounds (results in a new DataFrame with same column names)");
        Dataset<Row> heavyDF = entireDF.withColumn("updated_weight_lb", entireDF.col("weight_lb").plus(2));
        Dataset<Row> updatedDF = heavyDF.select("id", "name", "is_male", "height_in", "updated_weight_lb")
                .withColumnRenamed("updated_weight_lb", "weight_lb");
        updatedDF.show();
```

```
    System.out.println("Save the updated data to a new table with JDBC");
    where = "sparktest.updated_people";
    updatedDF.write().mode("error").jdbc(writeUrl, where, dbProperties);

    System.out.println("Load the new table into a new DataFrame to confirm that it was saved successfully.");
    Dataset<Row> retrievedDF = spark.read().jdbc(writeUrl, where, dbProperties);
    retrievedDF.show();

    spark.stop();
  }
}
```

编译并提交任务:

```
mkdir -p target/java
javac src/main/java/com/sequoiadb/test/JDBCDemo.java -classpath "$SPARK_HOME/jars/*" -d target/java
cd target/java
jar -cf ../JDBCDemo.jar *
cd ../..
APP_ARGS="--class com.sequoiadb.test.JDBCDemo target/JDBCDemo.jar"
#本地提交
$SPARK_HOME/bin/spark-submit --driver-class-path lib/mysql-connector-java-5.1.38.jar $APP_ARGS
#集群提交
$SPARK_HOME/bin/spark-submit --master spark://ip:7077 $APP_ARGS
```

运行结果如下:

```
A DataFrame loaded from the entire contents of a table over JDBC.

root
 |-- id: integer (nullable = true)
 |-- name: string (nullable = true)
```

|-- is_male: boolean (nullable = true)

 |-- height_in: integer (nullable = true)

 |-- weight_lb: integer (nullable = true)

```
+---+-------+-------+---------+---------+
| id|   name|is_male|height_in|weight_lb|
+---+-------+-------+---------+---------+
|  1|  Alice|  false|       60|      125|
|  2|  Brian|   true|       64|      131|
|  3|Charlie|   true|       74|      183|
|  4|  Doris|  false|       58|      102|
|  5|  Ellen|  false|       66|      140|
|  6|  Frank|   true|       66|      151|
|  7| Gerard|   true|       68|      190|
|  8| Harold|   true|       61|      128|
+---+-------+-------+---------+---------+
```

Filtering the table to just show the males.

```
+---+-------+-------+---------+---------+
```

```
+---+------+------+---------+---------+
| id|  name|is_male|height_in|weight_lb|
+---+------+------+---------+---------+
|  2| Brian|  true|       64|      131|
|  3|Charlie|  true|       74|      183|
|  6| Frank|  true|       66|      151|
|  7|Gerard|  true|       68|      190|
|  8|Harold|  true|       61|      128|
+---+------+------+---------+---------+
```

Alternately, pre-filter the table for males before loading over JDBC.

```
+---+------+------+---------+---------+
| id|  name|is_male|height_in|weight_lb|
+---+------+------+---------+---------+
|  2| Brian|  true|       64|      131|
|  3|Charlie|  true|       74|      183|
|  6| Frank|  true|       66|      151|
|  7|Gerard|  true|       68|      190|
|  8|Harold|  true|       61|      128|
+---+------+------+---------+---------+
```

Update weights by 2 pounds (results in a new DataFrame with same column names)

```
+---+-------+-------+---------+---------+
| id|   name|is_male|height_in|weight_lb|
+---+-------+-------+---------+---------+
|  1|  Alice|  false|       60|      127|
|  2|  Brian|   true|       64|      133|
|  3|Charlie|   true|       74|      185|
|  4|  Doris|  false|       58|      104|
|  5|  Ellen|  false|       66|      142|
|  6|  Frank|   true|       66|      153|
|  7| Gerard|   true|       68|      192|
|  8| Harold|   true|       61|      130|
+---+-------+-------+---------+---------+
```

Save the updated data to a new table with JDBC

Load the new table into a new DataFrame to confirm that it was saved successfully.

```
+---+-------+-------+---------+---------+
```

```
| id|   name|is_male|height_in|weight_lb|
+---+-------+-------+---------+---------+
|  1|  Alice|  false|       60|      127|
|  2|  Brian|   true|       64|      133|
|  3|Charlie|   true|       74|      185|
|  4|  Doris|  false|       58|      104|
|  5|  Ellen|  false|       66|      142|
|  6|  Frank|   true|       66|      153|
|  7| Gerard|   true|       68|      192|
|  8| Harold|   true|       61|      130|
+---+-------+-------+---------+---------+
```

## 4.4 MariaDB 实例

MariaDB 是一款开源的关系型数据库管理系统，属于 MySQL 的一个分支，其主要由开源社区维护。MariaDB 完全支持标准的 SQL，完全兼容 MySQL（包括 MySQL 的 API 和命令行）。

SequoiaDB 支持创建 MariaDB 实例，完全兼容 MariaDB 语法和协议。用户可以通过 MariaDB Shell 使用 SQL 语句访问 SequoiaDB，完成对数据的增查改删操作以及其他 MariaDB 语法操作。

SequoiaDB 所支持的 MariaDB 版本为 MariaDB 10.4.6+。

## 4.4.1 MariaDB 实例的安装和部署

在使用 MariaDB 实例组件前，用户需要对 MariaDB 实例组件进行安装和部署。

**1. 安装 MariaDB 实例组件**

在安装 MariaDB 实例组件前，用户需要进行以下准备工作：

- 使用 root 用户权限来安装 MariaDB 实例组件。
- 检查 MariaDB 实例组件产品包是否与 SequoiaDB 的版本一致。
- 如需要在图形界面模式下安装，则应确保 X Server 服务处于运行状态。

准备工作完成后，可以参照以下步骤完成安装。在下述安装过程中使用名称为 sequoiasql-mariadb-5.0-linux_x86_64-enterprise-installer.run 的 MariaDB 实例组件产品包作为示例。用户在安装过程中若输入有误，则可按 Ctrl+退格键进行删除。下述安装步骤以命令行方式进行介绍；若使用图形界面方式进行安装，则可根据图形向导提示完成安装。

（1）以 root 用户权限登录目标主机，解压 MariaDB 实例组件的产品包，并为解压得到的 sequoiasql-mariadb-5.0-linux_x86_64-enterprise-installer.run 安装包赋予可执行权限：

```
# chmod u+x sequoiasql-mariadb-5.0-linux_x86_64-enterprise-installer.run
```

（2）以 root 用户权限运行 sequoiasql-mariadb-5.0-linux_x86_64-enterprise-installer.run 安装包。在执行安装包时若不添加参数--mode，则会进入图形界面安装模式：

```
# ./sequoiasql-mariadb-5.0-linux_x86_64-enterprise-installer.run --mode text
```

（3）提示选择向导语言，可输入"2"，选择中文。

（4）提示指定 MariaDB 的安装路径。若在输入提示后直接按回车键，则选择默认的安装路径/opt/sequoiasql/mariadb；若输入路径后按回车键，则表示选择自定义路径。

（5）提示配置 Linux 的用户名和用户组，该用户名用于运行 MariaDB 服务。若直接按回车键，则选择创建默认的用户名（sdbadmin）和用户组（sdbadmin_group）；若在输入用户名和用户组后按回车键，则表示选择自定义的用户名和用户组。

（6）提示配置刚才创建的 Linux 用户的密码。若在输入提示后直接按回车键，则选择使用默认的密码（sdbadmin）；若在输入密码后按回车键，则表示选择自定义的密码。

（7）在输入提示后按回车键，确认安装继续。

（8）安装完成后会自动添加 sequoiasql-mariadb 系统服务。

（9）查看 sequoiasql-mariadb 服务的状态：

```
# service sequoiasql-mariadb status
```

（10）系统提示 running，表示服务正在运行：

```
sequoiasql-mariadb.service - SequoiaSQL-MariaDB Server
Loaded: loaded (/lib/systemd/system/sequoiasql-mariadb.service; enabled; vendor preset: enabled)
 Active: active (running) since 五 2020-07-18 14:43:33 CST; 1 weeks 4 days ago
```

### 2. 部署 MariaDB 实例组件

用户需要通过 sdb_maria_ctl 工具部署 MariaDB 实例组件。具体步骤如下。

（1）切换用户和目录：

```
# su - sdbadmin
$ cd /opt/sequoiasql/mariadb
```

（2）添加实例，指定实例名为 myinst，该实例名映射到相应的数据目录和日志路径。实例的默认端口号为 6101（用户可根据需要指定不同的实例名）：

```
$ bin/sdb_maria_ctl addinst myinst -D database/6101/
```

（3）若端口号 6101 被占用，则用户可以使用 -p 参数指定其他的实例端口号：

```
$ bin/sdb_maria_ctl addinst myinst -D database/6102/ -p 6102
```

（4）查看实例的状态：

```
$ bin/sdb_maria_ctl status
```

（5）系统提示 "Run"。表示实例部署完成。用户可通过 MariaDB Shell 进行实例操作：

```
INSTANCE  PID    SVCNAME  SQLDATA                              SQLLOG
myinst    25174  6101     /opt/sequoiasql/mariadb/database/6101 /opt/sequoiasql/mariadb/myinst.log
Total: 1; Run: 1
```

### 3. MariaDB 实例组件开机自启动

在安装 MariaDB 实例组件时，会自动添加 sequoiasql-mariadb 系统服务。该服务会在系统启动的时候自动运行。该服务是 MariaDB 实例的守护进程。它能在机器启动时，自动启动相关的 MariaDB 实例，还能实时重启异常退出的 MariaDB 实例进程。一个实例对应一个 sequoiasql-mariadb 服务。当一台机器上存在多个实例时，系统服务名为 sequoiasql-mariadb[*i*]。*i* 为小于 50 的数值，或者为空。

## 4.4.2　MariaDB 实例的使用方法

用户安装好 MariaDB 实例组件后，可直接通过 MariaDB Shell 使用标准的 SQL 语句访问 SequoiaDB。

用户连接 MariaDB 实例与数据库分布式存储引擎，需要通过配置 SequoiaDB 的连接地址和登录 MariaDB Shell。

### 1. 配置 SequoiaDB 的连接地址

SequoiaDB 默认的连接地址为 localhost:11810，用户可通过命令行或修改配置文件两种方式修改连接地址。以下步骤中的路径均为默认的安装路径，用户可根据实际情况修改。

（1）通过 sdb_maria_ctl 指定实例名，修改 SequoiaDB 的连接地址：

```
$ /opt/sequoiasql/mariadb/bin/sdb_maria_ctl chconf myinst --sdb-conn-addr=sdbserver1:11810,sdbserver2:11810
```

（2）通过实例配置文件修改 SequoiaDB 的连接地址：

```
$ vim /opt/sequoiasql/mariadb/database/6101/auto.cnf
```

修改内容如下：

```
sequoiadb_conn_addr=sdbserver1:11810,sdbserver2:11810
```

**注意：**
目前 sdb_maria_ctl 工具仅支持一些简单配置项的修改。建议用户采用配置文件的方式修改配置，修改方式同上。

### 2. 登录 MariaDB Shell

MariaDB 支持基于 UNIX 套接字文件和基于 TCP/IP 这两种连接方式。前者属于进程间通信，无须使用网络协议且传输效率比后者高，但其仅限于本地连接，而且需要指定对应的套接字文件；后者属于网络通信，其支持本地（采用环回接口）和远程连接，同时可以对客户端 IP 地址的访问权限进行灵活的配置和授予。

- 通过 UNIX 套接字文件连接：

```
$ cd /opt/sequoiasql/mariadb
$ bin/mysql -S database/6101/mysqld.sock -u sdbadmin
```

注意：
SequoiaSQL-MariaDB 实例默认无密码，所以无须输入-p 选项。

- 通过 TCP/IP 连接包括本地连接和远程连接：
  MariaDB 需要设置密码，才能通过 TCP/IP 进行本地连接。在套接字连接方式下为 sdbadmin 用户设置密码 123456。

```
MariaDB [(none)]> ALTER USER sdbadmin@localhost IDENTIFIED BY '123456';
```

然后通过 TCP/IP 方式建立连接：

```
$ bin/mysql -h 127.0.0.1 -P 6101 -u sdbadmin -p
```

注意：
用户设置密码后，登录 MariaDB Shell 需要指定-p 参数，输入密码。

MariaDB 默认未授予远程连接的权限，所以在远程连接时，需要在服务端对客户端 IP 地址进行访问授权。sdbadmin 用户对所有的 IP 地址都授权访问权限，且设置授权密码 123456。

```
MariaDB [(none)]> grant all privileges on *.* to sdbadmin@'%' identified by '123456' with grant option;
MariaDB [(none)]> flush privileges;
```

假设 mariadb 服务器地址为 sdbserver1:6101，在客户端可以使用如下方式进行远程连接：

```
$ /opt/sequoiasql/mariadb/bin/mysql -h sdbserver1 -P 6101 -u sdbadmin
```

以下列举一些简单的操作示例，具体可参考 MariaDB 官网。

- 创建数据库实例：

```
MariaDB [(none)]> create database company;
```

MariaDB [company]> use company;

- 创建表：

MariaDB [company]> create table employee(id INT AUTO_INCREMENT primary key, name VARCHAR(128), age INT);
MariaDB [company]> create table manager(employee_id INT, department TEXT, index id_idx(employee_id));

- 基本数据操作：

MariaDB [company]> insert into employee(name, age) values("Jacky", 36);
MariaDB [company]> insert into employee(name, age) values("Alice", 18);
MariaDB [company]> insert into manager values(1, "Wireless Business");
MariaDB [company]> select * from employee order by id ASC LIMIT 1;
MariaDB [company]> select * from employee, manager where employee.id=manager.employee_id;
MariaDB [company]> update employee set name="Bob" where id=1;
MariaDB [company]> delete from employee where id=2;

- 创建索引：

MariaDB [company]> alter table employee add index name_idx(name(30));

- 删除表和数据库实例：

MariaDB [company]> drop table employee, manager;
MariaDB [company]> drop database company;

## 4.5　S3 实例

SequoiaS3 系统实现了通过 AWS S3 接口访问 SequoiaDB 的能力。SequoiaS3 将 S3 接口中的区域、桶（bucket）和对象映射为 SequoiaDB 中的集合空间、集合、记录和 LOB（Large Object），实现了桶的增、删、查，对象的增、删、查，对象的版本管理，以及分段上传的能力；SequoiaS3 支持从 Amazon S3 或其他实现 S3 接口的存储服务平滑迁移到 SequoiaDB。

### 4.5.1　S3 实例的安装操作

本节介绍 SequoiaS3 的安装、配置与启动。

SequoiaS3 集成于 SequoiaDB 的安装包中。SequoiaDB 安装完成后，用户可到安装路径下的 tools/sequoias3 目录查看相关组件。

配置 SequoiaDB 和 SequoiaS3 的步骤如下。

（1）SequoiaS3 对接的 SequoiaDB 需要开启 RC（Read Committed）级别事务，且配置为等锁模式：

```
> var db = new Sdb( "localhost", 11810 )
> db.updateConf( { transactionon:true, transisolation:1, translockwait:true } )
```

（2）配置 SequoiaS3，首先切换至安装目录下的 tools/sequoias3 目录：

```
cd tools/sequoias3
```

（3）打开 config 目录中的 application.properties 文件：

```
$ vi config/application.properties
```

（4）修改文件中的如下配置。

- 配置对外监听端口号为 8002：

```
server.port=8002
```

- 配置 coord 节点的 IP 地址和端口号。可以配置多组 IP 地址和端口号，并使用逗号进行分隔：

```
sdbs3.sequoiadb.url=sequoiadb://192.168.20.37:11810,192.168.20.38:11810
```

- 如果在 SequoiaDB 中已经为 SequoiaS3 的存储创建了专属的域，则需要在此处配置：

```
sdbs3.sequoiadb.meta.domain=domain1
sdbs3.sequoiadb.data.domain=domain2
```

配置修改完成后，通过 ./sequoias3.sh 可执行脚本启动 SequoiaS3：

```
$ ./sequoias3.sh start
```

如需要停止 SequoiaS3 进程，则可执行 stop -p {port} 停止监听指定端口号的 SequoiaS3 进程，或执行 stop -a 停止所有的 SequoiaS3 进程。

```
$ ./sequoias3.sh stop -p 8002
```

SequoiaS3 的配置主要有基础配置、连接池配置、桶配置、分段上传配置、鉴权配置、查询上下文配置。

SequoiaS3 的基础配置如表 4-7 所示。

表 4-7 SequoiaS3 的基础配置列表

| 参数 | 配置说明 |
| --- | --- |
| server.port | SequoiaS3 监听端口号 |
| sdbs3.sequoiadb.url | SequoiaS3 所对接 SequoiaDB 的 coord 节点的 IP 地址和端口号，以 sequoiadb:// 为前缀，多组 coord 节点的 IP 地址和端口号之间使用逗号分隔。比如，<br>sdbs3.sequoiadb.url=sequoiadb://sdbserver1:11810,sdbserver2:11810,sdbserver3:11810<br>默认值为 sdbs3.sequoiadb.url=sequoiadb://localhost:11810 |
| sdbs3.sequoiadb.auth | SequoiaS3 对接的 SequoiaDB 用户名和密码。如果 SequoiaDB 未配置密码，则此处无须配置 |
| sdbs3.sequoiadb.meta.csName | SequoiaS3 存储元数据的集合空间名称，默认为 S3_SYS_Meta。系统启动时如果检测到没有此集合空间，则会自动创建 |
| sdbs3.sequoiadb.meta.domain | SequoiaS3 存储元数据的集合空间所在域，其只在初次启动系统时生效 |
| sdbs3.sequoiadb.data.csName | SequoiaS3 存储对象数据的集合空间名称前缀，默认为 S3_SYS_Data。系统会随着上传对象时的年份变化创建不同的集合空间。比如，2019 年上传的对象会存储在名为 S3_SYS_Data_2019 的集合空间中。上传对象数据时如果没有对应的集合空间，则系统会自动创建 |
| sdbs3.sequoiadb.data.domain | SequoiaS3 存储对象数据的集合空间所在域 |
| sdbs3.sequoiadb.data.csRange | SequoiaS3 在同一时间段可以创建的存储对象数据的集合空间数量 |
| sdbs3.sequoiadb.data.lobPageSize | SequoiaS3 存储对象数据的集合空间的 lobPageSize |
| sdbs3.sequoiadb.data.replSize | SequoiaS3 存储对象数据的集合空间内集合的 replSize |

SequoiaS3 与 SequoiaDB 间的连接池配置如表 4-8 所示。

表 4-8 SequoiaS3 与 SequoiaDB 间的连接池配置列表

| 参数 | 配置说明 |
| --- | --- |
| sdbs3.sequoiadb.maxConnectionNum | SequoiaS3 会建立与 SequoiaDB 间的连接池，该参数指定连接池内的最大连接数量 |
| sdbs3.sequoiadb.maxIdleNum | 连接池的最大空闲连接数量，这也是系统初始建立的连接数量 |
| sdbs3.sequoiadb.deltaIncCount | 连接池单次增加连接的数量 |
| sdbs3.sequoiadb.keepAliveTime | 连接池中空闲连接的存活时间。单位：毫秒（ms），0 表示 SequoiaS3 不关心连接隔多长时间没有收发消息 |

（续表）

| 参数 | 配置说明 |
| --- | --- |
| sdbs3.sequoiadb.CheckInterval | 连接池检测空闲连接的周期，将超过 maxIdleNum 的空闲连接关闭。单位：毫秒（ms）。 |
| sdbs3.sequoiadb.validateConnection | 使用连接前先检查该连接是否可用 |

SequoiaS3 与 SequoiaDB 间的桶配置如表 4-9 所示。

表 4-9　SequoiaS3 与 SequoiaDB 间的桶配置列表

| 参数 | 配置说明 |
| --- | --- |
| sdbs3.bucket.limit | 允许每位用户创建的存储桶的最大数量，默认为 100 个 |
| sdbs3.bucket.allowreput | 是否允许重复创建同名存储桶而不报错 |

SequoiaS3 与 SequoiaDB 间的分段上传配置如表 4-10 所示。

表 4-10　SequoiaS3 与 SequoiaDB 间的分段上传配置列表

| 参数 | 配置说明 |
| --- | --- |
| sdbs3.multipartupload.partlistinuse | 是否使用 Complete Multipart Upload 请求中携带的分段列表进行合并。如果该配置为 TRUE，则根据请求携带的分段列表中指定的分段进行合并；如果该配置为 FALSE，则根据系统中已经收到的所有分段按分段编码顺序进行合并，而不使用请求中的分段列表，也不检查请求中分段列表内容的有效性 |
| sdbs3.multipartupload.partsizelimit | 合并分段时是否检查分段的大小。当其被配置为 TRUE 时，除最后一个分段外，其他分段必须处于 5MB~5GB 的范围内，超出此范围则合并失败；该参数在 partlistinuse 配置为 TRUE 时生效 |
| sdbs3.multipartupload.incompletelifecycle | 未完成的分段上传请求保留天数。默认的初始化配置为 2 天。当一个分段上传请求初始化 3 天后仍未完成，则清理该请求和已上传的分段 |

SequoiaS3 与 SequoiaDB 间的鉴权配置如表 4-11 所示。

表 4-11　SequoiaS3 与 SequoiaDB 间的鉴权配置列表

| 参数 | 配置说明 |
| --- | --- |
| sdbs3.authorization.check | 是否对用户进行鉴权。如果其被配置为 FALSE，则对所有访问用户都不做合法性检查，所有用户都将按照默认拥有最大权限来访问系统 |

SequoiaS3 与 SequoiaDB 间的查询上下文配置如表 4-12 所示。

表 4-12　SequoiaS3 与 SequoiaDB 间的查询上下文配置列表

| 参数 | 配置说明 |
| --- | --- |
| sdbs3.context.lifecycle | 查询对象列表的上下文保存周期，单位：分钟（min）。在查询对象列表时，如果有未查完的记录，则系统记录上下文，并返回上下文的 token，等待下一次查询；查询完成后清理上下文。如超时未收到下次查询的信息，则清理上下文 |
| sdbs3.context.cron | 上下文过期清理检测周期，采用 cron 格式 |

## 4.5.2　S3 实例的基本读/写操作

本节介绍 SequoiaS3 支持的基本读/写操作。用户可以下载 AWS 的开发工具包，利用工具包中的接口快捷地发送 S3 请求。

SequoiaS3 安装路径下的 sample 目录中的 Java 工程，能够实现基本读/写操作。解压后修改 endPoint 地址端口号即可运行该工程。

首先进行初始化客户端，初始化客户端的 Java 样例如下：

```java
private void init() throws Exception{
    AWSCredentials credentials = new BasicAWSCredentials("ABCDEFGHIJKLMNOPQRST",
"abcdefghijklmnopqrstuvwxyz0123456789ABCD");

    String endPoint = "http://ip:port";
    AwsClientBuilder.EndpointConfiguration endpointConfiguration = new
AwsClientBuilder.EndpointConfiguration(endPoint, null);

    s3 = AmazonS3ClientBuilder.standard()
            .withEndpointConfiguration(endpointConfiguration)
            .withCredentials(new AWSStaticCredentialsProvider(credentials))
            .build();
}
```

接着创建存储桶及存储桶的 REST 请求：

```
PUT /bucketname HTTP/1.1
Host: ip:port
Content-Length: length
Date: date
Authorization: authorization string
```

Java 样例如下：

```java
public void putBucket(String bucket){
    try {
        s3.createBucket(bucket);
    }catch (AmazonServiceException e) {
        System.err.println("status code:"+e.getStatusCode());
        System.err.println("error code:"+e.getErrorCode());
        System.err.println("error message:"+e.getErrorMessage());
    }
}
```

然后上传对象、REST 请求：

```
PUT /bucketname/ObjectName HTTP/1.1
Host: ip:port
Date: date
Authorization: authorization string
```

Java 样例如下：

```java
public void putObject(String bucket , String object){
    try {
        PutObjectRequest request = new PutObjectRequest(bucket,object,new File("D:\\bucket\\example.png"));
        s3.putObject(request);
    }catch (AmazonServiceException e) {
        System.err.println("status code:"+e.getStatusCode());
        System.err.println("error code:"+e.getErrorCode());
        System.err.println("error message:"+e.getErrorMessage());
    }
}
```

最后获取对象、REST 请求：

```
GET /bucketname/ObjectName HTTP/1.1
Host: ip:port
Date: date
Authorization: authorization string
```

Java 样例如下：

```java
public void getObject(String bucket, String object){
    try{
        GetObjectRequest request = new GetObjectRequest(bucket, object);
        S3Object result = s3.getObject(request);

        S3ObjectInputStream s3is = result.getObjectContent();
        FileOutputStream fos = new FileOutputStream(new File(object));
        byte[] read_buf = new byte[1024];
        int read_len = 0;
        while ((read_len = s3is.read(read_buf)) > 0) {
            fos.write(read_buf, 0, read_len);
        }
        s3is.close();
        fos.close();
    } catch (AmazonServiceException e) {
        System.err.println("status code:"+e.getStatusCode());
        System.err.println("error code:"+e.getErrorCode());
        System.err.println("error message:"+e.getErrorMessage());
    } catch (Exception e) {
        System.err.println(e.getMessage());
    }
}
```

## 4.5.3　S3 实例的命令行连接

本节主要介绍如何通过 s3cmd 工具与 S3 实例进行连接。

### 1. 配置和连接

配置 Access Key、Secret Key、S3 Endpoint、HTTPS protocol 和 DNS-style：

```
$ ./s3cmd --configure

Enter new values or accept defaults in brackets with Enter.
Refer to user manual for detailed description of all options.
```

Access key and Secret key are your identifiers for Amazon S3. Leave them empty for using the env variables.
Access Key: ABCDEFGHIJKLMNOPQRST
Secret Key: abcdefghijklmnopqrstuvwxyz0123456789ABCD
Default Region [US]: CHN

Use "s3.amazonaws.com" for S3 Endpoint and not modify it to the target Amazon S3.
S3 Endpoint [s3.amazonaws.com]: 127.0.0.1:8002

Use "%(bucket)s.s3.amazonaws.com" to the target Amazon S3. "%(bucket)s" and "%(location)s" vars can be used
if the target S3 system supports dns based buckets.
DNS-style bucket+hostname:port template for accessing a bucket
[%(bucket)s.s3.amazonaws.com]: mybucket.127.0.0.1:8002

Encryption password is used to protect your files from reading
by unauthorized persons while in transfer to S3
Encryption password:
Path to GPG program [/usr/bin/gpg]:

When using secure HTTPS protocol all communication with Amazon S3
servers is protected from 3rd party eavesdropping. This method is
slower than plain HTTP, and can only be proxied with Python 2.7 or newer
Use HTTPS protocol [Yes]: No

On some networks all internet access must go through a HTTP proxy.
Try setting it here if you can't connect to S3 directly
HTTP Proxy server name:

New settings:
  Access Key: ABCDEFGHIJKLMNOPQRST
  Secret Key: abcdefghijklmnopqrstuvwxyz0123456789ABCD
  Default Region: CHN
  S3 Endpoint: 127.0.0.1:8002
  DNS-style bucket+hostname:port template for accessing a bucket: mybucket.127.0.0.1:8002
  Encryption password:
  Path to GPG program: /usr/bin/gpg

```
Use HTTPS protocol: False
HTTP Proxy server name:
HTTP Proxy server port: 0

Test access with supplied credentials? [Y/n]
Please wait, attempting to list all buckets...
Success. Your access key and secret key worked fine :-)

Now verifying that encryption works...
Not configured. Never mind.

Save settings? [y/N] y
Configuration saved to '/home/sdbadmin/.s3cfg'
```

2. 操作 bucket（桶）和对象

操作 bucket 和对象的具体步骤如下：

（1）列举所有的 bucket（bucket 相当于根文件夹）：

`s3cmd ls`

（2）创建 bucket，且 bucket 名称是唯一的，不能重复：

`s3cmd mb s3://my-bucket-name`

（3）删除空 bucket：

`s3cmd rb s3://my-bucket-name`

（4）列举 bucket 中的内容：

`s3cmd ls s3://my-bucket-name`

（5）将 file.txt 上传到某个 bucket：

`s3cmd put file.txt s3://my-bucket-name/file.txt`

（6）上传 file.txt 到桶后，将权限设置为所有人可读：

`s3cmd put --acl-public file.txt s3://my-bucket-name/file.txt`

（7）批量上传文件：

```
s3cmd put ./* s3://my-bucket-name/
```

（8）下载文件：

```
s3cmd get s3://my-bucket-name/file.txt file.txt
```

（9）批量下载文件：

```
s3cmd get s3://my-bucket-name/* ./
```

（10）删除文件：

```
s3cmd del s3://my-bucket-name/file.txt
```

（11）获取对应的 bucket 所占用的空间大小：

```
s3cmd du -H s3://my-bucket-name
```

## 4.5.4 S3 实例的 Java 开发样例

本节主要介绍 AWS SDK for Java 的程序样例。用户可以下载 AWS 的开发工具包，利用工具包中的接口快捷地发送 S3 请求。

Java 的 AWS 开发工具包，建议下载 1.11.x 版本。

以下样例示范了如何连接 SequoiaS3 数据库实例，并对桶和对象进行操作。在连接过程中，需要提供正确的认证密钥 access_key、secret_key 和服务器地址。

首先创建代码，在 IDE（Integrated Development Environment）编辑器中新建 Java 或 Maven 工程，将以下代码复制/粘贴到 class 源文件中，并引入依赖包，添加 AWS SDK for Java 的依赖：

```java
import java.io.File;
import java.io.FileNotFoundException;
import java.io.FileOutputStream;
import java.io.IOException;
import java.util.List;

import com.amazonaws.AmazonClientException;
import com.amazonaws.AmazonServiceException;
import com.amazonaws.ClientConfiguration;
```

```java
import com.amazonaws.auth.AWSCredentials;
import com.amazonaws.auth.AWSStaticCredentialsProvider;
import com.amazonaws.auth.BasicAWSCredentials;
import com.amazonaws.client.builder.AwsClientBuilder;
import com.amazonaws.services.s3.AmazonS3;
import com.amazonaws.services.s3.AmazonS3ClientBuilder;
import com.amazonaws.services.s3.model.*;

public class AWSClient {
    static AmazonS3 s3;
    private static void init() throws Exception {
        AWSCredentials credentials = new BasicAWSCredentials("access_key",
                "secret_key");

        ClientConfiguration configuration = new ClientConfiguration();
        configuration.setUseExpectContinue(false);

        String endPoint = "127.0.0.1:8002";
        AwsClientBuilder.EndpointConfiguration endpointConfiguration = new AwsClientBuilder.EndpointConfiguration(
                endPoint, null);

        s3 = AmazonS3ClientBuilder.standard().withEndpointConfiguration(endpointConfiguration)
                .withClientConfiguration(configuration).withCredentials(new AWSStaticCredentialsProvider(credentials))
                //.withChunkedEncodingDisabled(true)
                .withPathStyleAccessEnabled(true).build();
    }

    public static void deleteObject(String bucket, String object) {
        try {
            s3.deleteObject(bucket, object);
        } catch (AmazonServiceException e) {
            System.out.println("status code:" + e.getStatusCode());
        } catch (AmazonClientException e2) {
            System.out.println("status code:" + e2.getMessage());
```

```java
        }
    }

    public static void putObject(String bucket, String object) {
        try {
            PutObjectRequest request = new PutObjectRequest(bucket, object,
                    new File("C:\\Users\\C\\Desktop\\files\\\\testfile.png"));
            s3.putObject(request);
        } catch (AmazonServiceException e) {
            System.out.println("status code:" + e.getStatusCode());
        } catch (AmazonClientException e2) {
            System.out.println("status code:" + e2.getMessage());
        }
    }

    public static void getObject(String bucket, String object) {
        try {
            GetObjectRequest request = new GetObjectRequest(bucket, object, null);
            System.out.println(object.toString());
            S3Object result = s3.getObject(request);

            S3ObjectInputStream s3is = result.getObjectContent();
            FileOutputStream fos = new FileOutputStream(new File("C:\\Users\\C\\Desktop\\files\\" + object));
            byte[] read_buf = new byte[1024 * 34];
            int read_len = 0;
            while ((read_len = s3is.read(read_buf)) > 0) {
                fos.write(read_buf, 0, read_len);
            }
            s3is.close();
            fos.close();
        } catch (AmazonServiceException e) {
            System.err.println(e.getErrorMessage());
        } catch (FileNotFoundException e) {
            System.err.println(e.getMessage());
        } catch (IOException e) {
            System.err.println(e.getMessage());
```

```java
        }
    }

    public static void listObjects(String bucket) {
        try {
            ListObjectsV2Request request = new ListObjectsV2Request();
            request.setBucketName(bucket);
            ListObjectsV2Result result = s3.listObjectsV2(request);

            List<String> commonPrefix = result.getCommonPrefixes();
            for (int i = 0; i < commonPrefix.size(); i++) {
                System.out.println("commonPrefix:" + commonPrefix.get(i));
            }
            List<S3ObjectSummary> objectList = result.getObjectSummaries();
            for (int i = 0; i < objectList.size(); i++) {
                System.out.println("key:" + objectList.get(i).getKey());
            }
        } catch (AmazonServiceException e) {
            System.out.println("status code:" + e.getStatusCode());
        } catch (AmazonClientException e2) {
            System.out.println("status code:" + e2.getMessage());
        }
    }

    public static void putBucket(String bucket) {
        try {
            s3.createBucket(bucket);
        } catch (AmazonServiceException e) {
            System.err.println(e.getStatusCode());
            System.err.println(e.getErrorCode());
            System.err.println(e.getErrorMessage());
        }
    }
    //运行主函数
    public static void main(String[] args) throws Exception {
        String bucketName = "mybucket";
        String keyName = "example.png";
```

```
        //初始化连接
        init();
        //创建桶
        putBucket(bucketName);
        //添加对象
        putObject(bucketName, keyName);
        //获取对象
        getObject(bucketName, keyName);
        //删除对象
        deleteObject(bucketName, keyName);
        //枚举对象列表
        listObjects(bucketName);
    }
}
```

之后，将工程打成 jar 包。

执行程序：

```
$ java -jar s3-client.jar
```

## 4.6 SequoiaFS 文件系统实例

SequoiaFS 是 SequoiaDB 基于 FUSE（Filesystem in Userspace）在 Linux 系统下实现的一套文件系统，其支持通用的文件操作 API。

用户可以通过 SequoiaFS 将本地目录挂载到 SequoiaDB 的目标集合，在挂载目录下可以使用通用文件系统 API 对文件和目录进行操作。SequoiaFS 使用 SequoiaDB 的元数据集合存储文件和目录的属性，使用大对象（LOB）存储文件的内容，以实现类似于 NFS（Network File System）的分布式网络文件系统（见图 4-8）。

SequoiaFS 所支持的 fuselib 库版本如下：FUSE library v2.8.6 及以上版本、fusermount v2.8.6 及以上版本。

第 4 章 数据库实例

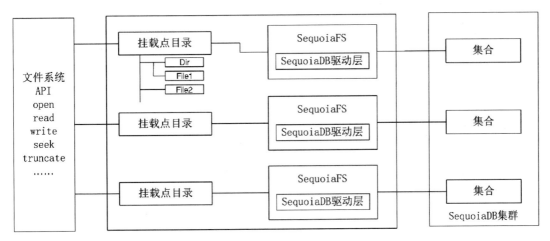

图4-8 SequoiaFS文件系统实例架构

## 4.6.1 SequoiaFS 文件系统实例的安装和部署

本节将介绍 FUSE 的安装和部署以及 SequoiaFS 的工作机制。

**1. 检查 FUSE 版本**

首先查看是否安装了 FUSE：

```
# which fusermount
```

然后查看 FUSE 的版本号：

```
# fusermount --version
```

若未安装 FUSE，或者 FUSE 的版本号低于 2.8.6，则需要进行 FUSE 的安装。

**2. FUSE 的安装和配置**

安装 SequoiaFS 之前，用户应确保已安装 SequoiaDB。同时，需要使用 root 用户权限进行安装部署，应确保 root 用户对相关命令或配置文件具有访问权限。CentOS 7、Red Hat 7、SUSE 11.3 和 Ubuntu 14 及其以上版本的操作系统可参考下面的包管理器进行安装，其他操作系统可参考源码安装或尝试采用其他方式自行安装。

包管理器安装不同版本的操作系统使用不同的指令，如下所示。

- 对于 CentOS 7/Red Hat 7 及其更高版本的操作系统：

```
# yum install fuse
```

- 对于 SUSE 11.3 及其更高版本的操作系统:

```
# zypper install fuse
```

- 对于 Ubuntu 14 及其更高版本的操作系统:

```
# apt-get install fuse
```

用户也可以自行下载 libfuse 的源码包 libfuse-fuse-2.8.6.tar.gz 进行编译、安装。具体步骤如下。

（1）解压源码包并进入源码包目录：

```
# tar -xzvf libfuse-fuse_2_8_6.tar.gz
# cd libfuse-fuse_2_8_6/
```

（2）编译、安装 libfuse 库，需要通过--prefix 参数指定安装路径：

```
# ./makeconf.sh
# ./configure --prefix=/opt/sequoiadb/fuse
# make
# make install
```

（3）查询 libfuse 库安装后的版本号：

```
# /opt/sequoiadb/fuse/bin/fusermount --version
```

（4）将 FUSE 可执行程序路径配置到数据库安装用户的 PATH 环境变量中（配置路径必须与--prefix 参数指定的路径一致）：

```
# . /etc/default/sequoiadb
# echo 'export PATH="/opt/sequoiadb/fuse/bin:$PATH"' >> /home/$SDBADMIN_USER/.bashrc
```

在/etc/fuse.conf 中添加配置"user_allow_other"：

```
# echo "user_allow_other" >> /etc/fuse.conf
```

### 3. SequoiaFS 的工作机制

SequoiaFS 是 FUSE 用户空间下的文件系统。其在用户空间下通过 SequoiaDB 驱动层调用 SequoiaDB 数据库进行数据文件存储管理操作，同时作为 FUSE 文件系统，调用 FUSE 相关 lib 接口完成文件系统调用相关接口，实现 Application 用户软件在调用标准文件系统接口操作时对 SequoiaDB 的一系列操作，从而实现分布式网络文件系统（见图 4-9）。

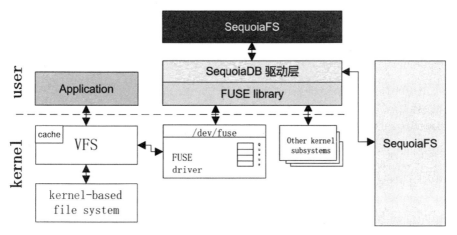

图4-9 SequoiaFS的工作机制

## 4.6.2 挂载目录

本节将介绍通过 SequoiaFS 在 SequoiaDB（巨杉数据库）挂载目录的方法。

### 1. 在 Linux 环境中挂载目录

挂载目录前应确保系统已经安装 SequoiaDB，并已部署 SequoiaDB 集群。定义挂载目录的基本信息如下。

（1）查询 SequoiaDB 安装信息（SDBADMIN_USER 为安装用户名，INSTALL_DIR 为安装路径）。

```
# cat /etc/default/sequoiadb
```

输出结果如下：

```
NAME=sdbcm
SDBADMIN_USER=sdbadmin
INSTALL_DIR=/opt/sequoiadb。
```

（2）切换到 SDBADMIN_USER，指定用户：

```
# su sdbadmin
```

（3）加载 SequoiaDB 的安装信息：

```
$ . /etc/default/sequoiadb
```

（4）定义挂载目录的基本信息（挂载目录为/home/sdbadmin/guestdir；挂载目录的别名为 guestdir，别名一般为挂载目录全路径的最后一层文件夹名称；挂载目标的集合名称为 mountcs.mountcl）：

```
$ mountpoint=/home/sdbadmin/guestdir/
$ alias=guestdir
$ collection=mountcs.mountcl
```

创建挂载目录及配置文件的方法如下。

（1）创建挂载目录：

```
$ mkdir -p $mountpoint
```

首次挂载该目录时，需要先创建配置文件目录，并将一份配置样例复制到配置文件路径中：

```
$ mkdir -p $INSTALL_DIR/tools/sequoiafs/conf/local/$alias/
$ cp $INSTALL_DIR/tools/sequoiafs/conf/sample/sequoiafs.conf $INSTALL_DIR/tools/sequoiafs/conf/local/$alias/
```

（2）修改配置文件中的挂载目录、别名和集合名称：

```
$ FS_ALIAS_CONF=$INSTALL_DIR/tools/sequoiafs/conf/local/$alias/sequoiafs.conf
$ sed -i "s|^mountpoint=|mountpoint=$mountpoint|" $FS_ALIAS_CONF
$ sed -i "s|^alias=|alias=$alias|" $FS_ALIAS_CONF
$ sed -i "s|^collection=|collection=$collection|" $FS_ALIAS_CONF
```

挂载目录的步骤如下。

（1）使用 fsstart.sh 指定采用别名挂载目录：

```
$ cd $INSTALL_DIR/tools/sequoiafs/bin
$ ./fsstart.sh --alias $alias
```

输出结果显示挂载成功：

```
Start /opt/sequoiadb/tools/sequoiafs/bin/sequoiafs -c /opt/sequoiadb/tools/sequoiafs/conf/local/guestdir --alias guestdir
Succeed: 19496
Total: 1; Succeed: 1; Failed: 0
```

（2）通过 fslist.sh 查看挂载信息：

```
$ ./fslist.sh -l
```

输出结果如下：

```
Alias      Mountpoint                  PID     Collection        ConfPath
guestdir   /home/sdbadmin/guestdir     19496   mountcs.mountcl   /opt/sequoiadb/tools/
sequoiafs/conf/local/guestdir
Total: 1
```

验证方法如下。

（1）进入 $mountpoint 指定目录：

```
$ cd $mountpoint
```

（2）在挂载目录下创建文件 testfile 并写入'hello, this is a testfile!'：

```
$ touch testfile
$ echo 'hello, this is a testfile!' >> testfile
```

（3）查看 testfile 文件内容是否已写入：

```
$ cat testfile
```

（4）创建子目录 testdir：

```
$ mkdir testdir
```

（5）查看目录是否创建成功：

```
$ ls
```

## 2. 在 Windows 环境下访问挂载目录

用户在使用 SequoiaFS 成功完成目录的挂载后，可以通过 Samba 服务共享挂载目录，以便在 Windows 操作系统中也可以访问该目录。以下操作均在 root 用户权限下执行。

根据操作系统的不同，Samba 安装的方法需要进行如下调整。

对于 CentOS/Red Hat 操作系统，执行如下指令：

```
# yum install samba
```

对于 SUSE 操作系统，执行如下指令：

```
# zypper install samba
```

对于 Ubuntu 操作系统，执行如下指令：

```
# apt-get install samba
```

检查当前 Samba 的版本号。

对于 CentOS/Red Hat/SUSE 操作系统，执行如下指令：

```
# rpm -qa samba
```

输出当前的 Samba 版本号：

```
samba-3.6.23-53.el6_10.x86_64
```

对于 Ubuntu 操作系统，执行如下指令：

```
# samba --version
```

输出当前的 Samba 版本号：

```
Version 4.3.11-Ubuntu
```

Samba 配置的步骤如下。

（1）创建一个 Linux 用户 sambauser：

```
# useradd sambauser
```

（2）为 sambauser 用户设置密码：

```
# passwd sambauser
```

根据提示设置密码：

```
Enter new UNIX password:
Retype new UNIX password:
passwd: password updated successfully
```

（3）将该用户添加到 Samba 用户列表：

```
# smbpasswd -a sambauser
```

根据提示设置密码：

```
New SMB password:
Retype new SMB password:
```

```
Added user sambauser.
```

（4）定义挂载目录，加载 SequoiaDB 安装信息后获取安装用户：

```
# mountpoint=/home/sdbadmin/guestdir/
# . /etc/default/sequoiadb
```

（5）在 Samba 的配置文件/etc/samba/smb.conf 尾部追加共享目录的信息，其中 path 需要根据挂载目录填写，force user 需要根据安装用户名称填写：

```
# echo [mountpoint] >> /etc/samba/smb.conf
# echo comment = mountpoint >> /etc/samba/smb.conf
# echo path = $mountpoint >> /etc/samba/smb.conf
# echo browseable = Yes >> /etc/samba/smb.conf
# echo guest ok = Yes >> /etc/samba/smb.conf
# echo writable = Yes >> /etc/samba/smb.conf
# echo create mode = 0644 >> /etc/samba/smb.conf
# echo directory mode = 0755 >> /etc/samba/smb.conf
# echo force user = $SDBADMIN_USER >> /etc/samba/smb.conf
```

（6）启动 Samba 服务：

```
# service smb start
```

而对于 Ubuntu 系统，需要使用服务名 smbd 启动 Samba。

```
# service smbd start
```

### 3. 在 Windows 中访问 Samba 共享目录

具体步骤如下：

（1）在 Windows 10 环境下点击"此电脑"选项，之后在"计算机"选项卡下，点击"映射网络驱动器"按钮，如图 4-10 所示。随后，选择"映射网络驱动器"选项。

（2）在"驱动器"框中输入本地映射驱动器的名称，在"文件夹"框中输入共享路径，如图 4-11 所示。

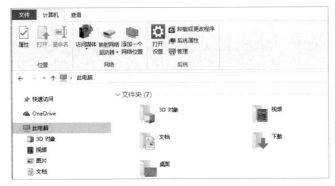

图4-10　打开电脑

图4-11　输入共享路径

（3）输入 Samba 的用户名和密码，如图 4-12 所示。

图4-12　输入用户名和密码

（4）在 Windows 中即可通过映射驱动器访问共享目录，如图 4-13 所示。

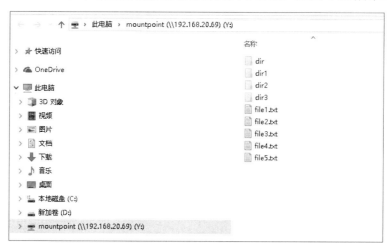

图4-13　访问共享目录

## 4.6.3　数据设计

当用户将在 Linux 下创建的/home/sdbadmin/guestdir/目录成功挂载到 SequoiaDB 后，仍然可以在 guestdir 目录下执行常见的创建子目录、创建文件、修改文件、删除文件等命令；也可以通过常见的文件 API 接口对目录文件进行操作。此时，所有的文件内容及目录结构都存储于 SequoiaDB 中。

### 1. 查看挂载目录的信息

通过 SequoiaFS 将/home/sdbadmin/guestdir/目录挂载到 SequoiaDB 中，挂载的目标集合为 "mountcs.mountcl"。

```
> var db = new Sdb("localhost", 11810)
> db.list(SDB_LIST_COLLECTIONS)
```

挂载成功后的挂载目录和如下五个集合相关：

```
{
  "Name": "mountcs.mountcl"
}
{
  "Name": "mountcs.mountcl_FS_SYS_DirMeta"
```

```
}
{
  "Name": "mountcs.mountcl_FS_SYS_FileMeta"
}
{
  "Name": "sequoiafs.maphistory"
}
{
  "Name": "sequoiafs.sequenceid"
}
```

- "mountcs.mountcl"：挂载集合，以 LOB 的形式存储挂载目录下的文件内容。
- "mountcs.mount_FS_SYS_DirMeta"：目录元数据集合，存储挂载目录及子目录的元数据。
- "mountcs.mount_FS_SYS_FileMeta"：文件元数据集合，存储挂载目录及子目录中文件的元数据。
- "sequoiafs.sequenceid"：目录元数据中所有目录记录的 id 序列表，用于实现目录的唯一性，记录目录之间的所属关系。
- "sequoiafs.maphistory"：挂载历史信息表，记录历史挂载的关键数据信息。每次挂载都会产生一条挂载数据。

查询挂载历史信息表：

> db.sequoiafs.maphistory.find()

这时，可得到挂载后产生的挂载信息：

```
{
  "_id": {
    "$oid": "5ec5af7ae27d726c75b90b2f"
  },
  "SourceCL": "mountcs.mountcl",
  "DirMetaCL": "mountcs.mountcl_FS_SYS_DirMeta",
  "FileMetaCL": "mountcs.mountcl_FS_SYS_FileMeta",
  "Address": "ens160:192.168.20.69;",
  "MountPoint": "/home/sdbadmin/guestdir/",
  "MountTime": {
```

```
    "MountTime": "2020-05-21-06.30.18.793845"
  }
}
```

挂载历史信息表中的字段含义如表 4-13 所示。

表 4-13 挂载历史信息表中的字段含义

| 参数名 | 类型 | 描述 |
|---|---|---|
| SourceCL | 字符串 | 目标集合的名称 |
| DirMetaCL | 字符串 | 目录元数据集合的名称 |
| FileMetaCL | 字符串 | 文件元数据集合的名称 |
| Address | 字符串 | 挂载目录所在的主机地址 |
| MountPoint | 字符串 | 挂载目录的全路径 |

### 2. 查看挂载目录下的文件和子目录信息

挂载目录下文件和子目录信息的查看方式如下。

（1）在挂载目录下创建文件 testfile，并写入'hello, this is a testfile!':

```
$ cd /home/sdbadmin/guestdir/
$ touch testfile
$ echo 'hello, this is a testfile!' >> testfile
```

（2）创建子目录 testdir:

```
$ mkdir testdir
```

（3）查询目录元数据集合:

```
> db.mountcs.mountcl_FS_SYS_DirMeta.find()
```

这时，可得到根目录和子目录 testdir 的元数据信息:

```
{
  "AccessTime": 1589966920958,
  "CreateTime": 1589966920958,
  "Gid": 0,
  "Id": 1,
  "Mode": 16877,
  "ModifyTime": 1589966920958,
```

```
  "NLink": 3,
  "Name": "/",
  "Pid": 0,
  "Size": 4096,
  "SymLink": "",
  "Uid": 0,
  "_id": {
    "$oid": "5ec4f848385b7a63e66391ba"
  }
}
{
  "_id": {
    "$oid": "5ec5b26ee27d726c75b90b31"
  },
  "Name": "testdir",
  "Mode": 16877,
  "Uid": 501,
  "Gid": 501,
  "Pid": 1,
  "Id": 2,
  "NLink": 2,
  "Size": 4096,
  "CreateTime": 1590014574966,
  "ModifyTime": 1590014574966,
  "AccessTime": 1590014574966,
  "SymLink": ""
}
Return 2 row(s).
```

目录元数据信息表中的字段含义如表 4-14 所示。

表 4-14 目录元数据信息表中的字段含义

| 参数名 | 类型 | 描述 |
| --- | --- | --- |
| _id | OID | 对象 ID |
| Name | 字符串 | 目录名称 |
| Mode | 整数 | 目录属性的模式 |
| Uid | 整数 | 目录属主的 ID |

（续表）

| 参数名 | 类型 | 描述 |
|---|---|---|
| Gid | 整数 | 目录组属主的 ID |
| Pid | 长整数 | 目录父目录的 ID，不同于 _id |
| Id | 长整数 | 目录 ID |
| NLink | 整数 | 目录的 link 数 |
| Size | 长整数 | 目录大小 |
| CreateTime | 长整数 | 创建时间 |
| ModifyTime | 长整数 | 修改时间 |
| AccessTime | 长整数 | 访问时间 |
| SymLink | 字符串 | 软链接 |

（4）查询文件元数据集合：

> db.mountcs.mountcl_FS_SYS_FileMeta.find()

这时，可得到 testfile 文件元数据的信息：

```
{
  "AccessTime": 1590044385674,
  "CreateTime": 1590014562000,
  "Gid": 501,
  "LobOid": "00005ec697603500046e0c44",
  "Mode": 33188,
  "ModifyTime": 1590044385674,
  "NLink": 1,
  "Name": "testfile",
  "Pid": 1,
  "Size": 27,
  "SymLink": "",
  "Uid": 501,
  "_id": {
    "$oid": "5ec5b262e27d726c75b90b30"
  }
}
Return 1 row(s).
```

文件元数据信息表中的字段含义如表 4-15 所示。

表 4-15 文件元数据信息表中的字段含义

| 参数名 | 类型 | 描述 |
| --- | --- | --- |
| _id | OID | 对象 ID |
| Name | 字符串 | 文件名称 |
| Mode | 整数 | 文件属性的模式 |
| Uid | 整数 | 文件属主的 ID |
| Gid | 整数 | 文件组属主的 ID |
| Pid | 长整数 | 文件父目录的 ID，不同于 _id |
| LobOid | 字符串 | 文件对应 LOB 对象的 ID |
| NLink | 整数 | 文件的 link 数 |
| Size | 长整数 | 文件大小 |
| CreateTime | 长整数 | 创建时间 |
| ModifyTime | 长整数 | 修改时间 |
| AccessTime | 长整数 | 访问时间 |
| SymLink | 字符串 | 软链接 |

（5）查看挂载集合：

```
> db.mountcs.mountcl.listLobs()
```

在输出结果中可以看到一条 LOB 数据：

```
{
  "Size": 27,
  "Oid": {
    "$oid": "00005ec697603500046e0c44"
  },
  "CreateTime": {
    "$timestamp": "2020-05-21-14.59.44.776000"
  },
  "ModificationTime": {
    "$timestamp": "2020-05-21-14.59.51.729000"
  },
  "Available": true,
  "HasPiecesInfo": false
```

}
Return 1 row(s).

## 4.6.4 API

本节主要介绍 SequoiaFS 支持的文件操作 API 及使用示例。

**1. API 接口**

SequoiaFS 目前支持以下文件操作 API：

- opendir(const char *name)：打开目录文件。
- readdir(DIR *dir)：读取目录文件。
- closedir(DIR *dir)：关闭目录文件。
- open(const char *pathname, int flags, [mode_t mode])：创建或打开一个文件。
- flags：只支持"ORDONLY"、"OWRONLY"和"O_CREATE"；若填入其他参数，则报错。
- mode：若该值缺省，则其默认值为 644。
- close(int fd)：读取文件的数据。
- remove(const char *pathname)：删除文件。
- lseek(FILE *stream, long offset, int whence)：设置读/写偏移。
- read(int fd, void *buf, size_t count)：读取文件的数据。
- write(int fd, const void* buf, size_t count)：写文件的数据。
- stat(const char *pathname, struct stat *buf)：获取文件的属性信息。
- utime(const char * pathname, struct utimebuf * buf)：更改访问和修改时间。
- link(const char *oldpath, const char *newpath)：创建链接文件（硬链接）。
- unlink(const char * pathname)：删除指定的文件。如果该文件为最后的链接点，则文件会被删除；如果该文件为符号链接，则链接会被删除。
- symlink(const char *oldpath, const char *newpath)：创建符号链接文件，oldpath 指向的文件允许不存在。
- truncate(const char *pathname, off_t length)：截取文件的内容。将 path 指定的文件大小改为参数 length 的大小；如果原来的文件比 length 大，则超过的部分会被删除。
- mkdir(const char *pathname, mode_t mode)：创建目录文件。
- rmdir(const char *pathname)：删除目录文件。

- rename(const char *pathname)：更改文件名称。
- chmod(const char *pathname, mode_t mode)：更改文件权限。

**注意：**
SequoiaFS 目前支持基于以上接口的一些常见系统命令，如 vi、cp、rm、touch、cat、mv、ln、chown、tar 等；暂时不支持上述接口外的系统命令。

### 2. API 使用示例

以下示例通过 API 在 guestdir 目录下创建了一个 testfile 文件，并写入 testdata 内容：

```c
#include <stdio.h>
#include <sys/stat.h>
#include <unistd.h>
#include <sys/types.h>
#include <fcntl.h>

static char testdata[] = "abcdefghijklmnopqrstuvwxyz";
static int testdatalen = sizeof(testdata) - 1;
#define testfile "/home/sdbadmin/guestdir/testfile"

int main()
{
    int rc = 0;
    int fd = 0;
    const char *data = testdata;
    int datalen = testdatalen;

    fd = open(testfile, O_WRONLY|O_CREAT);
    if(0 > fd)
    {
        printf("Failed to open file:%s\n", testfile);
        goto error;
    }

    rc = write(fd, data, datalen);
    if(0 > rc)
    {
```

```
        printf("Failed to write file:%s\n", testfile);
        goto error;
    }

    rc = lseek(fd, 4, SEEK_SET);
    if(0 > rc)
    {
        printf("Failed to lseek file:%s\n", testfile);
        goto error;
    }

    rc = write(fd, "DF", 2);
    if(0 > rc)
    {
        printf("Failed to write file:%s\n", testfile);
        goto error;
    }

    rc = close(fd);
    if(0 > rc)
    {
        printf("Failed to close file:%s\n", testfile);
        goto error;
    }
done:
    return rc;
error:
    goto done;
}
```

## 4.7　JSON 实例

　　SequoiaDB 为用户提供了 JSON 实例，通过此实例可以与 SequoiaDB 的分布式引擎进行交互执行。JSON 实例适用基于 JSON 数据类型的联机业务场景，高度兼容 MongoDB 的 JSON 操作。用户可以使用 JSON 实例对数据库执行集群管理、实例检查、数据增查改删等操作。

## 4.7.1 JSON 实例的安装和部署

SequoiaDB 使用 JavaScript Shell 接口与底层的分布式引擎进行交互，同时 SequoiaDB 天然支持 JSON 实例，无须单独安装和部署 JSON 实例。

## 4.7.2 JSON 实例的使用

Shell 模式能够以命令行方式使用 JavaScript 语法与 SequoiaDB 的分布式引擎进行交互。欲了解 Shell 模式入门知识的读者，可参考 3.3 节；而欲深入了解 Shell 模式内置方法的读者，可参考 SequoiaDB 官网文档中心的"SequoiaDB Shell 方法"一节。

## 4.7.3 JSON 实例的开发

JSON 实例开发的语法特点和执行方式与 SequoiaDB Shell 相同，用户可以通过 SequoiaDB 提供的各种语言驱动程序对 JSON 实例进行应用开发。

SequoiaDB 为应用提供通过 SDK 驱动程序（简称"驱动"）进行数据库操作和集群操作的接口。SDK 提供多种开发语言包，包括：

- C 驱动程序
- C++驱动程序
- C#驱动程序
- Java 驱动程序
- PHP 驱动程序
- Python 驱动程序
- REST 驱动程序

本节以 Java SDK 驱动程序开发实现数据库的增、删、改、查功能为例。本示例程序使用 Eclipse 工具开发，数据库的用户名/密码默认为 sdbadmin，192.168.81.134 是数据库的服务 IP 地址，11810 端口号是数据库协调节点的服务端口号。

可从 SequoiaDB 官网下载对应操作系统版本的 Java 驱动开发包；解压驱动开发包，可从目录中获取 sequoiadb-driver.jar 文件。

之后配置 Eclipse 开发环境，具体方式如下：

（1）在 Eclipse 界面中，创建/打开开发工程。

（2）解压驱动开发包，将开发包中的 sequoiadb-driver.jar 文件复制到工程文件目录下（建议将其放置在其他所有依赖库目录，如 lib 目录）。

（3）在 Eclipse 主窗口左侧的"Package Explore"窗口中，选择具体的开发工程，并点击鼠标右键。

（4）在打开的右键快捷菜单中依次选择"Build Path"→"Configure Build Path..."选项。

（5）在弹出的"Property for test"窗口中，先选中"Libraries"选项卡，再点击鼠标右键，在弹出的快捷菜单中选择"Add External JARs..."选项。

（6）在弹出的"JAR Seletion"窗口中，选中对应开发工程中的 sequoiadb-driver.jar 文件。

（7）点击"OK"按钮，完成 Eclipse 开发环境的配置。

完成上述配置工作后，即可进行 SDK 驱动开发。下面的示例展示了开发的 5 个基本操作。

- 连接数据库：

```java
package com.sequoiadb.util;

import com.sequoiadb.base.DBCursor;
import com.sequoiadb.base.Sequoiadb;
import com.sequoiadb.exception.BaseException;

public class Sample {
    public static void main(String[] args) {
        String connString = "192.168.81.134:11810";
        try {
        // 建立 SequoiaDB 连接
        Sequoiadb sdb = new Sequoiadb(connString, "sdbadmin", "sdbadmin");
            // 获取所有 Collection 信息，并打印出来
            DBCursor cursor = sdb.listCollections();
            try {
                while(cursor.hasNext()) {
                    System.out.println(cursor.getNext());
                }
            } finally {
```

```
            cursor.close();
        }
    } catch (BaseException e) {
        System.out.println("Sequoiadb driver error, error description:" +
e.getErrorType());
    }
  }
}
```

- 插入数据：

```
package com.sequoiadb.util;

import org.bson.BSONObject;
import org.bson.BasicBSONObject;

import com.sequoiadb.base.CollectionSpace;
import com.sequoiadb.base.DBCollection;
import com.sequoiadb.base.Sequoiadb;
import com.sequoiadb.exception.BaseException;

public class Sample {
    public static void main(String[] args) {
        String connString = "192.168.81.134:11810";
        try {
            Sequoiadb sdb = new Sequoiadb(connString, "sdbadmin", "sdbadmin");
            //创建 school 集合空间
            CollectionSpace cs = sdb.createCollectionSpace("school");
            //创建 student 集合
            DBCollection cl = cs.createCollection("student");
            // 创建一个插入的 BSON 对象
            BSONObject obj = new BasicBSONObject();
            obj.put("id", 1);
            obj.put("name", "tom");
            obj.put("age", 24);
            cl.insert(obj);
        } catch (BaseException e) {
```

```java
            System.out.println("Sequoiadb driver error, error description:" +
e.getErrorType());
        }
    }
}
```

- 查询数据：

```java
package com.sequoiadb.util;

import org.bson.BSONObject;
import org.bson.util.JSON;

import com.sequoiadb.base.CollectionSpace;
import com.sequoiadb.base.DBCollection;
import com.sequoiadb.base.DBCursor;
import com.sequoiadb.base.Sequoiadb;
import com.sequoiadb.exception.BaseException;

public class Sample {
    public static void main(String[] args) {
        String connString = "192.168.81.134:11810";
        // 定义一个游标对象
        DBCursor cursor = null;
        try {
            Sequoiadb sdb = new Sequoiadb(connString, "sdbadmin", "sdbadmin");
            //获取 school 集合空间对象
            CollectionSpace cs = sdb.getCollectionSpace("school");
            //获取 student 集合对象
            DBCollection cl = cs.getCollection("student");
            //查询 id 为 1 的记录
            BSONObject queryCondition = (BSONObject) JSON.parse("{id:1}");
            //查询所有记录，并把查询结果放在游标对象中
            cursor = cl.query(queryCondition, null, null, null);
            //从游标中显示所有记录
            try {
                while (cursor.hasNext()) {
                    BSONObject record = cursor.getNext();
                    String name = (String) record.get("name");
```

```java
                int age = (int) record.get("age");
                System.out.println("name = " + name);
                System.out.println("age = " + age);
            }
        } finally {
          if(cursor != null){
             cursor.close();
          }
        }
    } catch (BaseException e) {
        System.out.println("Sequoiadb driver error, error description:" + e.getErrorType());
    }
  }
}
```

- 修改数据:

```java
package com.sequoiadb.util;

import org.bson.BSONObject;
import org.bson.util.JSON;

import com.sequoiadb.base.CollectionSpace;
import com.sequoiadb.base.DBCollection;
import com.sequoiadb.base.Sequoiadb;
import com.sequoiadb.exception.BaseException;

public class Sample {
    public static void main(String[] args) {
        String connString = "192.168.81.134:11810";
        try {
            Sequoiadb sdb = new Sequoiadb(connString, "sdbadmin", "sdbadmin");
            //获取school集合空间对象
            CollectionSpace cs = sdb.getCollectionSpace("school");
            //获取student集合对象
            DBCollection cl = cs.getCollection("student");
            //将id为1记录的age值修改为30
            BSONObject queryCondition = (BSONObject) JSON.parse("{id:1}");
```

```
            BSONObject modifier = (BSONObject) JSON.parse("{$set:{age:30}}");
            cl.update(queryCondition, modifier, null);
        } catch (BaseException e) {
            System.out.println("Sequoiadb driver error, error description:" + e.getErrorType());
        }
    }
}
```

- 删除数据:

```
package com.sequoiadb.util;

import org.bson.BSONObject;
import org.bson.util.JSON;

import com.sequoiadb.base.CollectionSpace;
import com.sequoiadb.base.DBCollection;
import com.sequoiadb.base.Sequoiadb;
import com.sequoiadb.exception.BaseException;

public class Sample {
    public static void main(String[] args) {
        String connString = "192.168.81.134:11810";
        try {
            Sequoiadb sdb = new Sequoiadb(connString, "sdbadmin", "sdbadmin");
            //获取 school 集合空间对象
            CollectionSpace cs = sdb.getCollectionSpace("school");
            //获取 student 集合对象
            DBCollection cl = cs.getCollection("student");
            //删除 id 为 1 的记录
            BSONObject queryCondition = (BSONObject) JSON.parse("{id:1}");
            cl.delete(queryCondition);
        } catch (BaseException e) {
            System.out.println("Sequoiadb driver error, error description:" + e.getErrorType());
        }
    }
```

# 第 5 章
# 架构和数据模型

SequoiaDB（巨杉数据库）整体架构由以下几个主要部分组成。

- SQL 实例：其提供了兼容 MySQL、PostgreSQL、SparkSQL 和 MariaDB 的数据库访问方式，可以实现实例化的弹性扩展。
- 协调节点：协调节点不存储用户的任何数据，其作为外部访问的接入和分发节点，将用户请求分发至相应的数据节点，并合并数据节点的应答来对外进行响应。协调节点之间不进行数据交互；协调节点支持水平伸缩。
- 编目节点：编目节点主要存储系统的节点信息、用户信息、分区信息以及集合和集合空间的定义等元数据信息。协调节点和数据节点都会向编目节点请求元数据信息，以感知数据的分布规律和校验请求的正确性。编目节点归属于编目复制组，其具备复制组的所有能力。
- 数据节点：数据节点是用户数据的真实存储节点。数据节点归属于数据复制组（又称分区组），复制组内的节点互为副本，这些节点采用"一主多从"的形式组织，复制组内共有 1 至 7 个节点，具备高可靠和高可用能力。通过增加/删除复制组内的节点，可以实现数据的垂直扩容/减容。复制组内的节点之间采用最终一致性同步数据，不同的复制组保存的数据无重复的情况。

同时，本章也将介绍 SequoiaDB 的分区、复制、分布式事务、数据模型等 SequoiaDB 系统架构和内核原理等相关内容。

## 5.1 节点

SequoiaDB 的存储引擎采用分布式架构。集群中的每个节点为一个独立进程，节点之间使用 TCP/IP 进行通信。同一个操作系统可以部署多个节点，节点之间采用不同的端口号进行区分。SequoiaDB 的节点分为 5 个不同的角色：SQL 节点、协调节点、编目节点、数据节点和资源管理节点。

### 5.1.1 SQL 节点

SQL 实例是系统提供 SQL 访问能力的逻辑节点，SequoiaDB 可以直接配置 MySQL、PostgreSQL、SparkSQL 和 MariaDB 实例，实现不同的 SQL 访问方式。SQL 实例将接收的外部请求进行 SQL 解析，生成内部的执行计划，将执行计划下发至协调节点，并汇总协调节点的应答来进行外部响应。

SQL 实例支持水平伸缩方式，且实例互相独立，一次外部请求只能在一个 SQL 实例内完成。因此，可以根据外部应用的压力来规划 SQL 实例的规模。同时，SQL 实例需要进行一定的配置，这样才可以对接至指定的数据库存储引擎。

针对 SQL 节点的操作包括以下几种。

- 创建 SQL 节点。
  指定实例名为 myinst，该实例名映射到相应的数据目录和日志路径。用户可以根据自己的需要指定不同的实例名。

```
$ bin/sdb_sql_ctl addinst myinst -D pg_data/
```

  SequoiaSQL PostgreSQL 默认启动的端口号为 5432。若该端口号被占用，则用户可以使用-p 参数指定实例的其他端口号。

```
$ bin/sdb_sql_ctl addinst myinst -D pg_data/ -p 5433
```

- 启动 SQL 节点：

```
$ bin/sdb_sql_ctl start myinst
Starting instance myinst ...
ok (PID: 20502)
```

- 查看 SQL 节点：

```
$ bin/sdb_sql_ctl status
INSTANCE   PID      SVCNAME   PGDATA                              PGLOG
myinst     20502    5432      /opt/sequoiasql/postgresql/pg_data  /opt/sequoiasql/postgresql/pg_data/myinst.log
Total: 1; Run: 1
```

- 配置对接 DB 引擎。系统默认的数据库名为 postgres。用户也可以创建指定的数据库，命令如下：

```
$bin/sdb_sql_ctl createdb foo myinst
Creating database myinst ...
ok
```

连接至数据库，如果没有创建指定的数据库，则连接默认的数据库即可：

```
$bin/psql -p 5432 foo
```

- 停止 SQL 节点：

```
$ bin/sdb_sql_ctl stop myinst
Stoping instance myinst (PID: 20502) ...
ok
```

- 删除 SQL 节点：

```
$ bin/sdb_sql_ctl delinst myinst
Deleting instance myinst ...
ok
```

## 5.1.2 协调节点

协调节点是一种逻辑节点，不保存任何用户数据信息。

协调节点作为数据请求部分的协调者，本身并不参与数据的匹配与读/写操作，而仅仅将请求分发到所需要处理的数据节点。

一般来说，协调节点的处理流程如下：

（1）得到请求。

（2）解析请求。

（3）本地缓存查询该请求的对应集合的信息。

（4）如果该信息不存在，则从编目节点获取。

（5）将请求转发至相应的数据节点。

（6）从数据节点得到结果。

（7）把结果汇总或直接传递给客户端。

协调节点与其他节点之间主要使用分区服务端口号（SequoiaDB 的--shardname 参数）进行通信。

SequoiaDB 中有以下两类协调节点。

- 临时协调节点：这是通过资源管理节点 sdbcm 建立的协调节点。临时协调节点并不会注册到编目节点中，即该临时协调节点不能被集群管理。临时协调节点仅在初始创建 SequoiaDB 集群时使用。
- 协调节点：这是通过正常的流程所创建的协调节点组中的协调节点。该类协调节点会注册到编目节点中，并且可以被集群管理。

操作这两类协调节点的方式包括创建协调节点、创建临时协调节点，以及新增协调节点和查看协调节点。

创建 SequoiaDB 集群时，用户可以在 SDB Shell 中通过 sdbcm 创建临时协调节点。

（1）连接到本地的集群管理服务进程 sdbcm：

```
> var oma = new Oma( "localhost", 11790 )
```

（2）创建临时协调节点：

```
> oma.createCoord( 18800, "/opt/sequoiadb/database/coord/18800" )
```

（3）启动临时协调节点：

```
oma.startNode( 18800 )
```

注意：
欲创建临时协调节点，可参考 SequoiaDB 官网文档中心"SequoiaDB Shell 方法"中的 Oma.createCoord()一节。

用户在 SDB Shell 中可以通过临时协调节点创建协调节点组。

（1）连接临时协调节点：

```
> var db = new Sdb( "localhost", 18800 )
```

（2）创建协调节点组：

```
> db.createCoordRG()
```

当集群规模扩大时，协调节点也需要随着集群规模的增加而增加。建议在每台物理机器上都配置一个协调节点。在 SDB Shell 中可以通过现有的协调节点组添加新的协调节点〔假设有 sdbserver1 和 sdbserver2 两台处于同一个集群的服务器，sdbserver1 中已有协调节点（端口号为 11810），向 sdbserver2 中添加新的协调节点〕的方法如下。

（1）连接 sdbserver1 的协调节点：

```
> var db = new Sdb( 'sdbserver1', 11810 )
```

（2）获取协调节点组：

```
> var rg = db.getCoordRG()
```

（3）在 sdbserver2 中新建协调节点：

```
> var node = rg.createNode("sdbserver2", 11810, "/opt/sequoiadb/database/coord/11810")
```

（4）启动 sdbserver2 的协调节点：

```
> node.start()
```

在 SDB Shell 中查看协调节点列表的方法如下：

```
> db.getCoordRG().getDetail()
```

## 5.1.3 数据节点

数据节点是一种逻辑节点，用于保存用户数据信息。数据节点可以在独立模式和集群模式中部署。在独立模式中，数据节点为单独的服务提供者，其直接与应用程序或客户端进行通信。在集群模式中，数据节点属于某个数据复制组。

管理数据节点采用以下三种方式。

**第一种方式是新增数据复制组。** 如果新增节点涉及新增主机，用户需要先完成主机的主机名和参数配置（参见 6.3.1 节）。一个集群中可以配置多个复制组。通过增加复制组，可以充分利用物理设备进行水平扩展。操作方法如下。

（1）创建数据复制组 datagroup1。与编目分区组不同的是，该操作不会创建任何数据节点：

```
> var dataRG = db.createRG( "datagroup1" )
```

（2）在该数据组中新增一个数据节点。用户可以根据需要多次执行该命令，在复制组中创建多个数据节点，每个复制组最多可创建七个数据节点：

```
> dataRG.createNode( "sdbserver1", 11820, "/opt/sequoiadb/database/data/11820" )
```

（3）启动数据节点：

```
> dataRG.start()
```

**第二种方式是复制组中的新增节点。** 如果复制组在创建时设定的副本数较少，则随着物理设备的增加，可能需要增加副本数来提高复制组数据的可靠性。操作方法如下。

（1）获取数据复制组 datagroup1：

```
> var dataRG = db.getRG("datagroup1")
```

（2）创建一个新的数据节点：

```
> var node1 = dataRG.createNode("sdbserver1",11830,"/opt/sequoiadb/database/data/11830")
```

（3）启动新增的数据节点：

```
> node1.start()
```

**第三种方式是查看数据节点。** 在 SDB Shell 中查看数据复制组 datagroup1 中数据节点的列表。

```
> db.getRG( <groupname> ).getDetail()
```

如果数据节点发生故障，我们可以根据不同情况采取不同的修复措施。

首先，对于意外终止的节点，采取的修复措施如下：

（1）数据节点发生故障后，重新启动时会自动检测数据库目录下的.SEQUOIADB_STARTUP 隐藏文件。

（2）如果该文件存在，则说明上次的执行意外终止（例如 kill -9）。对于意外终止的节点，系统会将该数据节点置入崩溃恢复状态。

（3）该节点在崩溃恢复的过程中，会与同组的一个正常节点进行全量同步。

其次，对于没有被意外终止的节点，采取的修复措施如下：

（1）数据节点发生故障后，重新启动时会自动检测数据库目录下的.SEQUOIADB_STARTUP 隐藏文件。

（2）如果该文件不存在，则说明该节点没有被意外终止（例如 kill -15）。这时，进入增量同步状态，可参考 5.2.1 节的数据复制部分。

（3）在增量同步的情况下，若当前其他数据节点上的日志已经发生了覆写，导致被恢复节点还未获取到的复制日志被覆盖，则进入全量同步状态。

最后，对于所有节点都被意外终止，采取的修复措施如下：

（1）数据节点发生故障后，所有节点都会被自动拉起，并在数据组内选取主节点。

（2）所选取的主节点将进行数据重建。在重建过程中，主节点会把数据导出至磁盘，之后从磁盘导入。

（3）主节点完成数据的重建后，所有备节点均进入全量同步状态。

## 5.1.4 编目节点

编目节点是一种逻辑节点，用于保存数据库的元数据信息，而不保存用户数据。编目节点属于编目复制组。

编目节点包含以下集合空间。

- SYSCAT：系统编目集合空间。其包含的系统集合如表 5-1 所示。

表 5-1 系统编目集合空间包含的系统集合

| 集合名 | 描述 |
| --- | --- |
| SYSCOLLECTIONS | 保存了该集群中所有的用户集合信息 |
| SYSCOLLECTIONSPACES | 保存了该集群中所有的用户集合空间信息 |
| SYSDOMAINS | 保存了该集群中所有用户域的信息 |
| SYSNODES | 保存了该集群中所有的逻辑节点与复制组信息 |
| SYSTASKS | 保存了该集群中所有正在运行的后台任务信息 |
| SYSDATASOURCES | 保存了该集群中所有数据源的元数据信息 |

- **SYSAUTH**：系统认证集合空间。其包含一个用户集合，保存当前系统中的所有用户信息。
- **SYSPROCEDURES**：系统存储过程集合空间。其包含一个集合，用于存储所有的存储过程函数信息。
- **SYSGTS**：系统自增字段集合空间，包含一个集合，用于存储所有的自增字段信息。

除编目节点外，集群中的所有其他节点不在磁盘中保存任何全局元数据信息。当需要访问其他节点上的数据时，除编目节点外的其他节点需要从本地缓存中寻找集合信息。如果集合信息不存在，则需要从编目节点获取。编目节点与其他节点之间主要使用编目服务端口（catalogname 参数）进行通信。

管理编目节点有以下三种方式。

**第一种方式是新建编目复制组**。在新建编目复制组时，如果涉及新增主机，用户需要先完成主机的主机名和参数配置（参见 6.3.1 节）。

一个数据库集群必须有且仅有一个编目分区组。操作方法如下：

```
> db.createCataRG( <host>, <service>, <dbpath>, [config] )
```

该命令用于创建编目分区组，同时创建并启动一个编目节点，其中各参数的含义如下。

- host：指定编目节点的主机名。
- service：指定编目节点的服务端口号。用户需要确保该端口号及往后延续的 5 个端口号未被占用。如果该端口号被设置为 11800，则需要确保 11800/11801/11802/11803/11804/11805 端口号都未被占用。
- dbpath：指定编目节点数据文件的存放路径。必须输入绝对路径，且需要确保数据管理员（安装时创建，默认为 sdbadmin）用户在该路径下有写权限。
- config：该参数为可选参数。可配置更多的细节参数，其格式必须为 JSON 格式。细节参数可参考 SequoiaDB 官网文档中心的"数据库配置"一节。比如，需要配置日志大小的参数 {logfilesz:64}。

**第二种方式是在编目复制组中新增节点**。如果新增节点涉及新增主机，用户需要先完成主机的主机名和参数配置（参见 6.3.1 节）。

随着整个集群中物理设备的扩展，可以通过增加编目节点来提高编目服务的可靠性。操作方法如下：

（1）获取编目分区组：

```
> var cataRG = db.getCatalogRG()
```

注意：
在 SDB Shell 中用户可以使用 Sdb.getCataRG() 获取编目复制组，具体可以参考 SequoiaDB 官网文档中心的"SequoiaDB Shell 方法"一节。

（2）创建一个新的编目节点：

```
> var node1 = cataRG.createNode( <host>, <service>, <dbpath>, [config] )
```

注意：
host、service、dbpath 及 config 的设置可参考前面第一种方式"新建编目复制组"中的内容。

（3）启动新增的编目节点：

```
> node1.start()
```

第三种方式是查看编目节点。在 SDB Shell 中可以查看协调节点的列表：

```
> db.getCatalogRG().getDetail()
```

编目节点的故障修复策略与 5.1.3 节相同。

## 5.1.5 资源管理节点

资源管理节点（sdbcm）是一个守护进程，其以服务的方式常驻于系统后台。SequoiaDB 的所有集群管理操作都必须有 sdbcm 的参与。目前每一台物理机器上只能启动一个 sdbcm 进程，该进程负责执行远程的集群管理命令和监控本地的 SequoiaDB。sdbcm 主要有两大功能。

- 远程启动、关闭，以及创建和修改节点：通过 SequoiaDB 客户端或者驱动程序连接数据库时，可以执行启动、关闭、创建和修改节点的操作，该操作向指定节点物理机器上的 sdbcm 发送远程命令，并得到 sdbcm 的执行结果。
- 本地监控：通过 sdbcm 启动的节点都会维护一张节点列表，该列表中保存了 sdbcm 所管理的本地节点的服务名和启动信息，如启动时间、运行状态等。如果某个节点是非正常终止的，如该节点被强制终止、引擎异常退出等，sdbcm 会尝试重启该节点。

关于 sdbcm 有如下一些操作。

- 配置文件：在数据库安装目录的 conf 子目录下，有一个 sdbcm.conf 的配置文件，该文件给出了启动 sdbcm 时的配置信息，如表 5-2 所示。

表 5-2 启动 sdbcm 时的配置信息

| 参数 | 描述 | 示例 |
| --- | --- | --- |
| defaultPort | sdbcm 的默认监听端口号 | defaultPort=11790 |
| _Port | 物理主机 hostname 上 sdbcm 的监听端口号。若在该配置文件中找不到对应主机的参数，sdbcm 会以 defaultPort 启动；若 defaultPort 不存在，则 sdbcm 以默认端口号 11790 启动 | <hostname>_Port=11790 |
| RestartCount | 重启次数，即定义 sdbcm 对节点进行重启的最多次数；该参数不存在时，默认值为-1，即不断重启 | RestartCount=5 |
| RestartInterval | 重启间隔，即定义 sdbcm 重启的最长间隔，默认值为 0，即不考虑重启间隔，单位为分钟（min）。该参数与 RestartCount 相结合定义了重启间隔内 sdbcm 对节点进行重启的最多次数，超出重启的最多次数时不再重启 | RestartInterval=0 |
| DiagLevel | 指定诊断日志的打印级别，SequoiaDB 中的诊断日志从 0 到 5 分别代表 SEVERE、ERROR、EVENT、WARNING、INFO、DEBUG。如果不指定该参数，则默认为 WARNING | DiagLevel=3 |
| AutoStart | sdbcm 启动时是否自动拉起其他节点进程。如果不指定该参数，则默认值为 FALSE，即不自动拉起其他节点进程 | AutoStart=TRUE |
| EnableWatch | 是否监控节点，即是否重启异常节点。如果不指定该参数，则默认值为 TRUE，即监控节点 | EnableWatch=TRUE |

- 启动 sdbcm：运行 sdbcmart 命令，即可启动 sdbcm。
- 关闭 sdbcm：运行 sdbcmtop 命令，即可关闭 sdbcm。

## 5.2 复制

在 SequoiaDB 中，复制组指的是一份数据的多个拷贝，其中的每一份数据拷贝被称为一个数据副本。从系统架构的层面上看，每个数据副本作为一个独立进程存在，数据副本也被称为节点。

SequoiaDB 的节点可以以多种角色运行。其中，数据节点与编目节点包含用户与系统数据，因此可以通过复制组将其数据在多台物理设备中进行复制。

通常情况下，复制组中的每个数据副本需要被存放于不同的物理服务器中，以保证任何物理设备出现故障都不会造成整体影响。通过将数据在多台物理服务器之间进行复制同步，SequoiaDB 可以有效避免单点问题，以满足数据库的高可用性与灾备能力。

总体来看，SequoiaDB 的复制组功能提供如下特性。

- 数据安全能力：防止单台数据库服务器在硬件出现故障时所导致的数据损坏或丢失。
- 高可用能力：部分节点出现故障时，数据库集群仍可以连续运行，不必中断业务。
- 读/写分离能力：将读请求发送至不同的数据副本，以降低读/写的 I/O 冲突，提升集群的整体吞吐量。

### 5.2.1 复制组的原理

复制组的副本间通过复制和重放事务日志来实现数据同步。

#### 1. 复制组的原理概述

一个复制组由一个或者多个节点组成。复制组内有两种不同的角色：主节点和备节点。正常情况下，一个复制组内有且只有一个主节点，其余为备节点。

主节点是复制组内唯一接收写操作的成员。当发生写操作时，主节点写入数据，并记录事务日志 replicalog（见图 5-1）。

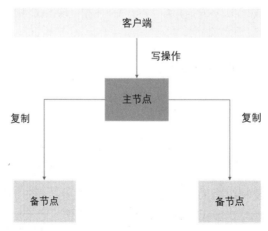

图5-1 主节点的写操作

备节点持有主节点数据的副本。一个复制组可以有多个备节点。备节点从主节点异步复制 replicalog，并重放 replicalog 来复制数据。复制数据的过程需要一定的时间，有可能经过一段时间才能从备节点上访问到更新后的数据。SequoiaDB 的复制组默认会保证数据的最终一致性（见图 5-2）。

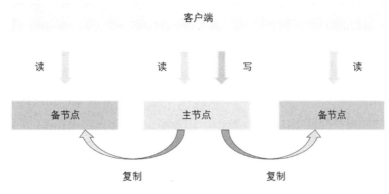

图5-2　备节点的异步复制操作

节点之间，通过事务日志进行副本间的数据同步。事务日志文件存放于节点数据目录下的 replicalog 目录中。以 11830 节点的数据目录为例，当节点首次启动时，节点进程会生成以下的 replicalog 文件：

```
$ ls -l /opt/sequoiadb/database/data/11830/replicalog
-rwx------ 1 sdbadmin sdbadmin_group 67174400 3月 11 12:50 sequoiadbLog.0
-rwx------ 1 sdbadmin sdbadmin_group 67174400 3月 11 12:49 sequoiadbLog.1
-rwx------ 1 sdbadmin sdbadmin_group 67174400 3月 11 12:49 sequoiadbLog.2
-rwx------ 1 sdbadmin sdbadmin_group 67174400 3月 11 12:49 sequoiadbLog.3
-rwx------ 1 sdbadmin sdbadmin_group 67174400 3月 11 12:49 sequoiadbLog.4
-rwx------ 1 sdbadmin sdbadmin_group 67174400 3月 11 12:49 sequoiadbLog.5
-rwx------ 1 sdbadmin sdbadmin_group 67174400 3月 11 12:49 sequoiadbLog.6
-rwx------ 1 sdbadmin sdbadmin_group    69632 3月 11 12:49 sequoiadbLog.meta
```

上面的 replicalog 文件的大小和个数可以通过 logfilesz 和 logfilenum 参数分别进行设置。默认日志文件大小为 64MB（不包括头大小），日志个数是 20 个。

用户可以通过 sdbdpsdump 工具来查看写入的事务日志，具体步骤如下。

（1）插入一条记录：

```
> db.sample.employee.insert( { a: 1 } )
```

（2）用工具查看事务日志：

```
$ ./bin/sdbdpsdump -s ./database/data/11830/replicalog
```

（3）输出结果：

```
...
Version: 0x00000001(1)
LSN     : 0x00000000000000ec(236)
PreLSN  : 0x000000000000009c(156)
Length  : 80
Type    : INSERT(1)
FullName : sample.employee
Insert  : { "_id": { "$oid": "5c88afe31a3f5822754040d0" } , "a": 1 }
```

LSN（Log Sequence Number）指的是该条日志在日志文件中的偏移数值。每条事务日志都对应唯一的 LSN 号。日志是循环写入文件的。当最后一个日志文件写满时，下一条事务日志会从第一个日志文件开始写，第一个文件之前的日志会被覆盖掉。

### 2. 数据复制

数据复制是一种复制组中节点之间的同步机制。我们先讨论数据的增量同步。在数据节点和编目节点中，任何增删改操作均会写入日志。节点会将日志写入日志缓冲区，然后再异步写入本地磁盘。

数据复制在两个节点间进行。

- 源节点：含有新数据的节点。
- 目标节点：请求进行数据复制的节点。

目标节点会选择一个与其数据最接近的节点，然后向它发送一个复制请求。源节点收到复制请求后，会打包目标节点请求的同步点之后的日志，并发送给目标节点。目标节点接收到同步数据包后，会重放事务日志中的操作。

节点之前的复制有两种状态。

- 对等（Peer）状态：目标节点请求的日志，存放于源节点的日志缓冲区中。
- 远程追赶（Remote Catchup）状态：目标节点请求的日志，不在源节点的日志缓冲区中，而是在源节点的日志文件中。

如果目标节点请求的日志已经不在源节点的日志文件中，则目标节点进入全量同步状态。

当两节点处于对等状态时，源节点可以直接从内存中获取日志。因此目标节点选择源节点时，总会尝试选择距离自己当前日志点最近的节点，以使请求的日志尽量"落"在内存中。所以，源节点不一定总是主节点。

接下来，我们讨论数据的全量同步。在复制组内，有些情况下需要进行数据全量同步，这样才能保障节点之间数据的一致性。以下情况需要进行全量同步：

- 一个新的节点加入了复制组。
- 节点发生了故障，导致数据损坏。
- 节点日志远远落后于其他节点，即当前节点的日志已经不在其他节点的日志文件中。

全量同步在两个节点间进行。

- 源节点：指含有有效数据的节点，全量同步的源节点必定是主节点。
- 目标节点：指请求进行全量同步的节点。在全量同步时，该节点下原有的数据会被废弃。

在全量同步发生时，目标节点会定期向源节点请求数据，源节点将数据打包后作为大数据块发送给目标节点。当目标节点重做该数据块内的所有数据后，向源节点请求新的数据块。

### 3. 读/写分离

协调节点通过将读请求发送至不同的数据副本来降低读/写的 I/O 冲突，提升集群的整体吞吐量。

所有的写请求都只会发往主节点。读请求会按照会话的属性选择组内节点。如果该会话发生过写操作，读请求会选择主节点，即"读我所写"；如果该会话上未发生过写操作，读请求会随机选择组内的任意一个节点；如果该会话上配置了选择节点的策略 db.setSessionAttr()，则读请求会优先按照该策略处理。

例如，集合 sample.employee 落在数据组 group1 上，group1 上有 3 个节点 sdbserver1:11830、sdbserver2:11830、sdbserver3:11830，其中 sdbserver1:11830 是主节点：

```
> var db = new Sdb ( 'sdbserver1', 11810 )
> // 插入数据后，查询主节点
> db.sample.employee.insert( { a: 1} )
> db.sample.employee.find().explain( {Run: true } )
{
  "NodeName": "sdbserver1:11830"
```

```
    "GroupName": "group1"
    "Role": "data"
    ...
}
>
> // 设置会话上读请求的策略：优先读备节点，查询备节点
> db.setSessionAttr( { PreferedInstance: 's' } )
> db.sample.employee.find().explain( {Run: true } )
{
    "NodeName": "sdbserver2:11830"
    "GroupName": "group1"
    "Role": "data"
    ...
}
>
> // 再次插入数据后，查询主节点
> db.sample.employee.insert( { a: 1 } )
> db.sample.employee.find().explain( {Run: true } )
{
    "NodeName": "sdbserver1:11830"
    "GroupName": "group1"
    "Role": "data"
    ...
}
```

### 4. 节点一致性

在分布式系统中，一致性指的是数据在多个副本之间保持一致的特性。为了提升数据的可靠性和实现数据的读/写分离，SequoiaDB 默认采用"最终一致性"策略。在读/写分离时，读取的数据在某一段时间内可能不是最新的，但副本间的数据最终是一致的。

写请求处理成功后，后续读到的数据一定是当前组内最新的。但是，这样会降低复制组的写入性能。用户可以通过 cs.createCL() 指定 ReplSize 属性，以提高数据的一致性和可靠性。

```
> var db = new Sdb ( 'sdbserver1', 11810 )
> // 写操作需要等待所有的副本都完成后才返回，采用强一致性策略
> db.sample.createCL( 'employee1', { ReplSize: 0 })
> // 写操作等待 1 个副本完成后就会返回，采用最终一致性策略
```

```
> db.sample.createCL( 'employee2', { ReplSize: 1 })
```

## 5.2.2 部署复制组

用户可以通过 SDB Shell 或者其他驱动程序来创建复制组、创建/删除节点、分离/添加节点以及查看复制组的状态。

**1. 创建复制组**

在此，推荐创建 3 个副本的复制组。3 个副本可提供足够的冗余，足以承受系统故障的不利影响。推荐副本集为奇数个成员，以确保选举的顺利进行。

复制组的节点可以用多种角色运行，其中数据节点包含用户数据，编目节点包含系统数据。编目复制组一般在集群部署时创建完成。本节以创建数据复制组为例。注意：在创建节点的主机上需要先安装 SequoiaDB。

创建复制组（数据复制组）的步骤如下：

（1）连接协调节点。

```
> var db = new Sdb( 'sdbserver1', 11810 )
```

（2）创建数据复制组：group1。

```
> var rg = db.createRG( "group1" )
```

（3）创建复制组的 3 个节点。

```
> rg.createNode( "sdbserver1", 11820, "/opt/sequoiadb/database/data/11820" )
> rg.createNode( "sdbserver2", 11820, "/opt/sequoiadb/database/data/11820" )
> rg.createNode( "sdbserver3", 11820, "/opt/sequoiadb/database/data/11820" )
```

（4）启动复制组。

```
> rg.start()
```

**2. 创建/删除节点**

在复制组运行的过程中，用户可以创建或者删除节点。在创建节点时，可以指定 weight 参数来设置节点的选举权重，权重高的节点将会优先成为复制组的主节点。具体步骤如下：

（1）连接数据复制组：group1。

```
> var rg = db.getRG( "group1" )
```

（2）创建新节点，并设置选举的权重。

```
> var node = rg.createNode( "sdbserver4", 11820, "/opt/sequoiadb/database/data/11820",
{ weight: 20 } )
```

（3）启动节点。

```
> node.start()
```

（4）删除节点。

```
> rg.removeNode( "sdbserver4", 11820 )
```

### 3. 分离/添加节点

当节点出现故障（如出现磁盘损坏等情况）时，为避免影响复制组的正常运行，可以先将故障节点分离出复制组。具体步骤如下。

（1）连接数据复制组：group1。

```
> var rg = db.getRG( "group1" )
```

（2）从复制组中分离 sdbserver3:11820 节点。

```
> rg.detachNode( "sdbserver3", 11820 )
```

待节点恢复后，可将该节点重新添加回复制组。

（3）连接数据复制组：group1。

```
> var rg = db.getRG( "group1" )
```

（4）将 sdbserver3:11820 节点加入复制组。

```
> rg.attachNode( "sdbserver3", 11820 )
```

### 4. 查看复制组的状态

查看复制组的状态可使用以下步骤：

（1）连接数据复制组：group1。

```
> var rg = db.getRG( "group1" )
```

（2）查看该复制组的主节点。

```
> rg.getMaster()
```

输出结果：

```
sdbserver1:11820
```

（3）查看该复制组的信息。

```
> rg.getDetail()
{
  "Group": [
    {
      "HostName": "sdbserver1",
      "Status": 1,
      "dbpath": "/opt/sequoiadb/database/data/11820/",
      "Service": [
        {
          "Type": 0,
          "Name": "11820"
        },
        {
          "Type": 1,
          "Name": "11821"
        },
        {
          "Type": 2,
          "Name": "11822"
        }
      ],
      "NodeID": 1000
    },
    {
      "HostName": "sdbserver2",
      "Status": 1,
      "dbpath": "/opt/sequoiadb/database/data/11820/",
      "Service": [
        {
```

```
          "Type": 0,
          "Name": "11820"
        },
        {
          "Type": 1,
          "Name": "11821"
        },
        {
          "Type": 2,
          "Name": "11822"
        }
      ],
      "NodeID": 1001
    },
    {
      "HostName": "sdbserver3",
      "Status": 1,
      "dbpath": "/opt/sequoiadb/database/data/11820/",
      "Service": [
        {
          "Type": 0,
          "Name": "11820"
        },
        {
          "Type": 1,
          "Name": "11821"
        },
        {
          "Type": 2,
          "Name": "11822"
        }
      ],
      "NodeID": 1002
    }
  ],
  "GroupID": 1000,
  "GroupName": "group1",
```

```
"PrimaryNode": 1000,
"Role": 0,
"SecretID": 1843393377,
"Status": 1,
"Version": 7,
"_id": {
  "$oid": "580043577e70618777a2cf39"
}
}
```

## 5.2.3 复制组选举

复制组通过选举机制来确定某个成员成为主节点，并保障复制组内任何时候只存在一个主节点。当主节点发生故障后，复制组会在其他备节点之间自动选举出主节点。

SequoiaDB 使用改进过的 Raft 选举协议。

在复制组内，所有的节点定期向组内其他成员发送携带自身状态信息的消息，对端节点收到该消息后返回应答消息。节点两两之间通过该消息感知对方的状态，发送的消息被称为"心跳"，心跳的间隔为 2 秒（见图 5-3）。

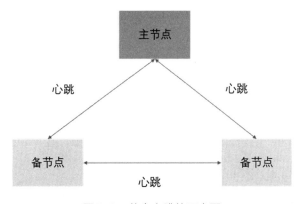

图 5-3 节点心跳的示意图

当主节点发生故障（如主节点所在的机器宕机）时，其余节点如在一段时间内收不到主节点的心跳，就会发起复制组选举。所有的备节点会进行投票，日志中最接近原先主节点的备节点会成为新的主节点。在选出主节点之前，复制组无法提供写操作服务。节点的选举过程如图 5-4 所示。

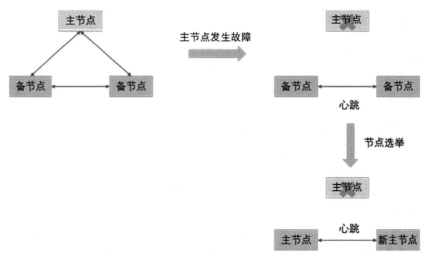

图5-4 节点的选举过程

选举成功的前提条件是,组内必须有超过半数以上的节点参与投票。在出现脑裂的情况下,复制组可能同时存在两个主节点。

例如,复制组内有 4 个节点,节点 A 是主节点,因为网络中断导致脑裂现象,节点 A 只能与节点 B 通信,而节点 C 只能与节点 D 通信(图 5-5)。

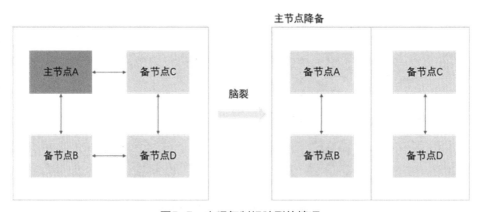

图5-5 出现复制组脑裂的情况

当组内成员不足原来的半数时,主节点会自动降级为备节点,同时断开主节点的所有用户连接。

用户可以通过配置 weight 参数来调整节点在复制组选举中的权重。

## 5.2.4 复制组监控

用户可以通过 SDB Shell 或者其他驱动程序监控复制组,查看复制组节点的运行状态。

SequoiaDB 提供多个快照,以查看当前数据库系统的各种状态。其中,节点健康检测快照 SDB_SNAP_HEALTH 可以查看各个节点的健康状态。用户可以从节点运行状态、复制组同步状态、系统资源使用情况、节点启动历史等不同的方面来评估复制组节点的健康状况。具体方法如下:

连接协调节点,查看复制组 group1 的节点健康状态。

```
> var db = new Sdb( 'sdbserver1', 11810 )
> db.snapshot( SDB_SNAP_HEALTH, { GroupName: "group1" } )
```

结果如下:

```
{
  "NodeName": "sdbserver1:11820",
  "IsPrimary": true,
  "ServiceStatus": true,
  "Status": "Normal",
  "BeginLSN": {
    "Offset": 0,
    "Version": 1
  },
  "CurrentLSN": {
    "Offset": 9610788,
    "Version": 1
  },
  "CommittedLSN": {
    "Offset": 76,
    "Version": 1
  },
  "CompleteLSN": 9610868,
  "LSNQueSize": 0,
  "NodeID": [
    1000,
    1000
  ],
```

```
"DataStatus": "Normal",
"SyncControl": false,
"Ulimit": {
  "CoreFileSize": -1,
  "VirtualMemory": -1,
  "OpenFiles": 1024,
  "NumProc": 23948,
  "FileSize": -1
},
"ResetTimestamp": "2018-03-09-09.47.04.826497",
"ErrNum": {
  "SDB_OOM": 1,
  "SDB_NOSPC": 0,
  "SDB_TOO_MANY_OPEN_FD": 1
},
"Memory": {
  "LoadPercent": 3,
  "TotalRAM": 3157524480,
  "RssSize": 96591872,
  "LoadPercentVM": 0,
  "VMLimit": -1,
  "VMSize": 2380341248
},
"Disk": {
  "Name": "/dev/mapper/vgdata-lvdata1",
  "LoadPercent": 69,
  "TotalSpace": 52836298752,
  "FreeSpace": 16025624576
},
"FileDesp": {
  "LoadPercent": 3,
  "TotalNum": 1024,
  "FreeNum": 985
},
"StartHistory": [
  "2018-01-24-15.55.58.374162",
  "2018-01-24-15.55.00.318481"
```

```
  ],
  "CrashHistory": [
    "2018-01-24-15.55.58.374162"
  ],
  "DiffLSNWithPrimary": 0
}
```

节点的基本信息包括 NodeName、NodeID。其中，NodeName 节点名由主机名和端口号组成；NodeID 的第一个元素为复制组 ID，第二个元素为节点 ID。

节点的运行状态包括以下 3 种。

- Status：该节点处于正常、正在重组、正在全量同步或正在离线备份的状态。
- ServiceStatus：该节点是否能对外提供读/写服务。
- DataStatus：该节点的数据是否损坏。

**注意：**
重组状态是指，当节点启动时，如发现数据损坏，开始进行数据重组，以恢复数据。

复制组的同步状态包含以下几种。

- IsPrimary：该节点是否为复制组的主节点。
- BeginLSN：在事务日志文件中记录的第一条 LSN。
- CurrentLSN：该节点当前处理的事务日志 LSN。
- CommittedLSN：该节点已刷盘的事务日志 LSN。
- CompleteLSN：备节点已重放完成的事务日志 LSN。
- LSNQueSize：备节点待重放的事务日志数量。
- DiffLSNWithPrimary：该节点与主节点的 LSN 差异。备节点在计算与主节点的 LSN 差异时，所取的主节点 LSN 可能是一个心跳间隔前的，因此 DiffLSNWithPrimary 可能与实际值存在一定偏差。
- SyncControl：该节点是否处于同步控制的状态。默认情况下，当主数据节点和备数据节点的 LSN 差距过大时，为避免引发备节点的全量同步，主节点会主动降低处理操作的速度。用户可以通过配置 syncstrategy 参数来修改同步控制的策略。

**注意：**
每条 LSN 由 Offset 和 Version 两个字段组成。Offset 指的是该条事务日志在日志文件中的偏移数值。复制组每次切换主节点，Version 都会递增 1。

有关系统资源的使用情况，用户需要关注以下几个参数。

- Ulimit：该节点进程的 ulimit 限制。
- Memory：该节点物理内存和虚拟内存的使用情况。
- Disk：该节点数据目录所在磁盘的使用情况。
- FileDesp：该节点文件句柄的使用情况。
- ErrNum：该节点发生内存不足、磁盘空间不足、文件句柄不足等错误的次数。

节点启动历史的参数如下。

- StartHistory：该节点的启动历史（只取最新的 10 条记录）。
- CrashHistory：该节点异常停止后的启动历史（只取最新的 10 条记录）。

用户可以通过 resetSnapshot 命令重置节点健康检测快照中的某些字段，具体步骤如下：

（1）重置复制组 group1 的节点健康检测快照。

```
> db.resetSnapshot( { Type: "health", GroupName: "db1" })
```

（2）查询字段 ErrNode、StartHistory、CrashHistory 是否已被置为空。

```
> db.snapshot( SDB_SNAP_HEALTH, { GroupName: "group1" }, { NodeName: null, ErrNode: null, StartHistory: null, AbnormalHistory: null } )
{
  "NodeName": "sdbserver1:11820",
  "ErrNum": {
    "SDB_OOM": 0,
    "SDB_NOSPC": 0,
    "SDB_TOO_MANY_OPEN_FD": 0
  },
  "StartHistory": [],
  "CrashHistory": []
}
```

## 5.2.5 主备一致性

在分布式系统中，一致性指的是数据在多个副本之间保持一致的特性。SequoiaDB 支持不同级别的主备一致性策略，以适配不同的应用场景。用户可根据业务对数据安全性和服务可用性的要求，选择不同的一致性策略。

## 1. 强一致性

当发生写操作时，数据库会确保所有复制组的节点都同步完成写操作后才返回成功信息。写操作处理成功后，后续读到的数据一定是当前复制组内最新的。其优势是能够有效地保证数据的完整性和安全性；劣势则是会降低复制组的写入性能，并且当集群内有一个节点发生故障或者出现异常时，无法写入数据，这降低了集群的高可用性。

在核心交易型业务中，在保证数据安全性的同时如可以牺牲写入性能，则推荐使用强一致性策略。

集合的 ReplSize 参数描述了在写操作返回成功信息之前，写操作执行成功的节点个数。可以将 ReplSize 设为 0，或者设为复制组节点的个数。以下以复制组的三副本为例。

```
> var db = new Sdb ( 'sdbserver1', 11810 )
> db.sample.createCL( 'employee1', { ReplSize: 0 } )
>
> db.sample.createCL( 'employee2', { ReplSize: 3 } )
```

为了防止某个节点突然发生故障，导致数据库完全不可用，可以将 ReplSize 设为-1，这指的是写所有的活跃节点。例如，复制组具有 3 个副本，某个备节点因为磁盘不足而异常停止，ReplSize 为-1 时，写操作只有在另外 2 个非故障节点上完成后才返回成功信息。

```
> var db = new Sdb ( 'sdbserver1', 11810 )
> db.sample.createCL( 'employee', { ReplSize: -1 } )
```

## 2. 最终一致性

为了提升数据库的高可用性，以及实现数据的读/写分离，SequoiaDB 默认采用"最终一致性"策略。在读/写分离时，读取的数据在某一段时间内可能不是最新的，但副本间的数据最终是一致的。

在主节点执行写操作成功后，写操作即可返回成功信息。对数据查询一致性要求不高的业务，如历史数据查询、夜间批量导入数据以及白天提供查询的业务，推荐使用写主节点的最终一致性策略。

创建集合时，如果不设置 ReplSize，则默认值为 1：

```
> var db = new Sdb ( 'sdbserver1', 11810 )
> db.sample.createCL( 'employee' )
```

为了尽量保证数据的安全性，又兼顾高可用性，用户可以将 ReplSize 设为多数派。对数据一致性要求较高的业务，如影像内容管理平台和联机交易服务平台等，推荐使用写多数派的最终一致性策略。

以三副本的复制组为例，多数派≥（组内节点总数/2）+1，即 ReplSize 设为 2。

```
> var db = new Sdb ( 'sdbserver1', 11810 )
> db.sample.createCL( 'employee', { ReplSize: 2 } )
```

### 3. 修改一致性策略

用户可以通过 db.setAttributes() 来修改 ReplSize 属性：

```
> var db = new Sdb ( 'sdbserver1', 11810 )
> db.sample.createCL( 'employee', { ReplSize: 1 } )
> db.sample.employee.setAttributes( { ReplSize: -1 } )
> db.snapshot( SDB_SNAP_CATALOG, { Name: "sample.employee" } )
{
  "_id": {
    "$oid": "5247a2bc60080822db1cfba2"
  },
  "Name": "sample.employee",
  "UniqueID": 261993005057,
  "Version": 1,
  "ReplSize": -1,
  "Attribute": 0,
  "AttributeDesc": "",
  "CataInfo": [
    {
      "GroupID": 1000,
      "GroupName": "group1"
    }
  ]
}
```

## 5.3 分区

在大数据的场景下，用户的业务数据往往有几千万条，甚至上亿条记录。在这种场景下，一次简单的查询请求往往需要读取大量的磁盘数据，这会造成 I/O 的高负载和高时延问题。而在 SequoiaDB 中，通过使用数据分区，可以大大减少读取的数据量，提高数据查询的并发度，从而解决 I/O 的高负载和高时延问题。

通过学习本节内容，用户可以了解分区的基本概念和原理，熟悉数据分区的基本操作。使用数据分区，是提高系统性能的重要手段。

## 5.3.1 数据库分区的原理

在 SequoiaDB 中，通过将集合数据拆分成若干小的数据集进行管理，从而达到并行计算和减少数据访问量的目的。根据管理方式的不同，数据库分区可以分为以下两种分区类型。

- 数据库分区：用于描述数据在集合与复制组之间的关系。
- 表分区：用于描述数据在集合与集合之间的关系。

在 SequoiaDB 集群环境中，可以通过将一个集合中的数据划分成若干不相交的子集，再将这些子集切分到复制组中，达到并行计算的目的。这种数据切分的方法被称为数据库分区。而这些不相交的子集被称为分区。分区内的所有数据记录都是完整的记录。一个分区只能存在于集群中的某一个复制组中，但一个复制组却可以承载多个分区。

通过切分操作，可以将分区从一个复制组中移动到另一个复制组中。当同时访问多个分区的数据时，可以同时在分区所在的不同复制组中进行并行计算，从而提高分区的处理速度和性能。

在 SequoiaDB 集群环境中，可以将一个集合中的数据划分成若干不相交的子集，再将这些子集映射到另外的集合上。这种数据切分的方法被称为表分区。这些不相交的子集被称为分区。被数据划分的集合被称为主集合，分区映射的集合被称为子集合。

分区内的所有数据记录都是完整的记录，一个分区只能映射到一个子集合中。通过集合挂载操作，可以将分区从一个子集合映射到另外一个子集合。当数据库需要访问某个特定范围内的记录时，只会访问所属分区的子集合，而不会访问所有分区的数据，从而减少了数据的访问量。

分区方式指的是将集合中的数据划分为不同分区的算法。分区方式包括范围（range）分区和散列（hash）分区。

范围分区方式指的是根据集合数据的取值范围，对集合中的数据进行切分的分区方式。通过范围分区方式，可以直观地了解集合数据的分区情况。

如图 5-6 所示，在 201801 到 201901（不包括上限 201901）之间的数据落在分区 1 中，在 201901 到 202001（不包括上限 202001）之间的数据落在分区 2 中。范围分区方式较为典型的场景是访问一定范围内数据的场景。例如，当访问某一时间段的记录时，数据库只会访问对应时间段内的分区数据，而不会访问其他时间段内的分区数据，这大大减少了系统访问的数据量，并提高了系统性能。

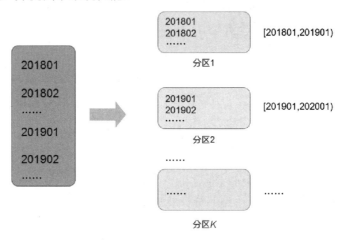

图5-6 范围分区的示意图

散列分区方式指的是先对集合数据做一次散列运算，再按照散列运算结果的 hash 值对数据进行切分的分区方式，如图 5-7 所示。

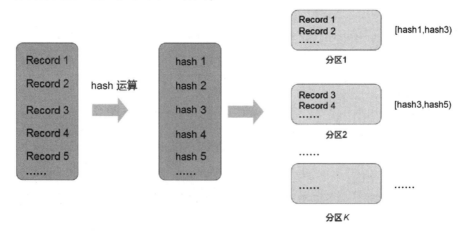

图5-7 散列分区的示意图

在字段取值相对离散的情况下（如集合中的唯一键），通过散列分区方式，每个 hash

值对应的数据量基本相同。而在范围分区方式中，相同范围内的数据量不一定是相同的。散列分区方式较为典型的场景是访问集合中所有数据的场景。例如，当遍历集合数据时，数据库就会访问所有分区的数据，这可以发挥所有分区中各个节点的并行计算能力。因为每个分区中的数据量基本相同，所以分区所在节点的 I/O 负载情况基本相同，不容易出现数据热点问题。

在不同的分区方式中，作为数据划分依据的字段被称为分区键。在范围分区方式中，分区键是用于划分数据范围的字段；在散列分区中，分区键是用于计算 hash 值的字段。每个分区键可以包含一个或多个字段。

不同的分区类型可以选择使用不同的分区方式去划分数据。数据库分区既可以使用范围分区方式，也可以使用散列分区方式；而表分区只能使用范围分区方式。

## 5.3.2 分区配置

用户在对数据进行分区时，需要进行分区配置，配置的主要内容包括划分每个分区包含的数据范围，以及指定分区的归属。

### 1. 数据库分区的配置

假设用户需要在集合 business.orders_2019 中以 id 字段为分区键，将数据均匀地切分到两个复制组 prod_part1、prod_part2 中，则相应的切分配置如表 5-3 所示。

表 5-3 数据库分区的切分配置示例

| 分区范围 | 分区所属的复制组 | 说明 |
| --- | --- | --- |
| [0, 2048) | prod_part1 | 将 id 字段的 hash 值范围在 0~2048（不包括上限 2048）内的记录切分到复制组 prod_part1 中 |
| [2048, 4096) | prod_part2 | 将 id 字段的 hash 值范围在 2048~4096（不包括上限 4096）内的记录切分到复制组 prod_part2 中 |

注意：
对集合 business.orders_2019 进行散列分区配置，默认情况下 hash 值的范围为 [0, 4096)。

以下为根据配置实际生成集合 business.orders_2019 的过程。

（1）创建集合 business.orders_2019，分区键为 id 字段，分区方式为 hash，集合所在的复制组为 prod_part1。

```
db.createCS( "business" )
db.business.createCL( "orders_2019", { ShardingKey: { id: 1 }, ShardingType: "hash",
Group: "prod_part1" } )
```

（2）执行切分操作，将集合 business.orders_2019 中，字段 id 的 hash 值范围在[2048, 4096)
的记录，从复制组 prod_part1 切分到复制组 prod_part2 中。

```
> db.business.orders_2019.split( "prod_part1", "prod_part2", { id: 2048}, { id: 4096} )
```

（3）用户可以通过快照命令查看分区的划分情况。

```
db.snapshot( SDB_SNAP_CATALOG, { Name: "business.orders_2019" } )
{
  ...
  "Name": "business.orders_2019",
  "ShardingType": "hash",
  "ShardingKey": {
    "id": 1
  }
  "Partition": 4096,
  "CataInfo": [
    {
      "ID": 0,
      "GroupID": 1000,
      "GroupName": "prod_part1",
      "LowBound": {
        "": 0
      },
      "UpBound": {
        "": 2048
      }
    },
    {
      "ID": 1,
      "GroupID": 1001,
      "GroupName": "prod_part2",
      "LowBound": {
        "": 2048
      },
```

```
      "UpBound": {
        "": 4096
      }
    }
  ]
}
```

### 2. 表分区的配置

对于集合 business.orders，当用户需要以 create_date 字段，按年份将其中的数据切分到不同的子集合中时，相应的切分配置如表 5-4 所示。

表 5-4 切分配置表

| 分区范围 | 分区所属的子集合 | 说明 |
| --- | --- | --- |
| [201801, 201901) | business.orders_2018 | 将 create_date 在 201801～201901（不包括上限 201901）范围内的数据切分到子集合 business.orders_2018 中 |
| [201901, 202001) | business.orders_2019 | 将 create_date 在 201901～202001（不包括上限 202001）范围内的数据切分到子集合 business.orders_2019 中 |

根据配置，实际生成集合 business.orders 的步骤如下。

（1）创建集合 business.orders，将其指定为主集合，分区键为 create_date 字段，分区方式为 range。

```
> db.business.createCL( "orders", { IsMainCL: true, ShardingKey: { create_date: 1 }, ShardingType: "range" } )
```

（2）通过挂载操作，将主集合 business.orders 和两个子集合进行关联。

```
> db.business.orders.attachCL( "business.orders_2018", { LowBound: { create_date: "201801" }, UpBound: { create_date: "201901" } } )
> db.business.orders.attachCL( "business.orders_2019", { LowBound: { create_date: "201901" }, UpBound: { create_date: "202001" } } )
```

business.orders_2018 和 business.orders_2019 可以是普通集合，也可以是数据库分区的集合。

（3）用户可以通过快照命令查看分区的划分情况。

```
db.snapshot( SDB_SNAP_CATALOG, { Name: "business.orders" } )
```

```
{
  ...
  "Name": "business.orders",
  "IsMainCL": true,
  "ShardingType": "range",
  "ShardingKey": {
    "create_date": 1
  },
  "CataInfo": [
    {
      "ID": 1,
      "SubCLName": "business.orders_2018",
      "LowBound": {
        "create_date": "201801"
      },
      "UpBound": {
        "create_date": "201901"
      }
    },
    {
      "ID": 2,
      "SubCLName": "business.orders_2019",
      "LowBound": {
        "create_date": "201901"
      },
      "UpBound": {
        "create_date": "202001"
      }
    }
  ]
}
```

## 5.3.3 分区索引

每一个数据库分区集合都会默认创建一个名叫"$shard"的索引，该索引被称为分区索引。分区索引存在于数据库分区集合所在的每一个分区组中，其字段定义顺序和排列与分区键相同。

注意：
- 非分区集合不存在分区索引。
- 任何用户定义的唯一索引必须包含分区索引中"key"的所有字段。
- 在分区集合中，_id 字段仅保证在分区内该字段唯一，无法保证全局唯一。

一个典型的分区索引如下：

```
> db.sample.employee.listIndexes()
{
  "IndexDef":
  {
    "name": "$shard",
    "_id": { "$oid": "515954bfa88873112fa6bd3a" },
    "key": { "Field1": 1, "Field2": -1 },
    "v": 0,
    "unique": false,
    "dropDups": false,
    "enforced": false
  },
  "IndexFlag": "Normal"
}
```

## 5.3.4　多维分区

当用户需要提高数据访问性能时，可以使用表分区或数据库分区；但是在数据量快速增长的场景下数据访问的性能会逐渐下降。多维分区可以解决这一问题。多维分区主要用于处理既要减少数据访问量，又要提高数据并行计算能力的场景。多维分区的示意图如图 5-8 所示。

可以对主集合进行表分区，将多个分区映射到不同的子集合上。针对某一个子集合，可以使用数据库分区，将子集合中的数据切分到不同的数据组中。当需要访问某一范围内的数据时，多维分区既可以将数据访问集中在若干个子集合中，又能同时发挥不同复制组并行计算的能力，从而提高数据库的处理速度和性能。

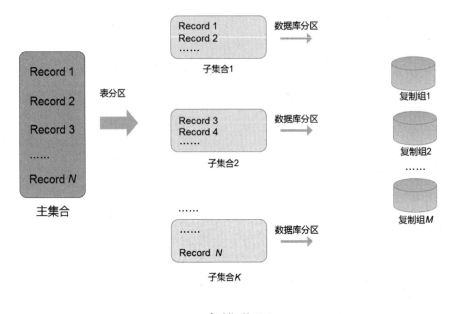

多维分区

图5-8 多维分区的示意图

1. 业务场景举例

下面以银行业务账单为例，简单介绍一下多维分区的作用：

- 账单数据具有很强的时间特性，比如查询某月的账单。针对这一特性可以将时间作为分区键，先对主集合进行表分区，将一个月的数据映射到一个子集合上。
- 针对子集合（一个月内的数据），用账号 id 再进行一次数据库分区，将数据映射到多个数据组上。
- 当需要查询某个月的账单时，数据库首先会集中到某一个子集合上去进行查询，而不会访问其他集合的数据，这时的访问数据量大大减少；而由于在子集合上进行了数据库分区，查询又可以在多个数据组中并行计算，因此可提高处理性能。

2. 多维分区操作实例

对于多维分区，可以先对子集合进行数据库分区，然后再通过表分区将子集合挂载到主集合上，步骤如下。

（1）创建主集合 main.bill，分区键为 bill_date，分区方式为 range：

```
> db.createCS( "main" )
```

```
> db.main.createCL( "bill", { IsMainCL: true, ShardingKey: { bill_date: 1 }, ShardingType:
"range" } )
```

（2）创建子集合 bill.201905，分区键为账号 id 字段，分区方式为 hash，hash 值的总数为 4096 个，集合所在的复制组为 group1：

```
> db.createCS( "bill" )
> db.bill.createCL( "201905", { ShardingKey: { id: 1 }, ShardingType: "hash", Partition:
4096, Group: "group1" } )
```

（3）执行切分命令，将集合 bill.201905 中账号 id 的 hash 值范围在[2048, 4096)的记录，从复制组 group1 切分到复制组 group2 中：

```
> db.bill.getCL('201905').split( "group1", "group2", { Partition: 2048 }, { Partition:
4096 } )
```

（4）通过挂载操作，对主集合 main.bill 和子集合 bill.201905 进行关联：

```
> db.main.bill.attachCL( "bill.201905", { LowBound: { create_date: "201905" }, UpBound:
{ create_date: "201906" } } )
```

## 5.4　分布式事务

在 SequoiaDB 中，单条记录的操作是原子性的，因此对单条记录的操作不涉及事务。然而，在许多应用场景中存在对更新多条记录时的原子性需求，以及对读取多条记录时的一致性需求。SequoiaDB 通过跨复制组的分布式事务对上述需求提供了支持。

事务提供了一种"要么全做，要么什么都不做"的机制。当事务被提交给数据库时，数据库需要确保该事务中的所有操作都已成功完成，且其结果被永久保存在数据库中。如果事务中的任何一个操作没有成功完成，则事务中的所有操作都需要回滚到事务执行前的状态。

作为分布式数据库，SequoiaDB 将数据分布式存储在一台或多台物理设备中。当事务中的操作发生在不同物理设备中时，SequoiaDB 使用二阶段提交协议实现分布式事务，支持跨表、跨节点的事务原子操作。

另外，SequoiaDB 使用时间序列协议（STP，Sequence Time Protocol）为分布式事务分配全局时间，并使用全局事务一致性的仲裁机制，对分布式事务实现了因果排序，再加上其使用的 MVCC（Multi-Version Concurrency Control）的可见性计算算法，从而实现了分布式事务的全局一致性。

## 5.4.1 事务日志

SequoiaDB 中的事务日志记录了事务对数据库的所有更改。事务日志是备份和恢复的重要组件，也在事务操作中被用于回滚数据。因此，事务日志中通常包含 REDO 和 UNDO 两部分，其中 REDO 部分用于数据恢复，以及对复制组节点间的数据进行增量同步；UNDO 部分用于事务回滚操作，并将数据恢复到事务操作前的状态。

比如在执行更新操作的事务日志中，将分别记录新值（New）和旧值（Orig）：

```
Version: 0x00000001(1)
LSN     : 0x0000000058b90740(236)
PreLSN  : 0x0000000058b906d0(156)
Length  : 228
Type    : UPDATE(2)
FullName : sample.employee
Orig id : { "_id": { "$oid": "5c88afe31a3f5822754040d0" } }
Orig    : { "$set" : { "balance" : 10000 } }
New id  : { "_id": { "$oid": "5c88afe31a3f5822754040d0" } }
New     : { "$set" : { "balance" : 8000 } }
TransID : 0x00040069d6d96e
TransPreLSN : 0x0000000058b906d0
```

如果事务日志的记录中有事务 ID（TransID），则表示该日志记录是某个事务的事务日志。同一个事务的事务日志有相同的事务 ID。可以通过 TransPreLSN 查找同一个事务的前一条事务日志。

在事务日志中，事务开启日志和事务的第一个操作合并。事务 ID（IDAttr）带有 Start 标签的事务日志是事务的开启日志，也是事务的第一个操作：

```
Version: 0x00000001(1)
LSN     : 0x00000000000000ec(236)
PreLSN  : 0x000000000000009c(156)
Length  : 228
...
TransID : 0x00040069d6d96e
```

IDAttr   : Start

事务的预提交日志表示事务将进入 WAIT-COMMIT 状态：

```
Version: 0x00000001(1)
LSN     : 0x0000000058b90740(1488521024)
PreLSN  : 0x0000000058b906d0(1488520912)
Length  : 100
Type    : COMMIT(12)
FirstLSN : 0x0000000058b90670
Attr    : 1(Pre-Commit)
NodeNum : 1
Nodes   : [ (1001,1003) ]
TransID : 0x000400727828cc
IDAttr  :
TransPreLSN : 0x0000000058b906d0
```

其中，事务日志中的 Nodes 将注明参与事务的数据节点，Nodes 用于在二阶段协议出错时节点间进行协商。SequoiaDB 分布式事务的二阶段提交协议可参考 5.4.2 节。

事务的提交日志表示事务已经提交：

```
Version: 0x00000001(1)
LSN     : 0x0000000058b907a4(1488521124)
PreLSN  : 0x0000000058b90740(1488521024)
Length  : 80
Type    : COMMIT(12)
FirstLSN : 0x0000000058b90670
Attr    : 2(Commit)
TransID : 0x000400727828cc
IDAttr  :
TransPreLSN : 0x0000000058b90740
```

事务回滚日志与事务之前的操作日志一一对应，其事务 ID（IDAttr）带有 Rollback 标签。对于更新操作，新值（New）和旧值（Orig）与原事务日志互换；对于插入操作，将产生删除操作的事务日志；对于删除操作，将产生插入操作的事务日志。

```
Version: 0x00000001(1)
LSN     : 0x0000000058b90740(236)
PreLSN  : 0x0000000058b906d0(156)
```

```
Length : 228
Type   : UPDATE(2)
FullName :sample.employee
Orig id : { "_id": { "$oid": "5c88afe31a3f5822754040d0" } }
Orig    : { "$set" : { "balance" : 8000 } }
New id  : { "_id": { "$oid": "5c88afe31a3f5822754040d0" } }
New     : { "$set" : { "balance" : 10000 } }
TransID : 0x00040069d6d96e
IDAttr  : Rollback
TransPreLSN : 0x0000000058b906d0
```

## 5.4.2 二阶段提交

本节将介绍 SequoiaDB 的二阶段提交机制。

在 SequoiaDB 的分布式事务中，用户可以通过二阶段提交来保证参与事务的各个数据组之间的 ACID 事务特性。

二阶段包括准备阶段和提交阶段，如图 5-9 所示。

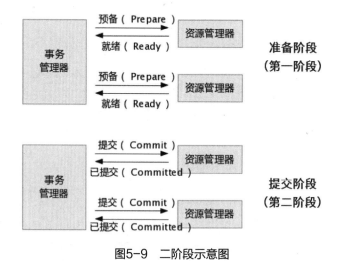

图5-9　二阶段示意图

- 准备阶段（Pre-Commit）：在这一阶段，协调节点询问所有参与的数据节点是否已准备好事务提交；参与的数据节点如果已经准备好提交，则回复可以进行提交，并进入等待提交状态（Wait-Commit），否则回复无法进行提交。

- 提交阶段（Commit）：协调节点如果在上一阶段得知，所有参与的数据节点回复均可以进行提交，则在此阶段向所有参与的数据节点发送提交指令，所有参与的数据节点将立即执行提交操作；否则协调节点向所有参与的数据节点发送回滚指令，参与的数据节点将立即执行回滚操作。

SequoiaDB 中的数据通常采用将分区集合分布在多个数据复制组的形式来组织，此处的数据节点指的是相应数据复制组的主节点。

二阶段事务协议把一个事务在某个数据节点的状态进行了划分。

- DOING 状态：事务正在进行中，没有接收到准备提交的命令。
- WAIT-COMMIT 状态：数据节点接收到准备提交的命令，并且确认可以提交。
- COMMITTED 状态：数据节点接收到提交命令，并且已经提交。
- ROLLBACKED 状态：数据节点接收到回滚命令，并且已经回滚。

二阶段提交中的异常主要分为如下三种情况。

- 协调节点正常，但参与的数据节点不正常。
- 协调节点不正常，但参与的数据节点正常。
- 协调节点和参与的数据节点都不正常。

**注意：**
出现不正常的情况，可能是由不同的原因引起的，如网络不通、节点崩溃或数据复制组切换至主节点等。当用户需要确保数据复制组在切换至主节点后仍处于相同的事务状态时，可以通过控制相关日志写复制组副本的数量来实现，SequoiaDB 的配置参数为 transreplsize。

对于以上的异常，大多数情况下都需要通过参与的数据节点在恢复后进行协商，相互询问对方事务的状态来确认自身的事务是否应该提交。如果有一个节点处于 ROLLBACKED 或者 DOING 状态，则事务应该回滚；如果有一个节点处于 COMMIT 状态，则事务应该提交。

对于第一种情况：

- 若参与的数据节点在准备阶段不正常，则协调节点收不到准备提交的回复，协调节点不会发送提交命令，而是向其他参与的数据节点发送回滚命令；不正常的数据节点在恢复后通过向其他参与的数据节点协商来进行回滚。

- 若参与的数据节点在提交阶段不正常，当它恢复后可以通过从其他参与的数据节点获取事务是否应该提交的信息，并做出相应的动作。

对于第二种情况和第三种情况：

- 如果节点在准备阶段前不正常，没有一个参与的数据节点接收到准备提交的命令，则所有数据节点在恢复后，都处于 DOING 状态，因此事务会回滚。
- 如果节点在准备阶段后不正常，则所有参与事务的节点在恢复后都处于 WAIT-COMMIT 状态，且协商后事务应该提交。
- 如果节点在提交或者回滚阶段不正常，则部分参与事务的节点可能已经提交或者回滚，则处于 WAIT-COMMIT 状态的节点在协商后可以做出相应的提交或者回滚的动作。

## 5.4.3 隔离级别

事务的隔离性是一种避免在多个同时执行的事务操作会话之间出现相互干扰的机制。

**1. 加锁机制**

目前，SequoiaDB 的隔离性是通过悲观锁机制来实现的，即对访问数据（包括集合空间、集合和数据记录）进行加锁来限制或阻止并发事务访问相同的数据。同时，SequoiaDB 支持意向锁机制，以提高事务的并发度。

事务锁表示对某个实体进行加锁，SequoiaDB 支持 3 种类型的事务锁。

- 共享（S）锁：在当前事务对数据记录加 S 锁之后，并发事务只能对数据记录执行只读操作。
- 更新（U）锁：在当前事务对数据记录加 U 锁之后，如果并发事务未声明要更新数据记录，那么它们只能对数据执行只读操作。
- 排他（X）锁：在当前事务对数据记录加 X 锁之后，并发事务将无法以任何方式访问数据记录。

事务意向锁表示需要对某个实体的子集进行加锁。SequoiaDB 支持两种事务意向锁。

- 意向共享（IS）锁：当前事务对集合加 IS 锁之后，可以读取集合内的数据记录（需要对访问的数据记录加 S 锁）；并发事务可以对相同的集合加意向锁，只要访问或者修改的数据与当前事务不同，事务即可并发进行。

- 意向排他（IX）锁：当前事务对集合加 IX 锁之后，可以修改集合内的数据记录（需要对访问的数据记录加 X 锁）；并发事务可以对相同的集合加意向锁，只要访问或者修改的数据与当前事务不同，事务即可并发进行。

一般来说，SequoiaDB 需要对 3 级实体进行逐级加锁，这 3 级实体是集合空间、集合和数据记录（集合空间的子集是集合，集合的子集是数据记录）。当需要访问或者修改某数据记录时，需要对数据记录所在的集合空间、集合加相应的事务意向锁，最后对访问的记录加事务锁。

**注意：**
例如，若事务需要访问集合 sample.employee 中的记录，则首先需要对集合空间 sample 加 IS 锁，然后对集合 sample.employee 加 IS 锁，最后对要访问的记录加 S 锁。

事务锁可以作用在集合空间或者集合上，一般来说事务锁可以对集合空间或者集合的元数据进行访问或者修改，如执行增删集合等操作。事务锁或者事务意向锁作用在集合上时，可以被称为表锁。事务锁作用在数据记录上时，可以被称为记录锁。

### 2. 隔离级别

SequoiaDB 通过对只读操作访问的数据记录实行不同的加锁协议来实现不同的隔离级别。一般来说，隔离级别越高，只读操作的请求锁定就越严格，锁的持有时间也越长。因此隔离级别越高，一致性就越高，但并发性就越低，同时对性能的影响相对也越大。在所有隔离级别中，SequoiaDB 都将对插入、更新或删除的数据加上互斥锁。

SequoiaDB 目前支持 4 种隔离级别：

- 读未提交（Read Uncommitted，RU）是级别最低的隔离，意味着不同的会话之间能够互相读到未提交的修改信息。RU 级别中事务对读取的数据不加锁，因此可能会出现脏读、不可重复读以及幻读等情况。此隔离级别适用于所有访问的数据都是只读的，或者会话访问未提交的数据不会引起问题的场景。SequoiaDB 中的存储机制保证了读/写某条记录及相应索引项的原子性。
- 读已提交（Read Committed，RC）级别意味着会话能够读取每条记录最新已被提交的状态。在 RC 级别中，事务对读取的数据加短的共享锁，事务访问完数据即放锁，因此可能会出现不可重复读以及幻读等情况。此隔离级别适用于对数据只进行单次查询的场景。一般来说，RC 级别的读事务访问的数据如果正在被其他写事务修改，则需要等待写事务提交或者回滚后才能访问数据。SequoiaDB 提供了非阻塞读的功能，通过 transwaitlock 和 transuserbs 等参数控制是否需要等锁，若无须等锁，则可以使 RC 级别的读事务读取正在修改的写事务修改前的数据。详情请参考 5.4.4 节。

- 读稳定性（Read Stability，RS）级别意味着会话在事务中首次读取的记录，在该会话结束前不会被其他会话所修改。在 RS 级别中，事务对读取的数据加长的共享锁，事务结束时才放锁，因此可能会出现幻读的情况。此隔离级别适用于对数据进行多次查询，且没有新增数据的场景。
- 可重复读（Repeatable Read，RR）级别意味着会话在事务中首次读取的记录，在该会话结束前不会被其他会话所修改，且不会因为其他事务而改变结果集的记录个数。SequoiaDB 的 RR 级别是通过多版本并发控制（MVCC，Multi-Version Concurrency Control）实现的。MVCC 是一种数据库常用的数据库并发控制机制，通过保存数据在某个事务时间点的快照来进行事务隔离控制。在 MVCC 的基础上，SequoiaDB 实现了可重复读的事务隔离级别，避免了事务中出现幻读的情况。时间序列服务和全局事务能够支持 RR 隔离级别。开启全局事务需要设置 SequoiaDB 的配置参数 mvccon 和 globtranson 为 true。

隔离级别的详细信息如表 5-5 所示。

表 5-5 隔离级别的详细信息

| 隔离级别 | 脏读 | 不可重复读 | 幻读 |
| --- | --- | --- | --- |
| 可重复读（RR） | 不可能 | 不可能 | 不可能 |
| 读稳定性（RS） | 不可能 | 不可能 | 可能 |
| 读已提交（RC） | 不可能 | 可能 | 可能 |
| 读未提交（RU） | 可能 | 可能 | 可能 |

由表 5-5 可知：

- 脏读：写事务 W 修改某一行数据，读事务 R 在 W 执行提交前访问该行，如果事务 W 执行回滚，则事务 R 所读取的是不存在的数据。
- 不可重复读：读事务 R 读取某一行数据，写事务 W 修改该行数据且执行提交，若 R 再次读取该行数据，则 R 两次读取的值不一致。
- 幻读：读事务 R 按照条件读取一组数据，写事务 W 插入一行或者多行满足相同条件的数据且执行提交操作，若 R 再次按照相同条件读取时，则将会读取到更多的数据。

## 5.4.4 事务配置

事务是由一系列操作组成的逻辑工作单元。在同一个会话（或连接）中，同一时刻只允许存在一个事务；也就是说，如用户在一次会话中创建了一个事务，则在这个事务结束前用户不能再创建新的事务。

事务是作为一个完整的工作单元被执行的，事务中的操作要么全部被执行成功，要么全部被执行失败。SequoiaDB 中事务的操作只能是插入数据、修改数据或删除数据，在事务过程中被执行的其他操作不会纳入事务范畴；也就是说，在事务回滚时非事务操作不会被执行回滚。如果一个表或表空间中有数据涉及事务操作，则该表或表空间不允许被删除。

在数据库的配置中，关于事务启停的配置项如表 5-6 所示。

表 5-6 事务启停的配置项

| 配置项 | 描述 | 取值 | 默认值 |
| --- | --- | --- | --- |
| transactionon | 表示 SequoiaDB 是否开启事务功能 | true/false | true |

在默认情况下，SequoiaDB 所有节点的事务功能都是开启的。若用户无须使用事务功能，则可参考下文中的全局关闭事务示例的方法，关闭事务功能。所有配置项只有在事务功能开启（即 transactionon 为 true）的情况下才有意义。

在数据库配置中，关于事务隔离级别的配置项如表 5-7 所示。

表 5-7 事务隔离级别的配置项

| 配置项 | 描述 | 取值 | 默认值 |
| --- | --- | --- | --- |
| transisolation | 表示在开启事务功能的情况下，使用的事务隔离级别 | 0 表示 RU 级别，1 表示 RC 级别，2 表示 RS 级别，3 表示 RR 级别 | 0 |

用户可以通过 Sdb.setSessionAttr() 的 TransIsolation 属性修改单个会话的隔离级别设置。

对于写事务操作，若在操作过程中发生错误，则数据库配置中 transautorollback 自动回滚的配置项，可以决定当前会话中所有未提交的写操作是否自动回滚。关于事务自动回滚的配置项如表 5-8 所示。

表 5-8 事务自动回滚的配置项

| 配置项 | 描述 | 取值 | 默认值 |
| --- | --- | --- | --- |
| transautorollback | 表示"写事务操作"失败时，是否自动回滚 | true/false | true |

用户可以通过 Sdb.setSessionAttr() 的 TransAutoRollback 属性修改单个会话的事务自动回滚设置。该配置项只有在事务功能开启（即 transactionon 为 true）的情况下才生效。在默认情况下，transautorollback 配置项的值为 true。所以，当写事务操作过程中出现失败时，当前事务所有未提交的写操作都将被自动回滚。

在数据库配置中，关于事务自动提交的配置项如表 5-9 所示。

表 5-9　事务自动提交的配置项

| 配置项 | 描述 | 取值 | 默认值 |
| --- | --- | --- | --- |
| transautocommit | 表示是否开启事务自动提交功能 | true/false | false |

用户可以通过 Sdb.setSessionAttr() 的 TransAutoCommit 属性修改单个会话的事务自动提交设置。该配置项只有在事务功能开启（即 transactionon 为 true）的情况下才生效。

事务自动提交功能默认情况下是关闭的。当 transautocommit 设置为 true 时，事务自动提交功能将开启。此时，使用事务存在以下两点不同：

- 用户无须显式调用"transBegin"、"transCommit"或者"transRollback"方法来控制事务的开启、提交或者回滚。
- 事务提交或者回滚的范围仅仅局限于单个操作。当单个操作成功时，该操作将被自动提交；当单个操作失败时，该操作将被自动回滚。

在数据库配置中，关于事务的其他主要配置项如表 5-10 所示。

表 5-10　事务的其他主要配置项

| 配置项 | 描述 | 取值 | 默认值 |
| --- | --- | --- | --- |
| transactiontimeout | 事务锁等待的超时时间（单位：s） | [0, 3600] | 60 |
| translockwait | 事务在 RC 隔离级别下是否需要等锁 | true/false | false |
| transuserbs | 事务操作是否使用回滚段 | true/false | true |
| transrccount | 事务是否使用"读已提交"隔离级别来处理 count() 查询 | true/false | true |
| transreplsize | 事务提交日志的写副本数 | -1 表示所有活跃节点，0 表示所有节点，1~7 表示相应的节点数目 | 2 |

在表 5-10 中的事务配置项只有在事务功能开启（即 transactionon 为 true）的情况下才生效。

translockwait 只在 RC 隔离级别下生效：

- 在 RC 隔离级别下发生加锁冲突时，如果本事务的 translockwait 为 true 或者并发事务的 transuserbs 为 false（并发事务不使用回滚段）时，当前事务需要等锁，待并发事务提交或者回滚后，才能加锁读取数据记录，此时其读取的是并发事务提交或者回滚后的数据记录。
- 在 RC 隔离级别下发生加锁冲突时，如果本事务的 translockwait 为 false 且并发事务的 transuserbs 为 true（并发事务使用回滚段）时，当前事务无须等锁即可读取数据记录（不能修改），此时其读取的数据记录是并发事务修改前的数据记录（即保存在并发事务回滚段中的已提交版本）。
- 在 RU 隔离级别下，发生加锁冲突时，当前事务不等锁，但其读取的是未提交事务的脏数据。
- 在 RS 隔离级别下，发生加锁冲突时，当前事务需要等锁，待并发事务提交或者回滚后，才能加锁读取数据记录，此时其读取的是并发事务提交或者回滚后的数据记录。

transreplsize 针对的是事务提交日志的写副本数，而集合的属性 ReplSize 针对的则是单个集合的增删改操作日志的写副本数。

表 5-10 中的事务可以通过 Sdb.setSessionAttr() 对应的配置项对单个会话的事务配置进行修改。

用户可以通过 Sdb.setSessionAttr() 来进行单个会话的事务相关设置，如表 5-11 所示。

表 5-11 通过 Sdb.setSessionAttr() 设置单个会话的事务

| 属性名 | 描述 | 格式 |
| --- | --- | --- |
| TransIsolation | 会话事务的隔离级别，其中，0 表示 RU 级别，1 表示 RC 级别，2 表示 RS 级别 | TransIsolation : 1 |
| TransTimeout | 会话事务锁等待的超时时间（单位：s） | TransTimeout : 10 |
| TransLockWait | 会话事务在 RC 隔离级别下是否需要等锁 | TransLockWait : true |
| TransUseRBS | 会话事务是否使用回滚段 | TransUseRBS : true |
| TransAutoCommit | 会话事务是否支持自动事务提交 | TransAutoCommit : true |

（续表）

| 属性名 | 描述 | 格式 |
| --- | --- | --- |
| TransAutoRollback | 会话事务在操作失败时是否自动回滚 | TransAutoRollback : true |
| TransRCCount | 会话事务是否使用"读已提交"隔离级别来处理 count() 查询 | TransRCCount : true |

表 5-11 中的事务配置项只有在事务功能开启（即 transactionon 为 true）的情况下才生效。修改 transactionon 需要重启节点，用户可以使用 Sdb.getSessionAttr() 来获取单个会话的事务相关配置。

当用户希望调整事务的设置（比如是否开启事务、调整事务的配置项等）时，有如下 3 种修改方式可供选择：

- 通过修改节点的配置文件，将数据库配置描述的事务配置项，配置到集群所有（或者部分）节点的配置文件中。若修改的配置项要求重启节点才能生效，则用户需要重启相应的节点。
- 通过使用 Sdb.updateConf() 命令，在 SDB Shell 中修改集群的事务配置项。若修改的配置项要求重启节点才能生效，则用户需要重启相应的节点。
- 通过使用 Sdb.setSessionAttr() 命令，在 SDB Shell 的会话中修改当前会话的事务配置项。该设置只在当前会话中生效，并不影响其他会话的设置情况。

下面是调整配置的示例，具体步骤如下。

（1）假设集群的安装目录为/opt/sequoiadb，协调节点地址为 ubuntu-dev1:11810。通过如下操作，获取 db 以及 cl 对象。

```
> db = new Sdb( "ubuntu-dev1", 11810 )
> cl = db.createCS("sample").createCL("employee")
```

（2）使用事务回滚插入操作。在回滚事务后，插入的记录将被回滚，此时，集合中无记录。

```
> cl.count()
Return 0 row(s).
> db.transBegin()
> cl.insert( { date: 99, id: 8, a: 0 } )
> db.transRollback()
> cl.count()
Return 0 row(s).
```

（3）使用事务提交插入操作。在提交事务后，插入的记录将被持久化到数据库中。

```
> cl.count()
Return 0 row(s).
> db.transBegin()
> cl.insert( { date: 99, id: 8, a: 0 } )
> db.transCommit()
> cl.count()
Return 1 row(s).
```

（4）全局关闭事务。

- 通过 SDB Shell 设置集群的所有节点都关闭事务功能：

```
> db.updateConf( { transactionon: false }, { Global: true } )
```

- 在集群的每台服务器上都重启 SequoiaDB 的所有节点：

```
[sdbadmin@ubuntu-dev1 ~]$ /opt/sequoiadb/bin/sdbstop -t all
[sdbadmin@ubuntu-dev1 ~]$ /opt/sequoiadb/bin/sdbstart -t all
```

注意：
必须在每台服务器上都重启 SequoiaDB 的所有节点，才能保证事务功能在所有节点上都是关闭的。

## 5.5 数据模型

SequoiaDB 支持结构化、半结构化和非结构化数据的存储与管理，能够满足用户对数据多样使用的要求。通过学习本节内容，用户可了解 SequoiaDB 的以下功能：

- 数据如何存储。
- 如何选择恰当的数据存储及管理方式。
- 数据存储及管理的约束。

### 5.5.1 数据模型概述

用户的数据呈现出多样性的特点。这些数据可以被归纳为以下三类。

- 结构化数据：指的是表单类型的数据存储结构，如银行核心交易等传统业务所使用的数据。

- 半结构化数据：指的是如用户画像、物联网设备日志采集、应用点击流分析等场景所产生的数据。
- 非结构化数据：指的是没有固定结构的数据，如海量的图片、音频、视频和文档等数据。

SequoiaDB 支持 JSON 存储与块存储，能够很轻松地满足用户对多样性数据的存储与管理要求。

SequoiaDB 的数据管理模型架构如图 5-10 所示。该模型展示了 SequoiaDB 的数据存储模型以及集群组成所涉及的基本概念。

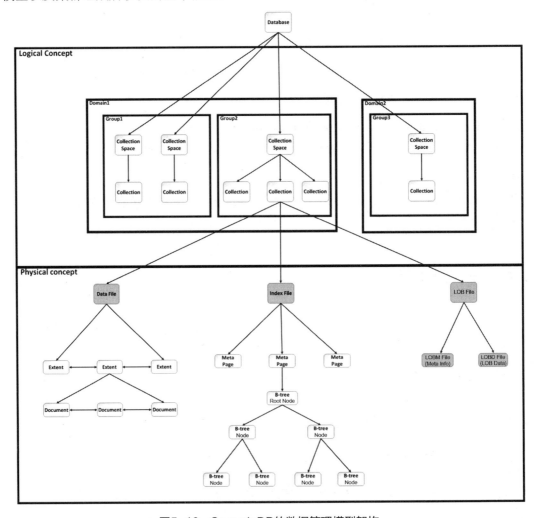

图5-10　SequoiaDB的数据管理模型架构

在如图 5-10 所示的数据管理模型架构中，数据文件（Data File）最终都需要在磁盘文件中进行持久化存储。与之相关的 3 个概念如下。

- 页（Page）：页是数据库文件中用于组织数据的一种基本结构。SequoiaDB 使用页来对文件中的空间进行管理与分配。
- 数据块（Extent）：数据块由若干个页组成。数据块可用来存放记录。
- 文件（File）：该文件指的是磁盘上的物理文件，该文件可以用来持久化集合数据、索引以及 LOB 数据。

在如图 5-10 所示的数据管理模型架构中，与结构/半结构化数据存储相关的 3 个核心逻辑概念包括以下 3 种。

- 集合（Collection）：又被称为表（Table），用于存放文档的逻辑对象。
- 集合空间（Collection Space）：用于存储集合的对象。其物理上对应于一组磁盘上的文件。
- 文档（Document）：又被称为记录（Record）。其采用 BSON（二进制化的 JSON）结构存储在集合中。

一个集合空间可以包含多个集合，一个集合会包含若干个数据块。集合使用链表把这些数据块串联起来。当向集合中插入文档时，需要从数据块中分配空间。如果当前数据块没有足够的空间，则后台线程将分配新的数据块（必要时对数据文件进行扩展），并把新的数据块挂到该集合的数据块链表上。每个数据块内的记录也通过链表的形式组织起来，这样在进行表扫描时，可顺序读取数据块内的所有记录。

在结构/半结构化数据存储的基础上，还有一个与非结构化数据存储相关的核心逻辑概念：大对象（LOB，Large Object）。它基于块存储，用于存储如图片、音频、视频、文档等没有固定结构的数据。

大对象依附于普通集合存在。当用户上传一个大对象时，系统为它分配一个唯一的 OID 值，后续对该大对象的操作可通过该值进行指定。关于大对象的详细介绍，可参考 5.5.5 节的内容。

与集群组成相关的 4 个核心逻辑概念包括实例以及图 5-10 所示数据管理模型架构中的逻辑概念，具体罗列如下。

- 节点（Node）：存放集合记录的逻辑对象。
- 复制组（Replica Group）：包含若干副本节点的逻辑对象。

- 域（Domain）：包含若干分区组的逻辑对象。
- 实例（Instance）：一份完整的集合记录所涉及的数据节点被称为一个实例。在多副本的情况下，分区组中存在多份完整的集合记录，也就拥有了多个数据节点实例。在业务场景中，用户可以访问所有的实例，以充分利用冗余的多副本数据。

SequoiaDB 的数据集群概念关系如图 5-11 所示。

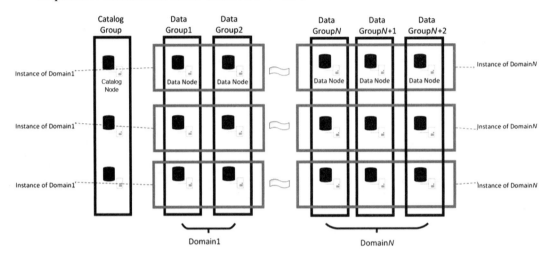

图5-11　SequoiaDB的数据集群概念关系

在集群中，一个分区组可以包含 1~7 个节点。一个域可以包含一个或者若干个分区组，以提供给专门的业务使用。当把集合空间创建在一个域上的时候，该集合空间下的所有集合将根据该集合的分区键自动切分到域所包含的分区组中。集合的数据切分可对提升性能起到极大的促进作用。关于集群和数据切分的详细介绍，可参考 5.3 节的内容。

在 SequoiaDB 中，索引是一种特殊的数据对象。索引本身不作为保存用户数据的容器，而是作为一种特殊的元数据，用于提高数据访问的效率。关于索引的详细介绍，可参考 5.5.6 节的内容。

SequoiaDB 通过与 Elasticsearch 配合来提供全文检索的能力。以此为基础，SequoiaDB 提供了一种新类型的索引：全文索引。该索引与普通索引的典型区别在于索引数据并非存放于 SequoiaDB 数据节点的索引文件中，而是存储于 Elasticsearch 中。关于全文索引的详细介绍，可参考 5.5.7 节的内容。

SequoiaDB 提供了自增字段的能力。在创建集合时，用户可以指定一个或者多个字段为自增字段。关于自增字段的详细介绍，可参考 5.5.8 节的内容。

## 5.5.2 文档记录

SequoiaDB 存储的记录（Record）也被称为文档（Document）。文档在分布式存储引擎中，以 BSON 的方式存储，而 BSON 是 JSON 数据模型的二进制编码。由于文档是一种基于 JSON 数据模型的灵活键值对，而且支持嵌套结构与数组，因此文档既可以存储关系型数据，也可以存储半结构化和非结构化数据。

文档的字面形式与 JSON 数据类型一样。而 JSON 是一种轻量级的数据交换格式，非常易于用户阅读和编写，同时也易于机器生成和解析。

一般来说，一条文档由一个或多个字段构成，每个字段分为键与值两个部分，如下为包含两个字段的文档：

{ "姓名" : "张三", "性别" : "男" }

其中"姓名"和"性别"为字段的键，而"张三"和"男"为字段的值。

文档支持嵌套结构和数组，如下为包含嵌套结构和数组的文档：

{ "姓名" : "张三", "性别" : "男", "地址" : { "省份" : "yy", "城市" : "xx", "街道" : "水蓝街" }, "电话" : [ "138xxxxxxxx", "180xxxxxxxx" ] }

其中，名为"地址"的字段的值为一个嵌套 JSON 对象，而名为"电话"的字段的值为一个 JSON 数组。

字段的键又被称为字段名，其类型为字符串。字段的具体值又被称为字段值，字段值可以为多种类型，如整数、长整数、浮点数、字符串和对象等类型。

文档存在如下限制：

- 每条文档的 BSON 编码最大长度为 16MB。
- 每条文档必须包括"id"字段。如果用户没有提供该字段，系统会自动生成一个 [OID][data_mode_oid]类型的"id"字段。
- "id"字段名需要在集合内唯一（若集合为切分集合，则"id"字段名需要在每个切分子集合内唯一）。
- 文档中的各个字段无排列顺序，在进行数据操作时（比如进行数据更新），字段之间的顺序可能会被调换。

字段名存在如下限制：

- 用户插入的文档不允许包含重复的字段名。
- 用户自定义的字段名不允许以"$"字符起始。
- 用户自定义的字段名不允许包含"."字符。

与 MySQL、PostgreSQL 等传统关系型数据库表定义需要指定记录的 schema 信息不同，SequoiaDB 的集合元数据并不会存储文档（记录）的 schema。在 SequoiaDB 中，文档的 schema 信息存储在文档自身中。

文档是一种灵活的数据结构。它存储的数据包含了字段名和字段值。每个字段在 BSON 中的存储结构可以简化为如图 5-12 所示的格式。

| 字段名 | 值类型 | 字段值 |
|---|---|---|

图5-12　BSON的存储结构

因此，文档自身已经包含了足够的 schema 信息。下面显示了在 MySQL 及在 SequoiaDB 中查询数据的情况，用户可以比较这两种记录组织方式的差异。

在 MySQL Shell 中创建名为 sample 的数据库和名为 employee 表。该数据库和表分别自动映射到 SequoiaDB 名为 sample 的集合空间和名为 employee 的集合上：

```
mysql> create database sample;
mysql> use sample;
mysql> create table employee(name varchar(50), sex int, age int, department varchar(100));
mysql> insert into employee values("Tom", 0, "25", "R&D");
mysql> insert into employee values("Mary", 1, "23", "Test");
mysql> select * from employee;
+-------+-----+-----+------------+
| name  | sex | age | department |
+-------+-----+-----+------------+
| "Tom" |  0  | 25  | "R&D"      |
| "Mary"|  1  | 23  | "Test"     |
+-------+-----+-----+------------+
```

在 SequoiaDB 中查询插入的数据：

```
sdb> db.sample.employee.find()
{ "_id": { "$oid": "5d1da52b38892b0af758ee5f" }, "name": "Tom", "sex": 0, "age": 25, "department": "R&D" }
```

{ "_id": { "$oid": "5d1da53138892b0af758ee60" }, "name": "Mary", "sex": 1, "age": 23, "department": "Test" }

### 5.5.3 集合

集合（Collection）又被称为表（Table），是数据库中存放记录的逻辑对象。任何一条记录属于且仅属于一个集合。集合由<集合空间名>.<集合名>作为唯一标识符。其中，集合名的最大长度为 127B，且需要为 UTF-8 编码。一个集合可以包含零条或者多条记录（其上限为集合空间的大小）。

在集群环境下，每个集合拥有除名称外的属性，如表 5-12 所示。

表 5-12 集合属性信息

| 属性名 | 描述 |
| --- | --- |
| 分区键（ShardingKey） | 指定集合的分区键，集合中的所有记录将分区键中指定的字段作为分区信息，分别存放在所对应的分区中 |
| 分区类型（ShardingType） | 指定集合的分区类型，即范围（"range"）分区或散列（"hash"）分区 |
| 分区数（Partition） | 仅当选择 hash 分区时填写，代表了 hash 分区的个数 |
| 写副本数（ReplSize） | 指定集合默认的写副本数 |
| 数据压缩（Compressed） | 标识集合是否开启数据压缩功能 |
| 压缩算法（CompressionType） | 压缩算法的类型 |
| 主子表（IsMainCL） | 标识集合是否为主分区集合 |
| 自动切分（AutoSplit） | 标识集合是否开启自动切分功能 |
| 集合属组（Group） | 指定集合将被创建到哪个复制组 |
| $id 索引（AutoIndexId） | 标识集合是否自动使用_id 字段创建名字为"$id"的唯一索引 |
| $shard 索引（EnsureShardingIndex） | 标识集合是否自动使用 ShardingKey 包含的字段创建名字为"$shard"的索引 |
| 严格数据模式（StrictDataMode） | 标识对集合的操作是否开启严格数据类型模式 |
| 自增字段（AutoIncrement） | 自增字段 |

### 5.5.4 集合空间

集合空间（Collection Space）是数据库中存放集合的物理对象，具有以下特性：

- 任何一个集合必须属于且仅属于一个集合空间。
- 集合空间名的最大长度为 127B，且需要为 UTF-8 编码。
- 一个数据节点最多可以包含 16 384 个集合空间，一个集合空间最多可以包含 4096 个集合。
- 集合空间由若干固定大小的数据页组成。在创建集合空间时，用户可以指定数据页的大小。一旦数据页的大小被指定后，将不能被修改。
- 在一个数据节点中，一个集合空间最多可以访问 $128 \times 1024 \times 1024$ 个数据页。对应不同数据页的大小，集合空间在该数据节点的对应容量如表 5-13 所示。

表 5-13 集合空间在数据节点的对应容量

| 数据页的大小（KB） | 集合空间的最大容量（GB） |
| --- | --- |
| 4 | 512 |
| 8 | 1024 |
| 16 | 2048 |
| 32 | 4096 |
| 64 | 8192 |

集合空间的数据页大小由创建集合空间时指定的属性 PageSize 确定。在默认情况下，PageSize 的值为 65 536。

在集群环境下，每个集合空间拥有除名称外的属性，如表 5-14 所示。

表 5-14 集合空间的属性

| 属性名 | 描述 |
| --- | --- |
| 数据页的大小（PageSize） | 数据页/索引页的具体大小 |
| 集合空间的所属域（Domain） | 所属域 |
| LOB 数据页的大小（LobPageSize） | LOB 数据页的具体大小 |

关于集合空间的属性及属性取值的更多内容，请参考 SequoiaDB 官网文档中心的"SequoiaDB Shell 方法"一节。

数据文件和索引文件组成 SequoiaDB 的存储单元（Storage Unit，简称 SU）。每一个集合空间在其相关的数据节点中都对应一个数据文件和一个索引文件。它们的名字分别为<集合空间名>.1.data 和<集合空间名>.1.idx。

数据文件的结构如图 5-13 所示。

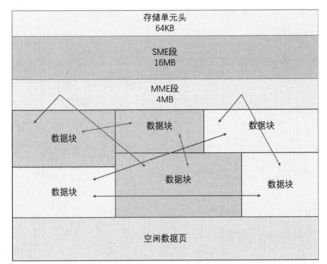

图5-13 数据文件的结构

数据文件的前 64KB 字节为存储单元头，其后为 16MB 的 SME（Space Management Extend）段和 4MB 的 MME（Metadata Management Extend）段。20MB+64KB 是该数据文件的元数据所占的空间大小。元数据之后的空间为实际存储数据的存储空间。SME 段用于标识数据文件中已经被占用和未被占用的数据页。该段中的每一个比特位（bit）代表数据实际存储空间的 1 个数据页。

比特位为 0 意味着该数据页空闲，比特位为 1 意味着该数据页已被使用。因此，一个数据文件最多能使用 134 217 728 个数据页。

MME 段被切分成 4096 个 1KB 大小的元数据块（Meta Block，简称 MB）。每个元数据块分别对应一个存放在该数据文件中的集合，所以一个集合空间最多能存放 4096 个集合。在数据文件中，元数据之后的空间是实际数据的存储空间。

图 5-13 列举了两个集合使用存储空间的情况。集合由一个或者多个数据块通过双向链表连接而成。每个集合在 MME 段的元数据中都包含两个指针：一个是起始数据块的指针，另一个是结束数据块的指针。集合在扩展大小的过程中，会从空闲的数据页中使用若干连续的数据页构建新的数据块，然后把该数据块连接到双向链表的末端。在扩展数据块的过程中，当空闲的数据页不够时，若数据文件还没达到文件大小的上限，则数据文件会扩展出一个存储空间为 128MB 的空闲数据页，以确保扩展数据块的工作能够正常进行。

当一个集合被"drop"或者被"truncate"后，该集合占用的数据块将被释放为空闲数据页。此时，数据文件的大小并不会缩减，但该集合空间中的所有集合都能够自由使用数据文件内部的可用空闲数据页。

索引文件的结构如图 5-14 所示。

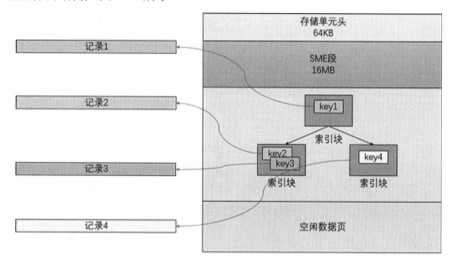

图5-14　索引文件的结构

与数据文件的结构相比，索引文件存在如下区别：第一，索引文件没有 MME 段；第二，一个索引块只有一个数据页。

索引文件采用 B 树的结构来组织记录的索引。B 树节点中包含着排序后的索引键和每一个索引键所对应的记录偏移数值。一旦获取记录的偏移数值，在使用索引查找数据的过程中就能够快速地在数据文件中定位数据。

## 5.5.5　大对象

大对象（LOB）的作用是，突破了 SequoiaDB 的单条记录最大长度为 16MB 的限制，方便用户写入/读取更大型的记录。对于文档、图片、音频和视频等非结构化的数据，用户可以使用 LOB 存储。LOB 存放在集合中，每一个 LOB 都需要一个 OID 来唯一标识。LOB 的内容只存放在一个集合中，当集合被删除时，其拥有的 LOB 将被自动删除。

存放 LOB 的集合应该满足如下要求：

- 当集合是普通集合，且集合只存于某一个数据组中时，LOB 的最大容量为该集合能使用的最大文件空间。
- 当集合是散列分区集合时，LOB 对该散列分区集合的 ShardingKey 没有要求。在一般情况下，用户在创建散列分区集合来存放 LOB 时，可以使用"_id"键作为 ShardingKey。当集合为散列分区集合时，集合存于一个或者多个数据组中。在这种情况下，LOB 的最大容量由散列分区集合使用的数据组的数据决定。

LOB 以集合为单位进行存储，因此它保持集合空间和集合的逻辑结构。在磁盘的数据存储中，对应的集合空间会增加 2 个文件：

[CollectionSpace].1.lobm
[CollectionSpace].1.lobd

LOBM 文件和 LOBD 文件一一对应：LOBM 为元数据文件，用于 LOB 数据页的分配、查找和管理；LOBD 为 LOB 的数据存储文件，存储真实的数据。

LOBD 在存储数据时，以数据页（Page）为最小单位。数据页的大小最小为 4KB，最大为 512KB，默认为 256KB。在 LOBD 中存放数据时，若 LOB 的总大小小于 1 个数据页的大小，则该 LOB 也会独占整个数据页，哪怕该 LOB 的大小只有 1B。所以，当存储的 LOB 总大小较小时，用户应该选择适当的数据页大小来存储 LOB 的内容，以减少空间浪费。关于 LOB 数据页大小的选择，可参考 SequoiaDB 官网文档中心 "SequoiaDB Shell 方法"一节中有关 LobPageSize 参数的介绍。

LOBM 和 LOBD 的存储结构如图 5-15 所示。

目前，LOB 支持以下功能：

- 顺序读/写和随机读/写。
- 打开读操作和打开写操作。
- 并发读和并发写。

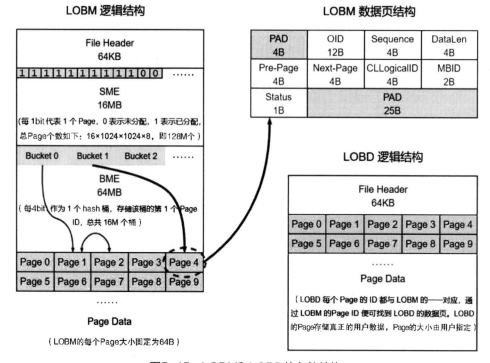

图5-15 LOBM和LOBD的存储结构

在对 LOB 进行操作时，注意表 5-15 中的情况。

表5-15 LOB 的操作原则

| | 可读 | 可写 | 可删除 | 可并发读 | 可并发写 | 备注 |
|---|---|---|---|---|---|---|
| 创建 LOB | 否 | 是 | 否 | 否 | 否 | |
| 打开读 LOB | 是 | 否 | 否 | 是 | 否 | |
| 打开写 LOB | 否 | 是 | 否 | 是 | 是 | 在并发写时需要按写入的数据段加锁，并执行 seek 操作，将加锁的数据段写入数据并发锁定的数据段，不能重叠 当某数据段被锁定后，其上面的数据可被覆盖写入 关于 LOB 的 seek、lock 和 lockAandSeek 操作，可查看各驱动程序 LOB 相关 API 的说明 |
| 删除 LOB | 否 | 否 | 是 | 否 | 否 | |

表 5-16 以在 SDB Shell 上操作 LOB 为例来介绍与 LOB 相关的 API。

表 5-16 与 LOB 相关的 API 的说明

| LOB 操作 | 参考 | 说明 | 相关 API |
|---|---|---|---|
| 创建 | SdbCollection.putLob() | 在集合中创建一个 LOB | SdbCollection::openLob() // 以创建的方式打开<br>SdbLob::write()<br>SdbLob::close() |
| 读取 | SdbCollection.getLob() | 从集合中读取某个 LOB 记录 | SdbCollection::openLob() // 以只读的方式打开<br>SdbLob::read()<br>SdbLob::close() |
| 删除 | SdbCollection.deleteLob() | 删除集合中的某个 LOB 对象 | SdbCollection::removeLob() |
| 列表 | SdbCollection.listLobs() | 列出集合中的所有 LOB 对象 | SdbCollection::listLobs() |

注意：

- SDB Shell 使用 C++驱动程序连接数据库，表 5-16 展示了 C++ LOB API 的使用情况。其他驱动程序的 LOB API 拥有类似的接口。详情请参考相关驱动程序的说明。

- 关于 LOB 的更多 API 说明，请参考各驱动程序 LOB API 的说明。

下面将通过具体的示例，展示如何在 SDB Shell 上操作 LOB 来对视频进行处理：

（1）在 SDB Shell 中，将本地视频文件 video_2019_02_26_1.avi 上传至集合 sample.video 中。

```
> db.sample.video.putLob( '/opt/video_2019_02_26_1.avi' )
5435e7b69487faa663000897
```

（2）在 SDB Shell 中，查看集合 sample.video 中的所有 LOB 及其对应的 OID。

```
> db.sample.video.listLobs()
{
  "Size": 76602,
  "Oid": {
    "$oid": "5435e7b69487faa663000897"
  },
```

```
  "CreateTime": {
    "$timestamp": "2019-02-26-12.51.43.628000"
  },
  "ModificationTime": {
    "$timestamp": "2019-02-26-12.51.45.523000"
  },
  "Available": true
}
```

（3）在 SDB Shell 中，将集合 sample.video 中 OID 为 5435e7b69487faa663000897 的 LOB 下载到本地文件 video_2019_02_26_1_bak.avi 中。

> db.sample.video.getLob('5435e7b69487faa663000897', '/opt/video_2019_02_26_1_bak.avi')

（4）在 SDB Shell 中，将集合 sample.video 中 OID 为 5435e7b69487faa663000897 的 LOB 记录删除。

> db.sample.video.deleteLob( '5435e7b69487faa663000897' )

## 5.5.6 索引

索引是一种提高数据访问效率的特殊对象。在没有索引辅助的时候，如果要对少量记录进行精确查询，则需要逐行地匹配扫描集合中的所有记录。显然，这种方式的效率比较低。而有索引时，可以通过特定字段的值快速定位到匹配的记录，这时精确查询的效率将会大大提升。

在创建索引时，数据库会将指定字段的值复制到一个数据结构索引项中，并对其进行排序。使用索引查询时，数据库会从索引中找到满足条件的索引项，然后根据索引项中记录的位置信息，找到完整的记录，从而实现高效的查询。索引项是以 B 树的形式组织的，因此使用树的遍历可以快速地找到满足条件的索引项。

在图 5-16 中，对集合中的 id 字段建立了索引。查询 id = 5 的记录。流程如图 5-15 中的粗实线所示。

该查询分为以下 4 个步骤：

（1）找到 id 字段所对应的索引。

（2）在索引中，通过遍历 B 树的方式，找到符合条件的索引项。

（3）通过索引项中记录的位置信息，找到完整的记录，并将结果返回到数据库中。

（4）查询完成。

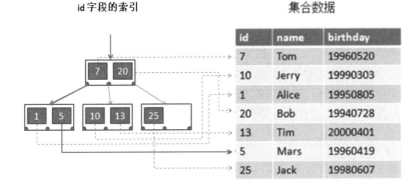

图5-16　索引查询的流程

下面将基于 SDB JSON 介绍索引的使用。要为集合创建索引，可以参考 SequoiaDB 官网文档中心"SequoiaDB Shell 方法"一节中的 SdbCollection.createIndex(<name>,<indexDef>, [options])。接口语法如下：

```
createIndex(<索引名>, { <字段1>: <1|-1>, [<字段2>: <1|-1>...] },
{
    [Unique: <true|false>],
    [Enforced: <true|false>],
    [NotNull: <true|false>],
    [SortBufferSize: <缓存大小数值>]
})
```

例如，在 sample.employee 集合上为 id 字段建立 idIdx 索引：

```
db.sample.employee.createIndex('idIdx', { 'id': 1 });
```

一个集合可以拥有多个索引，一个索引也可以拥有多个字段。

指定索引排序的顺序，在合适的场景下可提升索引查找的效率。使用正序索引时，按索引字段正序排序的查找会更快，因为无须将匹配的记录再次进行排序；在匹配值较小的记录时，这种查找方式也可能更快地命中目标。同理，如果进行索引字段倒序排序的查找，或者经常需要匹配值较大的记录时，则适合使用倒序的索引。

在创建索引的接口中，索引定义指定字段 1 为正序，-1 为倒序。例如，在 sample.employee 集合上为 birthdate 字段建立倒序的索引：

```
db.sample.employee.createIndex('dateIdx', { 'birthdate': -1 });
```

在字段的值类型相同时，按类型比较规则对比其大小。而在字段的值类型不同时，则按类型优先级权值比较其大小。比如，{'a': 1} < {'a': 2}，{'a': 1} < {'a': '1'}。

如果需要确保索引字段的值是唯一的，则可以使用唯一索引。使用唯一索引时，如果插入或更新会产生重复的值，则数据库会报错。创建索引时指定 Unique 选项为 true，即可创建唯一索引。例如，为 id 字段创建唯一索引：

```
db.sample.employee.createIndex('idUniqueIdx', { 'id': 1 }, { 'Unique': true })
```

默认地，唯一索引允许多个空值（null）同时存在。如果只允许空值唯一存在，则可以附加指定 Enforced 选项为 true。例如：

```
db.sample.employee.createIndex('idUniqueIdx', { 'id': 1 }, { 'Unique': true, 'Enforced': true })
```

在唯一索引包含多个字段时，只有每个字段均相同，数据库才认为值是相同的。

复合索引（多字段索引）是包含了一个以上字段的索引。如果匹配条件经常使用某几个字段，则为它们创建复合索引，可以使精确查询更加高效。例如，sample.employee 集合中有 lastName 和 firstName 字段，可为它们建立唯一索引：

```
db.sample.employee.createIndex('nameIdx', { 'lastName': 1, 'firstName': 1 })
```

假设业务有以下查询：

```
db.sample.employee.find({ 'lastName': 'Jafferson', 'firstName': 'John' })
```

在使用复合索引时，该查询会比使用任意一个单字段的索引速度更快。

复合索引会根据索引定义中字段的顺序排序。从前面的例子可知，nameIdx 会先根据 lastName 排序，在 lastName 相同时，再按 firstName 对 lastName 相同的记录进行排序。因此，当查询条件只覆盖复合索引定义的前几个字段时，也能使用该索引进行查询。例如，有定义为 { x: 1, y: 1, z: 1 } 的复合索引，那么以下查询均可以使用复合索引。

```
db.sample.employee.find({ 'x': 10, 'y': 10, 'z': 100 })
db.sample.employee.find({ 'x': 10, 'y': 10 })
```

```
db.sample.employee.find({ 'x': 10 })
```

而类似 { 'y': 10 }，{ 'y': 10, 'z': 100 } 的条件则无法使用复合索引。

其他索引选项如下。

- NotNull：如果不允许索引字段不存在或者为 null，则可以将这个选项设置为 true。
- SortBufferSize：创建索引时使用的排序缓存的大小。在集合记录的数据量较大（大于 1000 万条记录）时，适当增大排序缓存的大小可以提高创建索引的速度。

一般来说，SequoiaDB 会自动生成访问计划，访问计划决定查询是否使用索引扫描，以及使用哪个索引去扫描。如果需要指定索引来进行查询，则可以使用 SdbQuery.hint() 接口完成查询。比如，在 sample.employee 集合上指定 idIdx 索引来查询 id 为 999 的记录：

```
db.sample.employee.find({ 'id': 999 }).hint({ '': 'idIdx' })
```

如需要查看索引的使用情况，则可以使用 SdbQuery.explain()。ScanType 字段为 ixscan，说明使用了索引；否则，ScanType 为 tbscan。在 IndexName 字段中可以查看 SequoiaDB 所使用的是哪个索引：

```
> db.sample.employee.find({ 'id': 999 }).explain()
```

结果如下：

```
{
  "NodeName": "sdbserver:11740",
  "GroupName": "group1",
  "Role": "data",
  "Name": "sample.employee",
  "ScanType": "ixscan",
  "IndexName": "idIdx",
  "UseExtSort": false,
  "Query": {
    "$and": []
  },
  "IXBound": {
    "_id": [
      [
        {
          "$minElement": 1
```

```
      },
      {
        "$maxElement": 1
      }
    ]
  ]
 },
 "NeedMatch": false,
 "ReturnNum": 0,
 "ElapsedTime": 0.000052,
 "IndexRead": 0,
 "DataRead": 0,
 "UserCPU": 0,
 "SysCPU": 0
}
```

访问计划使用索引的决策是由集合的统计信息来确定的。分析集合和索引的数据，有助于生成更高效的访问计划。收集统计信息可使用 Sdb.analyze()。

如需要删除无用的索引，则可以参考 SequoiaDB 官网文档中心"SequoiaDB Shell 方法"一节中的 SdbCollection.dropIndex()接口。例如，删除集合 sample.employee 中名为 idIdx 的索引。

```
db.sample.employee.dropIndex('idIdx')
```

## 5.5.7　全文索引

全文索引用于在大量文本中进行快速的检索。在使用普通索引时，搜索特定的关键词需要使用正则表达式。当文本是整本书或整篇文章时，正则表达式的效率较低；而全文索引会创建一个词库，统计每个词条出现的频率和位置。这样在搜索某词时，就可以快速定位到该词出现的位置，提升检索效率。

SequoiaDB 全文检索能够实现近实时的搜索能力，即一个新的文档从被索引，到被搜索到，会有一定的延迟。延迟量取决于索引的速度。主要分以下两种情况：

- 在空集合或者只有很少量数据的集合上创建全文索引。在写入压力不是太大的情况下，通常在若干秒（典型值如 1~5s）内，新增的数据即可被搜索到。

- 在创建索引时，集合中已存在大量的数据。此时，要全量索引集合中的所有文档。耗时从几分钟到若干小时不等，这取决于数据规模、搜索服务器的性能等因素。如果在全量索引完成之前进行查询，则只能查找到部分结果。

SequoiaDB 使用 Elasticsearch 作为全文检索引擎来实现全文索引。全文索引与普通索引的最大区别在于，索引数据并非存在于数据节点的索引文件中，而是存储于 Elasticsearch 中。在使用该索引进行查询的时候，会在 Elasticsearch 中进行搜索，数据节点根据其返回的结果，再到本地查找数据。实现全文索引涉及以下 3 个角色。

- SequoiaDB 数据节点：存储数据。
- Elasticsearch 集群：用于存储全文索引的数据，以及在索引中进行搜索。
- 适配器 sdbseadapter：作为 SequoiaDB 数据节点与 Elasticsearch 交互的桥梁，进行数据的转换与传输等。

例如，这里有 SequoiaDB 集群和 Elasticsearch 集群。某集合数据均匀切分到所有数据组上。在该集合上使用全文索引进行检索，流程如图 5-17 所示。

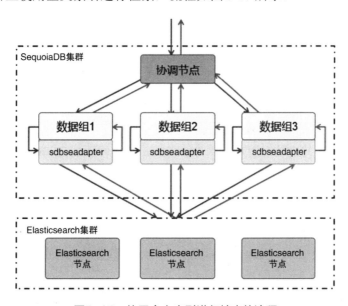

图5-17 使用全文索引进行检索的流程

协调节点先将请求分发给所有数据组，之后数据节点将搜索请求转发给 Elasticsearch 集群，Elasticsearch 在索引中搜索到结果后，由数据节点将真实的数据返回给协调节点。协调节点将这些数据进行汇总后，返回给客户端。

SequoiaDB 通过与 Elasticsearch 配合提供全文检索的能力。使用全文检索时必须完成 Elasticsearch 集群的部署，并配置好 SequoiaDB 的搜索引擎适配器。

sdbseadapter 是 SequoiaDB 与 Elasticsearch 连接的桥梁，是在 SequoiaDB 上支持全文检索能力的工具。

适配器与数据节点一一对应，每个适配器需要使用一个单独的配置文件（或手工指定启动参数）。在安装路径下的 conf/samples 目录中有配置文件模板 sdbseadapter.conf，可将该文件复制到目标路径下，并按实际组网进行配置。建议在数据节点的 conf 目录下创建单独的目录（如 seadapter），并在该目录中按节点服务端口号创建子目录，分别存放各自的配置文件。

全文检索功能需要在 SequoiaDB 集群环境下使用，暂不支持单机模式。要使用全文检索功能，需要完成 Elasticsearch 集群、SequoiaDB 集群及搜索引擎适配器的部署。

由于在 Elasticsearch 中创建的索引的名字，是由集合的 Unique ID、原始索引名等元素组合而成的，在不同的 SequoiaDB 集群间这些值可能相同，因此建议每个 SequoiaDB 集群使用独立的 Elasticsearch 集群，不要混用；否则，可能造成数据错误。

完成全文检索，首先需要进行软件的安装，包括以下两种软件。

- SequoiaDB 及搜索引擎适配器的安装：SequoiaDB 的搜索引擎适配器已包含在软件发布包中，按照 SequoiaDB 的安装步骤正常完成安装即可。适配器的可执行程序为安装目录下的 bin/sdbseadapter。
- Elasticsearch 的安装：用户可到 Elasticsearch 官网下载 Elasticsearch 安装包，并按照实际业务需要，参考 Elasticsearch 相关文档完成软件的安装及集群部署。当前 SequoiaDB 适配的 Elasticsearch 版本为 6.2.2。

然后需要配置全文检索的运行环境。

- SequoiaDB 及 Elasticsearch 的部署：用户可以参考 SequoiaDB 及 Elasticsearch 的相关指导，完成 SequoiaDB 及 Elasticsearch 集群的部署，并确保其正常运行。
- 搜索引擎适配器的部署：用户需要先进行适配器节点配置文件的准备工作。每一个数据节点（包括主节点和备节点）需要启动一个对应的适配器节点，数据节点和适配器节点需要运行在同一台主机上。适配器在启动的时候必须指定配置文件的路径，且一个配置文件只能启动一个适配器实例。若尝试使用同一个配置文件启动多个适配器实例，将会失败。

当需要使用全文检索功能时，在 SequoiaDB 安装目录的 conf 目录下，创建 seadapter 目录，并在该目录下，按适配器对应的数据节点的服务端口号分别创建下层子目录，并存放一份配置文件。配置文件模板可从 conf/samples/sdbseadapter.conf 复制，所创建的配置文件名应保持一致，然后依次对配置文件内容进行修改。下面以 SequoiaDB 安装路径是 /opt/sequoiadb，数据节点的服务端口号分别是 11830、11840、11850 为例进行说明：

```
$ cd /opt/sequoiadb/conf
$ mkdir seadapter
$ cd seadapter
$ mkdir 11830 11840 11850
$ cp ../samples/sdbseadapter.conf 11830
$ cp ../samples/sdbseadapter.conf 11840
$ cp ../samples/sdbseadapter.conf 11850
```

分别修改上述配置文件，填写数据节点及 Elasticsearch 的地址信息。如 11830 下的配置文件内容如下（IP 地址及服务端口号按实际情况填写）：

```
datanodehost=192.168.1.123
datasvcname=11830
searchenginehost=192.168.1.124
searchengineport=9200
diaglevel=3
optimeout=30000
bulkbuffsize=10
```

接下来，用户需要启动适配器的节点。目前，适配器进程通过手工方式启动，可通过 -c 指定配置文件的路径（无须带配置文件名）：

```
$ nohup sdbseadapter -c /opt/sequoiadb/conf/seadapter/11830 &
$ nohup sdbseadapter -c /opt/sequoiadb/conf/seadapter/11840 &
$ nohup sdbseadapter -c /opt/sequoiadb/conf/seadapter/11850 &
```

可使用 ps 命令查看是否所有适配器进程均已启动成功：

```
$ ps -ef | grep sdbseadapter
```

最后的结果如下：

```
sdbseadapter(11837) A
sdbseadapter(11847) A
```

```
sdbseadapter(11857) A
```

括号内为其监听搜索请求的端口号。

下面将介绍如何使用全文索引,包括创建全文索引、使用全文索引检索和删除全文索引等内容。

创建全文索引需要使用接口 SdbCollection.createIndex(<name>,<indexDef>,[options]),具体的使用格式如下:

```
createIndex(<索引名>, { <字段1>: "text", [<字段2>: "text"...] });
```

全文索引可以指定一个或多个字段;普通索引的其他选项(如 Unique、NotNull 等)均对全文索引无效,无须指定。例如,在 sample.employee 集合上为 name 及 address 字段创建复合全文索引,使用语句如下:

```
db.sample.employee.createIndex('fulltext_idx', { 'name': 'text', 'address': 'text' })
```

注意:
- 只有字符串类型的字段会被索引,非字符串字段会被忽略。
- 使用全文索引时,不要编辑文档自动生成的_id 字段及其唯一索引$id。如果_id 数据类型被更改,或值不唯一等,文档都有可能无法被索引,这会导致全文检索的查询结果不全。
- 1 个集合最多创建 1 个全文索引。在数据库中最多可创建 64 个全文索引。
- 全文索引与其他索引不能混合使用,错误示例如下:{"name": "text", "id": 1 }。

SequoiaDB 通过在查询中指定 Elasticsearch 的搜索条件来进行全文检索。基本语法结构如下:

```
find({ "": { "$Text": <search command> } })
```

其中,<search command>即 Elasticsearch 的搜索条件,需要使用 Elasticsearch 的 DSL(Domain Specific Language)语法。

可在集合 sample.employee 中,查找 name 中包含"Smith"的所有记录:

```
> var cl = db.createCS('sample').createCL('employee')
Takes 1.246399s.
> cl.createIndex('idx_1', {first_name:"text", "last_name":"text", "age":"text",
```

```
"about":"text", "interests": "text"})
Takes 1.182447s.
> cl.insert({"first_name" : "John","last_name" : "Smith","age" : 25,"about" : "I love
to go rock climbing","interests": [ "sports", "music" ]})
Takes 0.009290s.
> cl.insert({"first_name" : "Jane","last_name" : "Smith","age" : 32,"about" : "I like
to collect rock albums","interests": [ "music" ]})
Takes 0.001013s.
> cl.insert({"first_name" : "Douglas","last_name" : "Fir","age" : 35,"about": "I like
to build cabinets","interests": [ "forestry" ]})
Takes 0.001004s.
> cl.find({"":{"$Text":{"query":{"match":{"about" : "rock
climbing"}}}}}).hint({"":"idx_1"})
{
  "_id": {
    "$oid": "5a8f8d9c89000a0906000000"
  },
  "first_name": "John",
  "last_name": "Smith",
  "age": 25,
  "about": "I love to go rock climbing",
  "interests": [
    "sports",
    "music"
  ]
}
{
  "_id": {
    "$oid": "5a8f8d9f89000a0906000001"
  },
  "first_name": "Jane",
  "last_name": "Smith",
  "age": 32,
  "about": "I like to collect rock albums",
  "interests": [
    "music"
  ]
```

}
Return 2 row(s).
Takes 1.181983s.

使用 SdbCollection.dropIndex(<name>)接口指定索引名，即可删除全文索引。示例如下：
db.sample.employee.dropIndex('fulltext_idx')

## 5.5.8 序列

序列是可以生成唯一顺序值的对象，序列通常用于为表中的每一行记录生成唯一的标识符。同时，序列必须绑定集合中的字段来使用。绑定了序列的字段被称为自增字段。

### 1. 自增字段的原理

自增字段的序列值是在编目节点中统一生成的，并批量分配给协调节点。编目节点每次会生成若干个序列值，并缓存起来，待缓存分配完，才会再次生成序列值。编目节点缓存序列值的数量取决于序列属性的 CacheSize。类似地，协调节点每次也会请求若干个序列值，待序列值使用完，才会重新请求。协调节点每次获取序列值的数量取决于序列属性的 AcquireSize。序列分配的逻辑如图 5-18 所示。

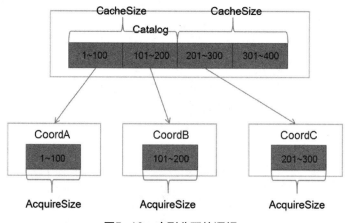

图5-18 序列分配的逻辑

示例中有 3 个协调节点请求序列值。编目节点 Catalog 每次生成 200 个序列值并缓存起来，而协调节点每次请求 100 个序列值。以 CoordB 为例，它得到了 101~200 的序列值，那么在 CoordB 上插入记录时，它会为记录的自增字段添加 101，102，103，…，200 的序列值。在使用完 101~200 的全部序列后，CoordB 会再次向 Catalog 请求 100 个新的序列值。而在 Catalog 上，在缓存的序列值消耗完时，也会再次缓存 200 个新的序列值。

因此在这个机制下，自增字段的值默认只保证趋势递增（或递减），但不保证连续分配。如果多个协调节点同时插入数据，则在小的区间内，可能会出现后插入的文档的自增字段值比先插入的自增字段值小的情况；但在大的区间内，数值是递增的。

自增字段是使用序列的媒介。在创建自增字段时，系统会为指定的字段创建唯一对应的序列对象，并将序列与字段绑定。一个集合允许拥有多个自增字段。在独立节点不支持自增字段使用主子表时，仅主表自增字段生效，子表的自增字段无效。

自增字段的属性如表 5-17 所示。

表 5-17 自增字段的属性列表

| 属性名 | 类型 | 默认值 | 描述 |
| --- | --- | --- | --- |
| Field | string | — | 自增字段名。必须是可见字符，不能以 "$" 或空白字符起始；支持嵌套字段；在创建自增字段时指定该字段名，指定后不可更改 |
| Increment | int32 | 1 | 序列每次增加的间隔。可以为正整数或负整数。正数表示正序，负数表示逆序，不能为 0 |
| StartValue | int64 | 1 | 序列的起始值。在正序时，默认值为 1；在逆序时，默认值为-1 |
| CurrentValue | int64 | — | 序列的当前值。在创建自增字段时不能指定该字段，但可以在序列快照中查看 |
| MinValue | int64 | 1 | 序列的最小值。在正序时，默认值为 1；在逆序时，默认值为$-2^{63}$ |
| MaxValue | int64 | $2^{63}-1$ | 序列的最大值。在正序时，默认值为 $2^{63}-1$；在逆序时，默认值为-1 |
| CacheSize | int32 | 1000 | 编目节点每次缓存的序列值的数量，取值需要大于 0 |
| AcquireSize | int32 | 1000 | 协调节点每次获取的序列值的数量，取值需要大于 0，且小于或等于 CacheSize |
| Cycled | boolean | false | 序列值达到最大值或最小值时是否允许循环 |
| CycledCount | int32 | — | 序列已循环次数。只读属性，可以在序列快照中查看 |

（续表）

| 属性名 | 类型 | 默认值 | 描述 |
| --- | --- | --- | --- |
| Generated | string | "default" | 自增字段的生成方式，取值为"always"、"default"、"strict"<br>"always"：表示自增字段总是由服务端生成，忽略客户端的设置<br>"default"：表示缺省时生成，允许在客户端进行设置<br>"strict"：表示允许在客户端进行设置的同时增加类型检测，类型不为数值时报错 |

### 2. 自增字段的使用方法

下面基于 SDB JSON 介绍自增字段的使用方法。用户在创建自增字段时，可以在创建集合时指定 AutoIncrement 属性。集合的创建可参考 SequoiaDB 官网文档中心"SequoiaDB Shell 方法"一节中的 SdbCS.createCL()接口。例如：

```
db.company.createCL("employee", { "AutoIncrement": { "Field": "ID" } })
```

用户也可以在已存在的集合上使用 SdbCollection.createAutoIncrement()接口来创建自增字段。例如：

```
var cl = db.company.createCL("employee")
cl.createAutoIncrement({ "Field": "ID" })
```

**注意：**
如果在已存在数据的集合上创建自增字段，则之前的记录依然不会有自增字段值，而创建成功后插入的记录才会出现自增字段值。

通过指定自增字段的选项，集合可以使自增字段完成逆序生成数值，从指定值开始生成数值等定制化的操作。由于 SdbCS.createCL()和 SdbCollection.createAutoIncrement()接口中具有相同的自增字段选项，因此下面均使用 SdbCS.createCL()进行举例。

自增字段有以下选项：

- Field（必填）
- Increment
- StartValue
- MinValue
- MaxValue

- CacheSize
- AcquireSize
- Cycled
- Generated

其中，必填的选项只有指定字段名的 Field，其他选项均是可选的，下面会根据功能的划分逐个介绍这些选项的作用。

- 指定字段

  Field 选项指定了集合中的字段。用户可以指定首层的字段和嵌套对象中的字段。

  例如，指定 info 对象中的 ID 字段为自增字段，执行以下语句：

```
var cl = db.company.createCL("employee", { "AutoIncrement": { "Field": "info.ID" } })
cl.insert({ "info": { "name": "Tim", "age": 18 })
cl.find()
```

得到以下结果：

```
{
  "_id": {
    "$oid": "5cff96cc20c542b37d396f0e"
  },
  "info": {
    "name": "Tim",
    "age": 18,
    "ID": 1
  }
}
```

- 指定步长和顺序

  Increment 选项指定了序列每次增加的间隔，以及序列是正序的还是逆序的。其默认值为 1，因此默认生成的序列类似于 1，2，3，4，5……用户也可以指定该选项为其他的正整数，比如：

```
db.company.createCL("employee", { "AutoIncrement": { "Field": "ID", "Increment": 2 } })
```

在本示例中，如果 Increment 为 2，该自增字段生成的序列则会是 1，3，5，7，9……指定 Increment 为负整数时，自增字段则会递减。比如指定 Increment 为-2，那么生成的序列将会是-1，-3，-5，-7，-9……但是，Increment 不能指定为 0。

- 指定范围

  通过 StartValue、MinValue 和 MaxValue 选项，可以指定自增字段的序列范围。StartValue 表示序列的起始值，MinValue 表示序列的最小值，MaxValue 则表示序列的最大值。在正序时，序列的默认范围是 1 至有符号 int64 最大值的区间。即 StartValue = 1，MinValue = 1，MaxValue = $2^{63}-1$。而在逆序时，序列的默认范围是-1 至有符号 int64 最小值的区间。即 StartValue = -1，MaxValue = -1，MinValue = $-2^{63}$。

  例如，需要指定序列范围为 0 至有符号 int32 最大值的区间，可以用以下的命令：

```
db.company.createCL("employee", { "AutoIncrement": { "Field": "ID", "StartValue": 0, "MinValue": 0, "MaxValue": 2147483647 } })
```

  通过 Cycled 选项，可以控制自增字段超出范围时的行为。当它为 true 时，序列达到最大值或最小值，则循环。比如，在正序时，如果序列达到 MaxValue，则从 MinValue 开始重新分配。在逆序时同理。而它为 false 时，一旦达到最大值或最小值，即会报 SDB_SEQUENCE_EXCEEDED 错误。默认值为 false。

- 指定序列缓存与请求的数量

  通过指定 CacheSize 和 AcquireSize 选项，可以调整序列缓存和请求的数量，从而实现连续递增及性能的调优。自增字段的序列值是先由编目节点批量生成并缓存，然后经协调节点批量请求，才添加到插入的记录上的。CacheSize 选项决定了编目节点中每次生成并缓存的序列值的数量，而 AcquireSize 选项决定了协调节点每次获取的序列值的数量。

  CacheSize 和 AcquireSize 的默认值均为 1000。因此默认地，自增字段的值只保证趋势递增（或递减），但不保证连续分配。如果从多个协调节点插入记录，生成的序列值可能是 1，2，1001，1002，3，1003……如果需要连续分配的序列，可以通过将 AcquireSize 设置为 1 来实现。例如，创建一个严格递增的序列：

```
db.company.createCL("employee", { "AutoIncrement": { "Field": "ID", "AcquireSize": 1 } })
```

  设置 CacheSize 或 AcquireSize 会直接影响到生成自增字段的性能，建议谨慎调整。

- 指定序列生成方式

  通过指定 Generated 选项，可以为序列指定不同的序列生成方式，不同的生成方式对用户输入自增字段值的处理会不同。以下提供了 3 种处理方式："always"，"default" 和"strict"，默认方式为"default"。

"always"：自增字段的值总是由系统生成的，忽略用户输入的值。例如，执行以下语句：

```
var cl = db.company.createCL("employee", { "AutoIncrement": { "Field": "ID",
"Generated": "always" } })
cl.insert({ "ID": 100 })
cl.find()
```

得到如下结果：

```
{
  "_id": {
    "$oid": "5cff96cc20c542b37d396f0e"
  },
  ID: 1
}
```

"default"：默认生成。在用户指定时将使用用户指定的值，否则使用系统生成的值。如在上述"always"示例中，将生成方式改为"default"，则结果中 ID 的值是用户输入的 100，而不是系统生成的 1。

"strict"：严格的默认生成。与"default"类似，优先使用用户输入的值。"strict"方式在"default"方式的基础上增加了类型的校验。在"strict"方式下，如果用户输入的自增字段类型不是整数，如{ ID: "string" }，将报参数错误，而在"default"方式下则会成功。

在创建自增字段后，也可以根据需要再次修改自增字段的属性。修改该属性，需要使用 SdbCollection.setAttributes()接口。例如，将自增字段的起始值修改为 1024：

```
var cl = db.company.createCL("employee", { "AutoIncrement": { "Field": "ID" } })
cl.setAttributes({ "AutoIncrement": { "Field": "ID", "StartValue": 1024 } })
```

在每次修改时，用户需要添加 Field 属性，以标记要修改的字段。自增字段可修改的属性如下：

- CurrentValue
- Increment
- StartValue
- MinValue
- MaxValue

- CacheSize
- AcquireSize
- Cycled
- Generated

简而言之，除 Field 外，其他创建时可以指定的选项都是允许更改的。另外，允许修改 CurrentValue，它是序列的当前值。通过调整，正在使用的序列可以从特定数值开始生成下一个值。

**注意：**
如果客户端在使用中修改过自增字段的值或属性，字段值可能不唯一。如需要保证修改后的值唯一，则建议使用唯一索引。

查看自增字段属性的方法如下。

- 使用编目快照查看自增字段所绑定的序列。
  例如，查看 company.employee 集合的自增字段属性：

```
> db.snapshot( SDB_SNAP_CATALOG, { "Name": "company.employee" }, { "AutoIncrement": 1 } )
{
  "AutoIncrement": [
    {
      "SequenceName": "SYS_21333102559237_ID_SEQ",
      "Field": "ID",
      "Generated": "default",
      "SequenceID": 4
    }
  ]
}
Return 1 row(s).
Takes 0.006737s.
```

可以看到，它的自增字段为 ID，生成方式为"default"，绑定了名为"SYS_21333102559237_ID_SEQ"的序列。

- 使用序列快照查看序列的属性。
  在前面，自增字段绑定了名为"SYS_21333102559237_ID_SEQ"的序列。通过以下命令，用户可以获取序列的具体属性：

```
> db.snapshot( SDB_SNAP_SEQUENCES, { "Name": "SYS_21333102559237_ID_SEQ" } )
```

```
{
  "AcquireSize": 1000,
  "CacheSize": 1000,
  "CurrentValue": 5000,
  "Cycled": false,
  "ID": 4,
  "Increment": 10,
  "Initial": true,
  "Internal": true,
  "MaxValue": {
    "$numberLong": "9223372036854775807"
  },
  "MinValue": 1,
  "Name": "SYS_21333102559237_ID_SEQ",
  "StartValue": 5000,
  "Version": 1,
  "_id": {
    "$oid": "5bd8fcfc8af29ca6ad2a32e8"
  }
}
Return 1 row(s).
Takes 0.012240s.
```

通过 SdbCollection.dropAutoIncrement() 接口，用户可以实现对自增字段的删除。例如：

```
> var cl = db.company.createCL("employee", { "AutoIncrement": { "Field": "ID" } })
Takes 0.927241s.
> cl.dropAutoIncrement("ID")
Takes 0.004074s.
```

若欲了解更多信息，可以参考 SequoiaDB 官网文档中心"SequoiaDB Shell 方法"一节中有关 SdbCollection.dropAutoIncrement() 接口的说明。

## 5.6 时间序列

时间序列协议（STP，Sequence Time Protocol）是 SequoiaDB 内部有关逻辑时间同步的协议。STP 维护逻辑时间，提供逻辑时钟服务。在 SequoiaDB 中，逻辑时间戳主要用于全局事务处理。STP 需要部署在 SequoiaDB 集群的每个机器中，提供逻辑时钟服务。

STP 节点包含两类角色（Role）：server 和 client。

- STP server：可以作为同步源的时间节点。
- STP client：只能向同步源同步时间的时间节点。

本节主要介绍 STP 的逻辑时间及相关工具。

## 5.6.1 逻辑时间

逻辑时间可在 SequoiaDB 内部用于表示时间的先后顺序，但其区别于实际机器时间的逻辑时间戳，详情如下。

- 本地逻辑时间（Local Logical Time，LLT）：每个时间节点维护自己的本地逻辑时间（单位：ns，即纳秒）。
- 全局逻辑时间（Universal Logical Time，ULT）：定义 STP server 主节点上的本地逻辑时间为全局逻辑时间。
- 逻辑时间的时间容错误差（Logical Time Error）：表示系统可接受的真实逻辑时间的误差范围，该误差由时间同步或网络延迟等原因造成。各 STP 节点通过不断与 STP server 主节点同步时间，以维持一个较小的逻辑时间的时间容错误差。

## 5.6.2 工具

本节主要介绍 STP 相关工具的参数说明及使用方法。

### 1. stp 工具

stp 是 STP 提供逻辑时间的可执行程序，其参数列表如表 5-18 所示。

表 5-18 stp 的参数列表（一）

| 参数 | 缩写 | 类型 | 描述 |
| --- | --- | --- | --- |
| --help | -h | | 返回 stp 的用法和帮助 |
| --version | | | 返回 stp 的版本信息 |
| --port | -p | int32 | （1）STP 监听端口号<br>（2）默认值为 9622<br>（3）开启 TCP 和 UDP 协议的监听 |

（续表）

| 参数 | 缩写 | 类型 | 描述 |
| --- | --- | --- | --- |
| --serverlist |  | string | （1）STP 配置 server 列表，配置后将向指定的 server 进行时间同步<br>（2）server 的格式为"hostname:port"，多个 server 之间通过","分隔<br>（3）默认值：空，表示以本节点作为 server |
| --role |  | string | （1）STP 节点的角色<br>（2）可选值为"client"和"server"<br>（3）默认值："server" |
| --syncinterval |  | int32 | （1）STP 节点进行时间同步的间隔，单位为秒（s）<br>（2）默认值为 60 |
| --maxtimeerror |  | int32 | （1）STP 节点可以容忍的最大时间误差，单位为微秒（μs）<br>（2）默认值为 50 000<br>（3）最小值为 1000，最大值为 10 000 000 |
| --diaglevel |  | int32 | （1）STP 节点打印诊断日志的级别<br>（2）STP 诊断日志的 0～5 分别代表 SEVERE、ERROR、EVENT、WARNING、INFO 和 DEBUG<br>（3）默认值为 3，表示 WARNING |
| --daemon |  |  | 使用后台模式运行 STP 节点 |
| --confpath | -c | string | 指定 STP 的配置目录 |

表 5-18 中提到的"server"和"client"角色，以及 maxtimeerror 的概念如下。

- STP 的"server"角色：server 节点是可以用于同步时间的节点，多个 server 节点中可以选举产生主 server 节点，生成全局逻辑时间。STP 最多可以配置 7 个"server"角色的节点，因此 serverlist 最多可以配置 7 个节点。
- STP 的"client"角色：client 节点只能向 server 节点进行同步。
- maxtimeerror 所指定的可以容忍的最大时间误差，指的是当前 STP 节点与 server 主节点之间的时间误差，其详细信息可参考 5.6.1 节。

stp 的参数可以在安装目录/conf/stp/stp.conf 中进行配置，如表 5-19 所示。

表 5-19　stp 的参数列表（二）

| 参数 | 类型 | 描述 |
| --- | --- | --- |
| port | int32 | （1）STP 监听端口号<br>（2）默认值为 9622<br>（3）开启 TCP 和 UDP 协议的监听 |

（续表）

| 参数 | 类型 | 描述 |
|---|---|---|
| serverlist | string | （1）STP 配置 server 列表，配置后将向指定的 server 进行时间同步<br>（2）server 的格式为"hostname:port"，多个 server 之间通过","分隔<br>（3）默认值：空，表示以本节点作为 server |
| role | string | （1）STP 节点的角色<br>（2）可选值为"client"和"server"<br>（3）默认值："server" |
| syncinterval | int32 | （1）STP 节点进行时间同步的间隔，单位为秒（s）<br>（2）默认值为 60 |
| maxtimeerror | int32 | （1）STP 节点可以容忍的最大时间误差，单位为微秒（μs）<br>（2）默认值为 50 000<br>（3）最小值为 1000，最大值为 10 000 000 |
| diaglevel | int32 | （1）STP 节点打印诊断日志的级别<br>（2）STP 诊断日志的 0～5 分别代表 SEVERE、ERROR、EVENT、WARNING、INFO 和 DEBUG<br>（3）默认值为 3，表示 WARNING |

通过 daemon，用户可以使用后台模式运行 STP 节点，其功能与 stpstart 相同：

```
bin/stp --daemon
```

STP 的配置可以分为多 server 模式和单 server 模式。

- 多 server 模式：可以提高 server 的可用性。

  选择 3 个 server 节点：server-1:9622、server-2:9622 和 server-3:9622，其余节点作为 client 节点。

  server 节点的配置如下：

```
serverlist=server-1:9622,server-2:9622,server-3:9622
role=server
```

  client 节点的配置如下：

```
serverlist=server-1:9622,server-2:9622,server-3:9622
role=client
```

- 单 server 模式：用于只有 1～3 个节点的较小集群。

选择一个 server 节点：server-1:9622，其余节点作为 client 节点。

server 节点的配置如下：

```
serverlist=server-1:9622
role=server
```

client 节点的配置如下：

```
serverlist=server-1:9622
role=client
```

### 2. stpq 工具

stpq 是用于查询 STP 的时间、状态、配置等信息的工具，无权限需求。

**注意：**
stpq 默认查询本地的 STP 节点，用户也可以通过指定 hostname 参数查询其他机器上的 STP 节点。

stpq 工具需要连接到 STP 节点。其参数列表如表 5-20 所示。

表 5–20 stpq 的参数列表

| 参数 | 缩写 | 描述 |
| --- | --- | --- |
| --help | -h | 返回 stpq 的用法和帮助 |
| --version | | 返回 stpq 的版本信息 |
| --hostname | -s | 指定需要连接的 STP 节点所在机器的主机名，默认值为"localhost" |
| --port | -p | 指定需要连接的 STP 节点的端口号，默认值为 9622 |
| --time | | 查询 STP 节点当前的逻辑时间，单位为纳秒（ns） |
| --timeus | | 查询 STP 节点当前的逻辑时间，单位为微秒（μs） |
| --conf | | 查询 STP 节点的配置 |
| --meta | | 查询 STP 节点的元数据信息 |
| --servers | | 查询 STP 节点进行同步的 server 组的信息 |
| --syncclients | | 查询 STP 节点所在 STP 集群的时间同步信息 |
| --syncstatus | | 查询 STP 节点和当前同步源的同步信息 |
| --synchistory | | 查询 STP 节点和各个同步源的历史时间同步信息 |

（续表）

| 参数 | 缩写 | 描述 |
| --- | --- | --- |
| --count | -n | 指定连续打印的次数，默认值为 1 |
| --delay | -d | 指定连续打印时的间隔时间，单位为秒（s），默认值为 10 |

如果没有指定查询选项，将默认使用--time 查询 STP 节点当前的逻辑时间；如果指定了--delay，但没有指定--count，将不停地每隔一段指定的时间就打印查询结果。

stpq 工具的查询输出共分为以下几类。

- 查询时间（纳秒）：--time 查询 STP 节点当前的逻辑时间，单位为纳秒。返回的结果字段如表 5-21 所示。

表 5-21 查询 STP 节点当前的逻辑时间所返回的字段（单位：纳秒）

| 字段 | 描述 |
| --- | --- |
| TimeStamp | 逻辑时间的时间部分，其中包含 second（秒）部分和 nanosec（纳秒）部分 |
| TimeError | 逻辑时间的时间容错误差部分，单位为纳秒 |

--time 的使用示例如下：

```
$ bin/stpq --time
Time:
  TimeStamp : ( 1590384470 second, 302563244 nanosec )
  TimeError : 1000000
```

- 查询时间（微秒）：--timeus 查询 STP 节点当前的逻辑时间，单位为微秒。返回的结果字段如表 5-22 所示。

表 5-22 查询 STP 节点当前的逻辑时间所返回的字段（单位：微秒）

| 字段 | 描述 |
| --- | --- |
| TimeStamp | 逻辑时间的时间部分，单位为微秒 |
| TimeError | 逻辑时间的时间容错误差部分，单位为纳秒 |

--timeus 的使用示例如下：

```
$ bin/stpq --timeus
TimeUS:
  TimeStamp : 1590384549092550 microsec
```

```
TimeError   : 1000000
```

- 查询配置：--conf 查询 STP 节点的配置，返回的结果字段如表 5-23 所示。

表 5-23　查询 STP 节点的配置所返回的结果字段

| 字段 | 描述 |
| --- | --- |
| port | STP 监听端口号 |
| serverlist | STP 配置 server 列表 |
| role | STP 节点的角色 |
| syncinterval | STP 节点进行时间同步的间隔，单位为秒 |
| maxtimeerror | STP 节点可以容忍的最大时间误差，单位为微秒 |
| diaglevel | STP 节点打印诊断日志的级别 |

--conf 的使用示例如下：

```
$ bin/stpq --conf
Config:
    port           : 9622
    serverlist     : server-1:9622
    role           : server
    syncinterval   : 60
    maxtimeerror   : 50000
    diaglevel      : 3
```

- 查询元数据：--meta 查询 STP 节点的元数据信息，返回的结果字段如表 5-24 所示。

表 5-24　查询 STP 节点的元数据信息所返回的结果字段

| 字段 | 描述 |
| --- | --- |
| MetaSHMKey | STP 节点共享内存的键值 |
| Version | STP 节点元数据的版本号 |
| SyncInterval | STP 节点配置的同步间隔（通过--syncinterval 配置） |
| SyncHWTime | STP 节点上次同步时的系统硬件时间，其中包含 second（秒）部分和 nanosec（纳秒）部分 |
| BaseHWTime | STP 节点启动时的系统硬件时间，其中包含 second（秒）部分和 nanosec（纳秒）部分 |
| BaseRealTime | STP 节点启动时的系统真实时间，其中包含 second（秒）部分和 nanosec（纳秒）部分 |

（续表）

| 字段 | 描述 |
|---|---|
| Offset | STP 节点用于计算相对于 STP server 同步节点的时间偏移，单位为纳秒 |
| SlewRate | STP 节点用于计算相对于 STP server 同步节点的 CPU tick 的比率，单位为 1/10000 |
| TimeError | STP 节点当前的时间容错误差，单位为纳秒 |
| MetaLSN | STP 节点用于同步元数据的 LSN，其中包含 offset（偏移）和 version（版本号）信息 |

--meta 的使用示例如下：

```
$ bin/stpq --meta
Meta:
   MetaSHMKey   : 9622
   Version      : 1
   SyncInterval : 60
   SyncHWTime   : ( 1801227 second, 379397078 nanosec )
   BaseHWTime   : ( 1800687 second, 344618629 nanosec )
   BaseRealTime : ( 1590384465 second, 718350000 nanosec )
   Offset       : 0
   SlewRate     : 10000
   TimeError    : 1000000
   MetaLSN      : ( offset 1590385005753126, version 3 )
```

- 查询 server 信息：--servers 查询 STP 节点进行同步的 server 组的信息，返回的结果字段如表 5-25 所示。

表 5-25　查询 server 组的信息所返回的结果字段

| 字段 | 描述 |
|---|---|
| Version | STP server 组的版本号 |
| Server | STP server 组的信息，一般格式为"hostname:port" |
| Primary | STP server 组的主节点 |

--servers 的使用示例如下：

```
$ bin/stpq --servers
Servers:
   Version : 1
   Server  : u16-t02:9622
```

```
Server  : u16-t03:9622
Server  : u16-t04:9622
Primary : u16-t04:9622
```

- 查询同步客户端信息：--syncclients 查询 STP 节点所在 STP 集群的时间同步信息，返回的结果字段如表 5-26 所示。

表 5–26  查询 STP 节点所在 STP 集群的时间同步信息所返回的结果字段

| 字段 | 描述 |
| --- | --- |
| Source | STP 节点的同步源，通常为 STP server 主节点，格式为"hostname:port" |
| Client | STP 同步节点的信息，格式为"hostname:port" |
| Role | STP 同步节点的角色："server"或者"client" |
| Port | STP 同步节点使用 STP server 主节点的端口号 |
| Status | STP 同步节点的状态 |
| Count | STP 同步节点向 STP server 主节点同步的次数 |
| Interval | STP 同步节点的同步间隔，单位为秒 |
| TimeError | STP 同步节点的时间容错误差，单位为微秒，格式为<当前时间容错误差>/<最大时间容错误差> |
| Passed | STP 同步节点上次同步后经过的时间，单位为微秒 |

表 5-26 中需要注意的是，STP server 备节点也需要向 STP server 主节点进行时间同步。另外，STP 同步节点的最大时间容错误差通过 STP 节点的 maxtimeerror 进行配置。

--syncclients 的使用示例如下：

```
$ bin/stpq --syncclients
Synchronize Source: server-3:9622
Synchronize Clients:
   Client         Role    Port Status        Count Interval TimeError  Passed
   server-1:9622 server  9622 IntervalCheck 36    60       1000/50000 45920000
   server-2:9622 server  9622 IntervalCheck 36    60       1000/50000 47100000
Total: 2
```

- 查询同步信息：--syncstatus 查询 STP 节点和当前同步源的同步信息，返回的结果字段如表 5-27 所示。

表 5-27　查询 STP 节点和当前同步源的同步信息所返回的结果字段

| 字段 | 描述 |
| --- | --- |
| Role | STP 节点的角色："server"或者"client" |
| Primary | STP 节点是否为 server 主节点 |
| Status | STP 节点的同步状态 |
| Source | STP 节点的同步源，一般为 STP server 主节点，格式为"hostname:port" |
| Count | STP 节点与同步源的同步次数，格式为<有效次数>/<总次数> |
| Delay | STP 节点与同步源间的延迟时间，单位为微秒，格式为<最小延迟>/<最大延迟>/<上次延迟> |
| Offset | STP 节点与同步源间的时间偏移值，单位为微秒，格式为[<最小负偏移>,<最大负偏移>]/[<最小正偏移>,<最大正偏移>]/<上次偏移> |
| Passed | STP 节点与同步源上次同步后经过的时间，单位为微秒 |

同步请求历史信息如表 5-28 所示。

表 5-28　同步请求历史信息

| 字段 | 描述 |
| --- | --- |
| RequestID | STP 节点的同步请求消息 ID |
| Valid | STP 节点的同步请求是否有效（在有效的时间容错误差范围内） |
| Status | STP 节点发送同步请求时的同步状态 |
| Delay | STP 节点同步请求的延迟时间，单位为微秒 |
| Offset | STP 节点同步请求得到的时间偏移值，单位为微秒 |
| Passed | STP 节点同步请求后经过的时间，单位为微秒 |

示例如下：

```
$ bin/stpq --syncstatus
Synchronize Status:
   Role    Primary Status        Source        Count  Delay    Offset           Passed
   server  FALSE   IntervalCheck server-1:9622 32/32  144/685/196 [-1,-208]/[2,219]/59 25390000
Synchronize history:
   RequestID Valid Status        Delay Offset          Passed
   27        TRUE  CheckSlewRate 685   -208            223930000
   29        TRUE  CheckSlewRate 188   219             214000000
```

| 30 | TRUE | CheckSlewRate | 317 | -31 | 204080000 |
| 31 | TRUE | CheckSlewRate | 347 | 67 | 194150000 |
| 32 | TRUE | CheckSlewRate | 246 | -20 | 184220000 |
| 33 | TRUE | CheckSlewRate | 195 | -6 | 174290000 |
| 34 | TRUE | CheckSlewRate | 173 | -13 | 164370000 |
| 36 | TRUE | CheckSlewRate | 221 | 4 | 154440000 |
| 37 | TRUE | RecheckOffset | 168 | -5 | 153450000 |
| 38 | TRUE | RecheckOffset | 262 | 6 | 152450000 |
| 39 | TRUE | RecheckOffset | 194 | 9 | 151460000 |
| 40 | TRUE | RecheckOffset | 327 | -45 | 150470000 |
| 41 | TRUE | RecheckOffset | 408 | -86 | 149480000 |

...

- 查询同步历史信息：--synchistory 查询 STP 节点和各个同步源的历史时间同步信息。同步历史信息会被保留 2 小时，过期会被清理。其返回的结果字段如表 5-29 所示。

表 5-29 查询 STP 节点和各个同步源的历史时间同步信息所返回的结果字段

| 字段 | 描述 |
| --- | --- |
| Source | STP 节点的同步源，一般为 STP server 主节点，格式为"hostname:port" |
| Count | STP 节点与同步源的同步次数，格式为<有效次数>/<总次数> |
| Delay | STP 节点与同步源的延迟时间，单位为微秒，格式为<最小延迟>/<最大延迟>/<上次延迟> |
| Offset | STP 节点与同步源的时间偏移值，单位为微秒，格式为[<最小负偏移>,<最大负偏移>]/[<最小正偏移>,<最大正偏移>]/<上次偏移> |
| Passed | STP 节点与同步源上次同步后经过的时间，单位为微秒 |

--synchistory 的使用示例如下：

```
$ bin/stpq --synchistory
  Synchronize History:
    Source        Count  Delay        Offset              Passed
    server-1:9622 50/50  193/331/241  [0,-68]/[0,48]/-11   23450000
    server-2:9622 37/38  212/471/247  [0,-112]/[0,137]/10  144480000
    Total: 2
```

### 3. stpstart

stpstart 是用于启动 STP 节点的工具，无权限需求和连接需求。

其参数列表如表 5-30 所示。

表 5–30 stpstart 的参数列表

| 参数 | 缩写 | 描述 |
| --- | --- | --- |
| --help | -h | 返回 stpstart 的用法和帮助 |
| --version |  | 返回 stpstart 的版本信息 |
| --confpath | -c | 指定 STP 的配置目录 |
| --options |  | 指定启动 STP 时额外的配置项 |

stpstart 的使用示例如下。

- 通过 stpstart 启动 STP 节点：

bin/stpstart

- 通过 stpstart，使用 conf/stp 下的配置启动 STP 节点：

bin/stpstart --confpath conf/stp

- 通过 stpstart 启动 STP 节点，并且额外配置 diaglevel 为 5（DEBUG 级别）：

bin/stpstart --options "--diaglevel=5"

### 4. stpstop

stpstop 是用于停止 STP 节点的工具，无无权限需求和连接需求。

其参数列表如表 5-31 所示。

表 5–31 stpstop 的参数列表

| 参数 | 缩写 | 描述 |
| --- | --- | --- |
| --help | -h | 返回 stpstop 的用法和帮助 |
| --version |  | 返回 stpstop 的版本信息 |
| --force |  | 强制停止 STP 节点 |

通过 stpstop 停止 STP 节点的示例如下：

bin/stpstop

# 第 6 章
# 进阶使用与运维

SequoiaDB（巨杉数据库）运维指南主要涉及数据库的日常操作与维护，包括集群维护、监控、安全、变更、升级、管理、调优、备份、迁移以及问题诊断等内容。

在日常维护数据库集群的过程中，数据库管理员的工作主要分为监控、管理和排障三大主题。其中，监控一般作为日常维护操作，通过各种数据库监控指标的组合来说明当前数据库的运行状态；而（数据库）管理一般包括逻辑物理变更、数据迁移和系统升级等需要对数据库结构、参数或所包含的数据进行直接调整的操作；排障则包括性能调优、故障诊断排查以及故障修复等将数据库恢复至正常状态的功能。

通过阅读 SequoiaDB 运维指南，数据库管理员将会对 SequoiaDB 的监控、管理及排障等内容有综合、全面的了解。

## 6.1 数据迁移

为了方便与传统数据库在数据层进行对接，SequoiaDB 提供了多种数据导入及导出的方法，用户可以根据自身需求选择最合适的方案来完成数据的迁移。

目前，SequoiaDB 支持使用 sdbimprt 工具快速导入 CSV（Comma-Separated Value）和 JSON 数据文件目录；同时，SequoiaDB 支持使用 Oracle 官方迁移工具、第三方迁移工具等方式从 DB2、Oracle 中实时同步数据至 SequoiaDB，也支持基于 MySQL 的 binlog Replication 机制实时复制 MySQL 的数据至 SequoiaDB 中。另外，用户还可以使用 sdbexprt 工具将集合中的数据导出到 CSV 或 JSON 数据存储文件中。

通过学习本节内容，读者可以了解并掌握以下数据迁移方法：

- CSV 数据文件的导入。
- JSON 数据文件的导入。
- 实时的第三方数据复制。
- 数据的导出。

## 6.1.1 从 CSV 文件迁移至 SequoiaDB

CSV 是一种最为常见的数据库间通用数据交换格式标准之一。它是一种以逗号作为字段分隔符，以空行作为记录分隔符，并以纯文本形式存储的表格数据文件。CSV 格式定义在 RFC 4180 文档中进行了详细描述。

用户可以使用 SequoiaDB 提供的 sdbimprt 工具将以下数据导入 SequoiaDB 的集合中：

- 从其他数据库导出的 CSV 数据。
- 采用 sdbexprt 工具导出的 CSV 数据。
- 用户程序生成的 CSV 数据。

本节将通过实例介绍如何使用 sdbimprt 工具，将 CSV 格式的数据快速导入 SequoiaDB 的集合中。在导入数据前，用户需要确保 CSV 文件的编码格式为 UTF-8。

### 1. 准备数据

以下是首行为字段定义的 CSV 数据文件 data1.csv 中的三条用户信息数据：

```
id,name,age,identity,phone_number,email,country
1,"Jack",18,"student","18921222226","jack@example.com","China"
2,"Mike",20,"student","18923244255","mike@example.com","USA"
3,"Woody",25,"worker","18945253245","woody@example.com","China"
```

以下是 CSV 数据文件 data2.csv 中的三条用户信息数据：

```
1,"Jack",18,"student","18921222226","jack@example.com","China"
2,"Mike",20,"student","18923244255","mike@example.com","USA"
3,"Woody",25,"worker","18945253245","woody@example.com","China"
```

以下是以"|"作为字段分隔符的 CSV 数据文件 data3.csv 中的三条用户信息数据：

```
1|"Jack"|18|"student"|"18921222226"|"jack@example.com"|"China"
2|"Mike"|20|"student"|"18923244255"|"mike@example.com"|"USA"
3|"Woody"|25|"worker"|"18945253245"|"woody@example.com"|"China"
```

**2. 导入数据**

**情景一：** 以数据文件首行作为字段定义

将上述示例 CSV 数据文件 data1.csv 中的用户信息数据导入集合 info.user_info 中：

```
sdbimprt --hosts "localhost:11810" --type csv --csname info --clname user_info
--headerline true --file data1.csv
```

**注意：**

- 在数据文件的数据量较大时，可使用-n 指定每次导入的记录数以及使用-j 指定导入连接数来确定导入效率。
- --file 参数支持指定多个文件或者目录，并使用逗号","进行分隔，重复出现的文件会被忽略。
- 更多参数说明详见 SequoiaDB 官网文档中心"数据库管理工具"一节中有关 sdbimprt 工具的介绍。

**情景二：** 在命令行中指定字段定义

将上述示例 CSV 数据文件 data2.csv 中的用户信息数据导入集合 info.user_info 中：

```
sdbimprt --hosts "localhost:11810" --type csv --csname info --clname user_info --fields
'id long, name string default "Anonymous", age int, identity, phone_number, email,
country' --file data2.csv
```

**注意：**

- fields 语法：fieldName [type [default <value>], …]
- 更多 CSV 格式说明详见 SequoiaDB 官网文档中心"数据库管理工具"一节中有关数据导入工具 CSV 的数据类型介绍。

**情景三**：自定义字段分隔符

将上述示例 CSV 数据文件 data3.csv 中的用户信息数据导入集合 info.user_info 中：

```
sdbimprt --hosts "localhost:11810" --type csv --csname info --clname user_info --fields
'id long, name string default "Anonymous", age int, identity, phone_number, email,
country' --delfield '|' --file data3.csv
```

注意：
sdbimprt 工具还支持使用--delchar 参数自定义字符串分隔符和使用--delrecord 参数自定义记录分隔符。

**情景四**：字段的值存在换行符

将示例 CSV 数据文件 data3.csv 中的用户信息数据导入集合 info.user_info 中：

```
sdbimprt --hosts "localhost:11810" --type csv --csname info --clname user_info --fields
'id long, name string default "Anonymous", age int, identity, phone_number, email,
country, address' --linepriority false --file data3.csv
```

注意：
--linepriority 参数的作用是设置分隔符的优先级，默认值为 true。
- 在其值为 true 时，分隔符的优先级为记录分隔符、字符串分隔符、字段分隔符。
- 在其值为 false 时，分隔符的优先级为字符串分隔符、记录分隔符、字段分隔符。

SequoiaDB 的 sdbimprt 工具支持并发导入单一的 CSV 数据文件或批量导入 CSV 数据文件目录。用户使用该工具能简单、快速地将 CSV 数据导入 SequoiaDB。

## 6.1.2 从 JSON 文件迁移至 SequoiaDB

用户可以使用 SequoiaDB 提供的 sdbimprt 工具将以下数据导入 SequoiaDB 的集合中：
- 从其他数据库导出的 JSON 数据文件中的数据。
- 采用 sdbexprt 工具导出的 JSON 数据文件中的数据。
- 用户程序生成的 JSON 数据文件中的数据。

本节将通过实例介绍如何使用 sdbimprt 工具，将 JSON 数据文件中的数据快速导入 SequoiaDB 的集合中。

### 1. 准备数据

以下是 JSON 数据文件 data.json 中的三条 JSON 数据：

```
{"id": 1, "name": "sdbUserA", "phone": "13249996666", "email": "sdbUserA@example.com" }
{"id": 2, "name": "sdbUserB", "phone": "13248885555", "email": "sdbUserB@example.com" }
{"id": 3, "name": "sdbUserC", "phone": "13248886666", "email": "sdbUserC@example.com" }
```

注意：
JSON 数据文件中的 JSON 数据必须满足以下要求：

- 符合 JSON 的定义，以左右括号作为记录的分界符。
- JSON 数据之间无逗号（","）分隔。
- 字符串类型的数据包含在两个双引号（""）之间。
- 字符串类型的数据包含双引号时，需要使用反斜杠（"\"）转义字符。

### 2. 导入数据

假设本地 SequoiaDB 已存在集合空间 sample 的集合 employee 中，现将上述示例 JSON 数据文件导入集合空间 sample 的集合 employee 中，导入命令如下：

```
sdbimprt --hosts "localhost:11810" --csname sample --clname employee --file data.json --type json
```

注意：

- 在数据文件的数据量较大时，可使用-n 指定每次导入的记录数以及使用-j 指定导入连接数来确定导入效率。
- --file 参数支持指定多个文件或者目录，并使用逗号","分隔，重复出现的文件会被忽略。

SequoiaDB 的 sdbimprt 工具支持并发导入单一的 JSON 数据文件或批量导入 JSON 数据文件目录。用户使用该工具能简单、快速地将 JSON 数据导入 SequoiaDB。

## 6.1.3 实时的第三方数据复制

随着机器学习、人工智能的发展，越来越多的企业倾向于实时获取数据的价值，而不再满足于通过夜间运行批量任务作业的方式来处理信息。本节介绍如何将 DB2、Oracle、MySQL 的数据实时复制至 SequoiaDB 中。

对于 DB2 和 Oracle 的数据实时复制存在很多种方案，通常的做法如下：

- 使用 Oracle 官方数据迁移工具，如 OGG（Oracle GlodenGate）、CDC（Change Data Capture）。
- 使用自研数据导入/导出程序实现。
- 使用第三方数据迁移工具。

SequoiaDB 作为分布式数据库，由数据库存储引擎与数据库实例两大模块构成。其中，数据库存储引擎模块是数据存储的核心，负责提供整个数据库的读/写服务、数据的高可用性与容灾、ACID 与分布式事务等全部核心数据服务能力。因此，对于 MySQL 的数据实时复制，用户可以通过添加 SequoiaSQL-MySQL，基于 binlog Replication 方式实时同步 MySQL 的数据至 SequoiaDB 中。在 MySQL 与 SequoiaDB 之间建立主从复制需要以下 4 个步骤：

（1）存量数据从 MySQL 迁移至 SequoiaSQL-MySQL。

（2）MySQL 数据库开启 binlog 日志，将 MySQL 数据库配置为主库。

（3）SequoiaSQL-MySQL 开启 binlog 日志，将 SequoiaSQL-MySQL 配置为从库。

（4）配置 binlog Replication 主从关系。

### 1. 将存量数据从 MySQL 迁移至 SequoiaSQL–MySQL

MySQL 的 binlog Replication 机制只能实时同步增量数据，不能同步存量数据，因此存量数据需要使用 mydumper 工具导出，再使用 myloader 工具导入 MySQL 实例中。

SequoiaSQL-MySQL 采用的存储引擎是 SequoiaDB 分布式数据库引擎，而非 InnoDB 引擎，对于 mydumper 导出的建表语句需要进行相应的修改，因此需要分别导出数据表结构以及数据。假设 MySQL 数据库中存在存量数据 info 库，将该库的数据迁移至 SequoiaSQL-MySQL 需要以下 5 个步骤：

（1）导出 info 库的所有表结构。

```
mydumper -h sdbserver1 -P 3306 -u sdbadmin -p sdbadmin -d -t 4 -s 1000000 -e -B info -o /home/sdbadmin/info/schema
```

（2）导出 info 库的所有数据表的数据。

```
mydumper -h sdbserver1 -P 3306 -u sdbadmin -p sdbadmin -m -t 4 -s 1000000 -e -B info
-o /home/sdbadmin/info/data
```

（3）修改表结构的存储引擎为 SequoiaDB，将字符编码修改为 utf8mb4。

（4）导入 info 库的表结构至 SequoiaSQL-MySQL。

```
myloader -h sdbserver2 -P 3306 -u sdbadmin -p sdbadmin -t 4 -d /home/sdbadmin/info/schema
```

（5）导入 info 库的数据表数据至 SequoiaSQL-MySQL 的 info 库中。

```
myloader -h sdbserver2 -P 3306 -u sdbadmin -p sdbadmin -t 4 -d /home/sdbadmin/info/data
```

### 2. MySQL 开启 binlog 日志

MySQL 开启 binlog 日志的步骤如下：

（1）修改 MySQL 的配置文件 /etc/mysql/mysql.conf.d/mysqld.cnf。

```
[mysqld]
port=3306
log-bin=master-bin
server-id=1
```

（2）重启 MySQL 服务。

```
service mysql restart
```

（3）查看 binlog 日志的状态。

```
mysql> show variables like '%log_bin%';
+---------------------------------+-----------------------------------------------------------+
| Variable_name                   | Value                                                     |
+---------------------------------+-----------------------------------------------------------+
| log_bin                         | ON                                                        |
| log_bin_basename                | /opt/sequoiasql/mysql/database/3306/master-bin            |
| log_bin_index                   | /opt/sequoiasql/mysql/database/3306/master-bin.index      |
| log_bin_trust_function_creators | OFF                                                       |
| log_bin_use_v1_row_events       | OFF                                                       |
| sql_log_bin                     | ON                                                        |
+---------------------------------+-----------------------------------------------------------+
6 rows in set (0.00 sec)
```

### 3. SequoiaSQL-MySQL 开启 binlog 日志

SequoiaSQL-MySQL 开启 binlog 日志的步骤如下：

（1）修改 SequoiaSQL-MySQL 的配置文件。

```
/opt/sequoiasql/mysql/database/3306/auto.cnf

[mysqld]
server-id=3
relay_log=relay-log
relay_log_index=relay-log.index
```

（2）重启 SequoiaSQL-MySQL 服务。

```
service sequoiasql-mysql restart
```

（3）查看 replay_log 日志的状态。

```
mysql> show variables like '%relay_log%';
+--------------------------+-------------------------------------------------+
| Variable_name            | Value                                           |
+--------------------------+-------------------------------------------------+
| max_relay_log_size       | 0                                               |
| relay_log                | relay-log                                       |
| relay_log_basename       | /opt/sequoiasql/mysql/database/3306/relay-log   |
| relay_log_index          | /opt/sequoiasql/mysql/database/3306/relay-log.index |
| relay_log_info_file      | relay-log.info                                  |
| relay_log_info_repository| FILE                                            |
| relay_log_purge          | ON                                              |
| relay_log_recovery       | OFF                                             |
| relay_log_space_limit    | 0                                               |
| sync_relay_log           | 10000                                           |
| sync_relay_log_info      | 10000                                           |
+--------------------------+-------------------------------------------------+
11 rows in set (0.06 sec)
```

### 4. 配置 binlog Replication 主从关系

配置 binlog Replication 主从关系的步骤如下：

（1）在 MySQL 主库中查看主库 binlog 日志文件的位置。

```
mysql> show master status\G
*************************** 1. row ***************************
             File: master-bin.000001
         Position: 154
     Binlog_Do_DB:
 Binlog_Ignore_DB:
Executed_Gtid_Set:
1 row in set (0.00 sec)
```

（2）在主库中授权复制用户。

```
mysql> grant replication slave,replication client on *.* to 'repl'@'%' identified by 'sequoiadb';
mysql> flush privileges;
```

（3）在 SequoiaSQL-MySQL 从库中配置主从关系，使用有复制权限的用户账号连接主库，启动复制线程。

```
reset slave;
change master to
master_host='sdbserver1',
master_user='repl',
master_password='sequoiadb',
master_port=3306,
master_log_file='master-bin.000001',
master_log_pos=154;
start slave;
```

（4）查看 slave 状态。

```
mysql> show slave status\G
```

输出结果如下：

```
*************************** 1. row ***************************
               Slave_IO_State: Waiting for master to send event
                  Master_Host: sdbserver1
                  Master_User: repl
                  Master_Port: 3306
```

```
              Connect_Retry: 60
            Master_Log_File: master-bin.000001
        Read_Master_Log_Pos: 154
             Relay_Log_File: relay-log.000002
              Relay_Log_Pos: 321
      Relay_Master_Log_File: master-bin.000001
           Slave_IO_Running: Yes
          Slave_SQL_Running: Yes
            Replicate_Do_DB:
        Replicate_Ignore_DB:
         Replicate_Do_Table:
     Replicate_Ignore_Table:
    Replicate_Wild_Do_Table:
Replicate_Wild_Ignore_Table:
                 Last_Errno: 0
                 Last_Error:
               Skip_Counter: 0
        Exec_Master_Log_Pos: 154
            Relay_Log_Space: 522
            Until_Condition: None
             Until_Log_File:
              Until_Log_Pos: 0
         Master_SSL_Allowed: No
         Master_SSL_CA_File:
         Master_SSL_CA_Path:
            Master_SSL_Cert:
          Master_SSL_Cipher:
             Master_SSL_Key:
      Seconds_Behind_Master: 0
Master_SSL_Verify_Server_Cert: No
              Last_IO_Errno: 0
              Last_IO_Error:
             Last_SQL_Errno: 0
             Last_SQL_Error:
  Replicate_Ignore_Server_Ids:
            Master_Server_Id: 1
                 Master_UUID: dec14b1d-b772-11e9-af76-0050562a7848
```

```
              Master_Info_File: /opt/sequoiasql/mysql/database/3306/master.info
                     SQL_Delay: 0
           SQL_Remaining_Delay: NULL
       Slave_SQL_Running_State: Slave has read all relay log; waiting for more updates
            Master_Retry_Count: 86400
                   Master_Bind:
       Last_IO_Error_Timestamp:
      Last_SQL_Error_Timestamp:
                Master_SSL_Crl:
            Master_SSL_Crlpath:
            Retrieved_Gtid_Set:
             Executed_Gtid_Set:
                 Auto_Position: 0
          Replicate_Rewrite_DB:
                  Channel_Name:
            Master_TLS_Version:
1 row in set (0.03 sec)
```

至此，基于 binlog Replication 的实时数据同步环境已搭建完成。

### 5. mydumper & myloader 的安装

mydumper & myloader 是用于对 MySQL 数据库进行多线程备份和恢复的开源（GNU GPL v3）工具。其安装和部署步骤如下：

（1）到 mydumper 官网下载 mydumper 安装包。

（2）切换到 root 权限用户，执行以下命令安装该工具。

对于 Centos6/Red Hat6，安装命令如下：

```
sudo yum install mydumper-0.9.5-2.el6.x86_64.rpm
```

对于 Centos7/Red Hat7，安装命令如下：

```
sudo yum install mydumper-0.9.5-2.el7.x86_64.rpm
```

对于 Ubuntu/Debian，安装命令如下：

```
sudo dkpg -i mydumper_0.9.5-2.xenial_amd64.deb
```

SequoiaDB 支持通过 Oracle 官方迁移工具、第三方迁移工具等方式从 DB2、Oracle 中实时同步数据至 SequoiaDB，以及支持基于 MySQL 的 binlog Replication 机制实时复制 MySQL 的数据至 SequoiaDB 中。

## 6.1.4　数据导出

SequoiaDB 支持将集合中的数据导出到 UTF-8 编码的 CSV 格式或者 JSON 格式的数据存储文件中。

### 1．将数据导出到 CSV 文件

用户可以使用 SequoiaDB 提供的 sdbexprt 工具，将集合中的数据导出到 CSV 格式的数据存储文件中。下面将通过实例介绍如何使用 sdbexprt 工具将 SequoiaDB 集合中的数据快速导出到 CSV 格式的数据存储文件中。

首先要进行数据的准备工作。以下是集合空间 info 中集合 user_info 的三条用户信息数据：

```
$ sdb 'db.info.user_info.find()'
{
  "_id": {
    "$oid": "5cd2dc7b294ffa8385000000"
  },
  "id": 1,
  "name": "Jack",
  "age": 18,
  "identity": "student",
  "phone_number": "18921222226",
  "email": "jack@example.com",
  "country": "China"
}
{
  "_id": {
    "$oid": "5cd2dc7b294ffa8385000001"
  },
  "id": 2,
  "name": "Mike",
  "age": 20,
  "identity": "student",
```

```
    "phone_number": "18923244255",
    "email": "mike@example.com",
    "country": "USA"
}
{
    "_id": {
      "$oid": "5cd2dc7b294ffa8385000002"
    },
    "id": 3,
    "name": "Woody",
    "age": 25,
    "identity": "worker",
    "phone_number": "18945253245",
    "email": "woody@example.com",
    "country": "China"
}
Return 3 row(s).
```

然后进行数据的导出。数据的导出共分为以下两种情景。

**情景一**：以指定 sdbexprt 参数的方式导出数据

具体步骤如下：

（1）以指定 sdbexprt 参数的方式，将集合 info.user_info 的用户信息数据导出到 user_info.csv 文件中。

```
$ sdbexprt -s localhost -p 11810 --type csv --file user_info.csv -c info -l user_info
--fields id,name,age,identity,phone_number,email,country
```

（2）查看 user_info.csv 文件中的用户信息数据。

```
$ cat user_info.csv
```

输出结果如下：

```
id,name,age,identity,phone_number,email,country
1,"Jack",18,"student","18921222226","jack@example.com","China"
2,"Mike",20,"student","18923244255","mike@example.com","USA"
3,"Woody",25,"worker","18945253245","woody@example.com","China"
```

**注意：**

- 在导出数据时，如需要增加记录中不存在的字段时，可在参数 --fields 中增加需要添加的字段名称，导出工具会自动默认该字段为空值。
- --filter 参数支持对需要导出字段的值进行过滤。
- 更多参数说明详见 sdbexprt 工具介绍。

**情景二**：以使用参数配置文件的方式导出数据

假设本地 SequoiaDB 已存在集合空间 info 的集合 user_info 中，该集合用于记录用户的信息，并且该集合中存在数据。现以使用参数配置文件的方式，将集合空间 info 中集合 user_info 的用户信息数据导出到 user_info.csv 文件中。

具体步骤如下：

（1）编辑配置文件 export.conf。

```
hostname = localhost
svcname = 11810
user = sdbadmin
password = admin
type = csv
file = user_info.csv
csname = info
clname = user_info
fields = id,name,age,identity,phone_number,email,country
```

（2）以使用参数配置文件的方式，将集合 info.user_info 的用户信息数据导出到 user_info.csv 文件中。

```
$ sdbexprt --conf export.conf
```

（3）查看 user_info.csv 文件中的用户信息数据。

```
$ cat user_info.csv
```

输出结果如下：

```
id,name,age,identity,phone_number,email,country
1,"Jack",18,"student","18921222226","jack@example.com","China"
2,"Mike",20,"student","18923244255","mike@example.com","USA"
```

3,"Woody",25,"worker","18945253245","woody@example.com","China"

### 2. 将数据导出到 JSON 文件

用户可以使用 SequoiaDB 提供的 sdbexprt 工具，将集合中的数据导出到 JSON 格式的数据存储文件中。下面通过实例详细介绍将数据导出到 JSON 格式的数据存储文件中的步骤。

首先进行数据的准备工作。集合 info.user_info 存在以下数据：

```
$ sdb 'db.info.user_info.find()'
{
  "_id": {
    "$oid": "5cd2dc7b294ffa8385000000"
  },
  "id": 1,
  "name": "Jack",
  "age": 18,
  "identity": "student",
  "phone_number": "18921222226",
  "email": "jack@example.com",
  "country": "China"
}
{
  "_id": {
    "$oid": "5cd2dc7b294ffa8385000001"
  },
  "id": 2,
  "name": "Mike",
  "age": 20,
  "identity": "student",
  "phone_number": "18923244255",
  "email": "mike@example.com",
  "country": "USA"
}
{
  "_id": {
    "$oid": "5cd2dc7b294ffa8385000002"
  },
```

```
  "id": 3,
  "name": "Woody",
  "age": 25,
  "identity": "worker",
  "phone_number": "18945253245",
  "email": "woody@example.com",
  "country": "China"
}
Return 3 row(s).
```

然后进行数据的导出，共有以下两种情景。

**情景一**：以指定 sdbexprt 参数的方式导出数据

具体步骤如下：

（1）以指定 sdbexprt 参数的方式，将集合 info.user_info 的用户信息数据导出到 user_info.json 文件中。

```
$ sdbexprt -s localhost -p 11810 --type json --file user_info.json -c info -l user_info
--fields id,name,age,identity,phone_number,email,country
```

（2）查看 user_info.json 文件中的用户信息数据。

```
$ cat user_info.json
```

输出结果如下：

```
{ "id": 1, "name": "Jack", "age": 18, "identity": "student", "phone_number": "18921222226", "email": "jack@example.com", "country": "China" }
{ "id": 2, "name": "Mike", "age": 20, "identity": "student", "phone_number": "18923244255", "email": "mike@example.com", "country": "USA" }
{ "id": 3, "name": "Woody", "age": 25, "identity": "worker", "phone_number": "18945253245", "email": "woody@example.com", "country": "China" }
```

**注意**：
- --filter 参数支持对需要导出字段的值进行过滤。
- 更多参数说明详见 sdbexprt 工具介绍。

**情景二**：以使用参数配置文件的方式导出数据

假设本地 SequoiaDB 已存在集合空间 info 的集合 user_info 中，该集合用于记录用户的信息，并且该集合中存在数据。现以使用参数配置文件的方式，将集合空间 info 中集合 user_info 的用户信息数据导出到 user_info.json 文件中。

具体步骤如下：

（1）编辑配置文件 export.conf。

```
hostname = localhost
svcname = 11810
user = sdbadmin
password = admin
type = json
file = user_info.json
csname = info
clname = user_info
fields = id,name,age,identity,phone_number,email,country
```

（2）以使用参数配置文件的方式，将集合 info.user_info 的用户信息数据导出到 user_info.json 文件中。

```
$ sdbexprt --conf export.conf
```

（3）查看 user_info.json 文件中的用户信息数据。

```
$ cat user_info.json
```

输出结果如下：

```
{ "id": 1, "name": "Jack", "age": 18, "identity": "student", "phone_number": "18921222226", "email": "jack@example.com", "country": "China" }
{ "id": 2, "name": "Mike", "age": 20, "identity": "student", "phone_number": "18923244255", "email": "mike@example.com", "country": "USA" }
{ "id": 3, "name": "Woody", "age": 25, "identity": "worker", "phone_number": "18945253245", "email": "woody@example.com", "country": "China" }
```

## 6.2 版本升级

版本升级指的是将软件从较早版本更新到后续发布的较新版本，以获取新的功能，或者完成对特定软件问题的修复。

鉴于 SequoiaDB 的分布式特性，根据版本升级期间是否需要停止对外服务，SequoiaDB 的版本升级分为离线升级和滚动升级两种模式。除少数特定版本外，SequoiaDB 均提供向后兼容能力，即直接升级软件即可，数据无须特殊处理。

## 6.2.1 兼容性列表

SequoiaDB 版本升级的兼容性列表如表 6-1 所示。

表 6–1　SequoiaDB 版本升级的兼容性列表

| 升级前的版本 | 升级到 1.6 | 升级到 1.8 | 升级到 1.10 | 升级到 1.12.* | 升级到 2.0 | 升级到 2.6.* | 升级到 2.8.* | 升级到 3.0.* | 升级到 3.2.* | 升级到 3.4.* | 升级到 5.0.* |
|---|---|---|---|---|---|---|---|---|---|---|---|
| 1.6 | ● | ● | ● | ● | ● | ● | ● | ● | ● | ● | × |
| 1.8 | × | ● | ● | ● | ● | ● | ● | ● | ● | ● | × |
| 1.10 | × | × | ● | ● | ● | ● | ● | ● | ● | ● | × |
| 1.12.* | × | × | × | ● | ● | ● | ● | ● | ● | ● | × |
| 2.0 | × | × | × | × | ● | × | × | × | × | × | × |
| 2.6.* | × | × | × | × | × | ● | ● | ● | ● | ● | × |
| 2.8.* | × | × | × | × | × | × | ● | ● | ● | ● | ● |
| 3.0.* | × | × | × | × | × | × | × | ● | ● | ● | ● |
| 3.2.* | × | × | × | × | × | × | × | × | ● | ● | ● |
| 3.4.* | × | × | × | × | × | × | × | × | × | ● | ● |
| 5.0.* | × | × | × | × | × | × | × | × | × | × | ● |

注意：

- 在表 6-1 中，● 表示二者兼容，× 表示二者不兼容。
- SequoiaDB 不支持版本降级。
- 由于所基于的 LZW 算法以及 LOB 存储结构有调整，因此 SequoiaDB 2.0 版本与其他版本不兼容，不支持升级到其他版本。

## 6.2.2 离线升级

离线升级指的是,在升级过程中服务会暂时性不可用,在整个升级过程完成之后才恢复服务。本节将说明在一台主机上的离线升级流程。按照下述步骤,用户可以依次完成所有主机上的软件升级。

用户首先需要准备安装介质,即在 SequoiaDB 下载中心下载相应的版本。同时需要注意以下几点:

- 升级 SequoiaDB 前,用户需要确认是否可使用操作系统的 root 用户权限。
- 在升级过程中输入的参数不接受非英文字符。
- 在升级过程中,会停止数据库服务。

下面以从 SequoiaDB 2.8.7 企业版升级到 SequoiaDB 3.2 企业版为例进行说明,其他版本间的升级与之基本一致。升级的具体步骤如下:

(1)运行安装包,加上升级参数--upgrade。

```
$ ./sequoiadb-3.2-linux_x86_64-enterprise-installer.run --upgrade true
```

如果在 XShell 中执行安装包,可能会弹出图形界面。此时可添加参数--mode text,重新运行以上升级命令。

(2)此时,程序提示选择向导语言,输入"2",选择中文。

```
Language Selection
Please select the installation language
[1] English - English
[2] Simplified Chinese - 简体中文
Please choose an option [1] :2
```

(3)显示安装协议,按回车键(默认选择"1"),表示忽略阅读并同意协议内容;输入"2",表示读取完整协议内容。

```
显示安装协议,如果需要读取全部文件,输入 2。输入 1 表示忽略阅读并同意协议。
……
[1] 同意以上协议:了解更多的协议内容,可以在安装后查看协议文件
[2] 查看详细的协议内容
请选择选项[1]:
```

（4）提示切换到升级模式，按回车键，选择升级模式。

是否切换到升级模式[upgrade/cover]？
[1] upgrade
[2] cover
请选择一个选项[1]：

**注意：**
参数 installmode 指定为 cover 时，会进行覆盖安装，即强制覆盖当前版本，无论当前版本是否与正在安装的版本兼容。

（5）之后，界面显示 SequoiaDB 升级的进度。

```
正在安装 SequoiaDB Server 于您的电脑中，请稍候。
安装中
0% _____ 50% _____ 100%
开始升级 ......
*************************** 检查列表 ***************************
检查：系统配置文件/etc/default/sequoiadb 存在 ...... ok
检查：在/etc/default/sequoiadb 中获取安装路径和用户名 ...... ok
检查：安装目录/opt/sequoiadb 不为空 ...... ok
检查：旧版本 2.8.7 Enterprise 与新版本 3.2 Enterprise 兼容 ...... ok
检查：磁盘空间足够 ...... ok
检查：主机名存在，主机名能映射到本机 IP 地址 ...... ok
检查：umask 配置 ...... ok
检查：用户 sdbadmin 存在，并获取用户组 ...... ok
检查：相关进程已停止 ...... ok
##########################################
----------------------------------------------------------------
安装程序已经完成安装 SequoiaDB Server 于您的电脑中.
```

（6）升级完成，可通过 sequoiadb --version 检查版本号，并通过 sdblist 检查节点是否均已正常启动。

## 6.2.3 滚动升级

滚动升级是一种在线升级方式，相比于离线升级，滚动升级可保证在部分或全部服务可用的情况下完成软件的升级。对于采用分布式架构的 SequoiaDB，在集群规模大且支撑业务多且复杂时，尽量减少业务中断的滚动升级具有重要的意义。

由于 SequoiaDB 的升级通常会涉及多台主机以及多种类型的节点，因此，其滚动升级需要按照指定的流程执行。升级流程需要注意以下几点：

- 尽量选择在业务量最小的时间段内进行升级。
- 对于包含多个节点的分区组（数据节点组和编目节点组），采用主节点和备节点滚动升级策略，即先对备节点进行升级，再对主节点进行升级。
- 对于协调节点，如果前端业务系统配置了负载均衡，则影响不大；如果没有配置负载均衡，则建议先将业务连接的协调节点调整到其他主机上的协调节点，以减少升级过程对业务的影响。

具体的升级流程如下：

（1）选择一台拥有分区组主节点最少的主机，查看有哪些分区组的主节点在该主机上。

（2）使用 reelect 命令，将这些分区组的主节点切换到其他主机上。

（3）按照离线升级中的软件升级步骤完成本主机上的软件升级。在正常完成升级的情况下，所有的节点应已正常启动并重新加入集群中。

（4）选取下一个节点，按照上述步骤完成升级，直至完成所有主机上的软件升级。

## 6.3 扩容/缩容

当原有数据库集群的容量无法满足业务需求时，用户可以通过新增服务器并在服务器内新增节点，或直接在原有服务器内新增节点的方式来对集群进行扩容。扩容能够增加整个集群的存储空间，并提升数据库集群的处理效率。

当需要缩小原有数据库集群时，需要执行集群缩容操作。集群的缩容包括服务器缩容和服务器内节点的缩容。服务器缩容指的是，将数据节点迁移到同集群的其他服务器上，进而卸载机器。服务器内节点的缩容指的是将数据迁移到同集群的其他节点后，直接删除该节点。

### 6.3.1 新增服务器

当原有的数据库集群无法满足业务需求时，用户可以通过新增服务器来对集群进行扩容。

新增服务器指的是在现有的集群中添加新的主机，并把新的节点部署到这些新的主机上。

一般用户可使用传统的 x86 服务器作为扩容的服务器，并按照操作系统要求中的最低配置信息或者推荐配置来配置该服务器。在分布式系统中三副本模式是最理想的服务器配置。三台服务器有利于采用 Raft 算法选出主节点，因此建议按照三台服务器或者三的倍数台服务器来对集群进行扩容。三台服务器中只保留一个主节点，另外两台服务器作为副本来备份数据。综上所述，无论从经济上，还是从数据的安全性上来说，三副本都是最合适的方案。

集群从三台服务器扩容至六台服务器，如图 6-1 所示。

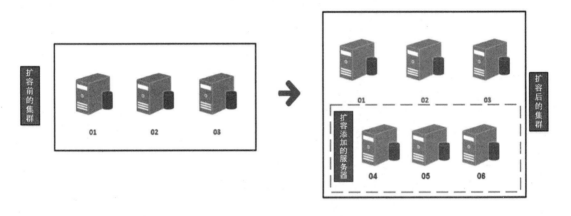

图6-1　集群服务器的扩容

在添加新服务器的过程中，用户需要注意以下几点：

- 需要在新的服务器中安装与其他主机相同的操作系统。
- 新的服务器需要按照 3.1.1 节的说明对操作系统进行配置，以便所有主机可以通过各自的主机名访问对方。
- 在新的服务器上按照 3.1.3 节的说明对 SequoiaDB 进行安装时，配置管理服务端口号需要与现有系统的端口号保持一致（默认的端口号为 11790）。
- 集群添加服务器后，需要在新的服务器上进行服务器内新增节点的操作。

## 6.3.2　在服务器内新增节点

SequoiaDB 包括三类节点，集群可以通过在服务器内新增以下节点实现扩容：

- 新增协调节点。

- 新增编目节点。
- 新增数据节点。

另外，在服务器内新增以上节点后，要实现数据的负载均衡。

### 1. 新增协调节点

当集群规模随着新增服务器扩大时，协调节点也需要随着规模的增加而增加。用户可以通过 SDB Shell 在现有协调节点组中添加新的协调节点。

示例如下：sdbserver1 中已有协调节点或临时协调节点，在 sdbserver2 中添加新的协调节点，这里使用的端口号为 11810。具体步骤如下：

（1）连接 sdbserver1 的协调节点 11810。

```
> var db = new Sdb( 'sdbserver1', 11810 )
```

（2）获取协调节点组。

```
> var rg = db.getCoordRG()
```

（3）在 sdbserver2 中新建协调节点 11810。

```
> var node = rg.createNode("sdbserver2", 11810, "/opt/sequoiadb/database/coord/11810")
```

（4）启动新建的协调节点。

```
> node.start()
```

（5）通过 SDB Shell 查看协调节点组的详细信息。

```
> db.getCoordRG().getDetail()
```

### 2. 新增编目节点

随着整个集群中物理设备的扩展，用户可以通过增加更多的编目节点来提高编目服务的可靠性。如果新增编目节点涉及新增服务器，则用户需要先按照 3.1.2 节的说明完成主机的主机名和参数配置。在编目复制组中新增节点的步骤如下：

（1）获取编目复制组。

```
> var cataRG = db.getCatalogRG()
```

（2）在 sdbserver2 中新建编目节点，这里使用的端口号为 11800。

```
> var node = cataRG.createNode("sdbserver2", 11800, "/opt/sequoiadb/database/cata/11800")
```

（3）启动新增的编目节点。

```
> node.start()
```

新增节点完成后，用户可以查看编目节点。可通过 SDB Shell 查看编目复制组的详细信息：

```
> db.getCataRG().getDetail()
```

### 3. 新增数据节点

首先，需要新增数据复制组。一个集群可以配置多个复制组，最大可配置 60 000 个复制组。通过增加复制组，可以充分利用物理设备进行水平扩展，实现 SequoiaDB 的线性水平扩展能力。如果新增的数据节点涉及新增服务器，则用户需要先按照 3.1.2 节的说明完成主机的主机名和参数配置。具体步骤如下：

（1）新建数据复制组，其中的参数为复制组名。

```
> var dataRG = db.createRG( "dataGroup" )
```

**注意：**
数据复制组与编目复制组不同的是，该操作不会创建任何数据节点。

（2）在 sdbserver1 的数据复制组中新增一个数据节点，这里使用的端口号为 11820。

```
> dataRG.createNode( "sdbserver1", 11820, "/opt/sequoiadb/database/data/11820" )
```

**注意：**
用户可以根据需要多次执行该命令，以创建多个数据节点。

（3）启动数据节点。

```
> dataRG.start()
```

然后，在复制组中新增节点。如果新增节点涉及新增服务器等操作，则用户需要参照 3.1.2 节的说明完成主机的主机名和参数配置。某些复制组可能在创建时设定的副本数较少，而随着物理设备的增加，需要增加副本数来提高复制组数据的可靠性。若欲了解部署数据节点的详细信息，可参考 3.1.4 节。具体步骤如下：

（1）获取数据复制组，参数 groupname 为数据复制组的组名。

```
> var dataRG = db.getRG( <groupname> )
```

（2）创建一个新的数据节点。

```
> var node = dataRG.createNode( <host>, <service>, <dbpath>, [config] )
```

**注意：**
host、service、dbpath 和 config 的设置请参考 5.1.4 节。

（3）启动新增的数据节点。

```
sdb > node.start()
```

最后查看数据节点。通过 SDB Shell 可以查看某个数据复制组的详细信息，其中的参数 groupname 为数据复制组的组名：

```
> db.getRG( <groupname> ).getDetail()
```

### 4. 数据的负载均衡

数据的负载均衡指的是，增加数据节点后，将原集群中的数据切分到新的数据节点中，将数据打散得更均匀，充分利用集群优势来达到性能的最大化。数据分区指的是，新增的数据复制组需要将集合中的数据导出，然后重新创建集合，再重新导入，以达到分区数据均衡的效果。使用数据切分命令（split 命令），即可对复制组中的新增节点执行数据切分打散操作。下面重点介绍复制组中的新增节点如何被重新打散。

默认情况下，一个集合会被创建在一个随机的数据复制组中。如果用户希望通过水平切分将该集合划分到其他复制组，则需要执行数据切分操作。

数据切分指的是一种将数据在线从一个复制组转移到另一个复制组的方式。在数据转移的过程中，查询所得的结果集数据可能会暂时不一致，但是 SequoiaDB 可以保证磁盘中数据的最终一致性。

数据分区有两种方式：范围（range）分区和散列（hash）分区。同时，范围分区和散列分区都支持以下两种切分方式：范围切分和百分比切分。在执行范围切分操作时，范围分区使用精确条件（如字段 a）：

```
db.sample.employee.split( "src", "dst", { a: 10 }, { a: 20 } )
```

**注意：**
- 集合 sample.employee 已经指定分区方式为"range"。
- "src"和"dst"分别表示"数据原本所在的复制组"和"数据将要切分到的目标复制组"。
- 数据切分及分区上的数据范围皆遵循左闭右开原则，即{a:10},{a:20}代表迁移数据范围为[10, 20)。

在执行范围切分操作时，散列分区使用 Partition（分区数）条件：

```
db.sample.employee.split( "src", "dst", { Partition: 10 }, { Partition: 20 } )
```

**注意：**
集合 sample.employee 已经指定分区方式为"hash"。

而在执行百分比切分操作时，范围分区和散列分区执行的命令没有区别：

```
db.sample.employee.split( "src", "dst", 50 )
```

在完成数据切分后，用户可以通过集合快照来检查集合切分信息：

```
coord.snapshot( SDB_SNAP_COLLECTIONS, { "Name": "CS.CL" } )
```

### 6.3.3 集群服务器的缩容

本节将介绍如何通过减少服务器来实现集群服务器的缩容。

#### 1. 原集群的部署情况

原集群共有六台服务器，每台服务器均部署了协调节点与数据节点。其中 sdbserver1、sdbserver2 和 sdbserver3 这三台服务器共同组成了编目节点组 SYSCatalogGroup 与数据节点组 group1。sdbserver4、sdbserver5 和 sdbserver6 这三台服务器组成了另外一个数据节点组 group2。

#### 2. 集群机器（服务器）的缩减

如果要对六台服务器中的三台进行回收，数据库就需要执行规模缩减操作。规模缩减后，sdbserver1、sdbserver2 和 sdbserver3 三台服务器上已经部署的编目节点组和数据节点组 group1 保持不变，同时将 sdbserver4、sdbserver5 和 sdbserver6 三台服务器部署的数据节点组 group2 迁移到 sdbserver1、sdbserver2 和 sdbserver3 这三台服务器上，端口号使用 11830，以达到保持原数据库架构不变、缩减机器规模的目的。集群服务器的缩容如图 6-2 所示。

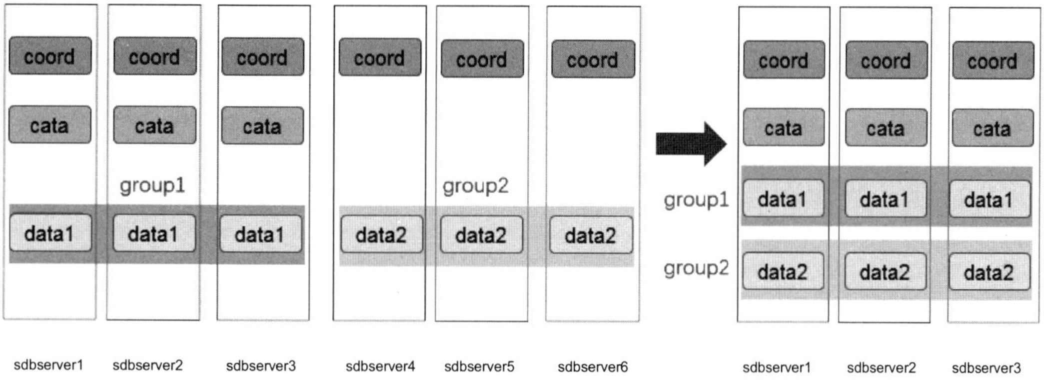

图6-2 集群服务器的缩容

具体的缩容步骤如下：

（1）连接 sdbserver4 的协调节点。

```
> db = new Sdb("sdbserver4",11810)
```

（2）获取复制组 group2 的对象。

```
> var rg2 = db.getRG("group2")
```

（3）在给复制组 group2 扩展时，首先判断 sdbserver1、sdbserver2 和 sdbserver3 服务器的 11830 端口号是否被占用，sdbcm 进程是否对/opt/sequoiadb/data 路径有写操作权限。

```
$ netstat -nap | grep 11830
$ ls -l /opt/sequoiadb/ | grep data
```

（4）在 sdbserver1 中扩展复制组 group2 的数据节点。

```
> var node = rg2.createNode("sdbserver1",11830,"/opt/sequoiadb/data/11830")
```

（5）启动 sdbserver1 中新增的数据节点。

```
> node.start()
```

（6）在 sdbserver2 中扩展复制组 group2 的数据节点。

```
> node = rg2.createNode("sdbserver2",11830,"/opt/sequoiadb/data/11830")
```

(7) 启动 sdbserver2 新增的数据节点。

> node.start()

(8) 在 sdbserver3 这台服务器中扩展复制组 group2 的数据节点。

> node = rg2.createNode("sdbserver3",11830,"/opt/sequoiadb/data/11830")

(9) 启动 sdbserver3 新增的数据节点。

> node.start()

(10) 检查复制组 group2 是否正确新增了 sdbserver1:11830、sdbserver2:11830 和 sdbserver3:11830 三个数据节点，检查 group2 的主数据节点部署在哪台服务器上，查看 GroupName="group2"的 PrimaryNode 字段。

> db.listReplicaGroups()

(11) 连接复制组 group2 的主数据节点，假设 group2 组旧的主数据节点是 sdbserver4 服务器的 11820 进程。

> datadbm = new Sdb("sdbserver4",11820)

(12) 查看并记录复制组 group2 的主数据节点的 LSN 号。

> masterlsn.offset = datadbm.snapshot(SDB_SNAP_SYSTEM).next().toObj()["CurrentLSN"]["Offset"]
  > masterlsn.version = datadbm.snapshot(SDB_SNAP_SYSTEM).next().toObj()["CurrentLSN"]["Version"]

(13) 分别连接复制组 group2 新增的数据节点，查看新增的数据节点的 LSN 号，并查看 sdbserver1:11830 节点的 LSN 号。

> datadb1 = new Sdb("sdbserver1",11830)
> datadb1.snapshot(SDB_SNAP_SYSTEM).next().toObj()["CurrentLSN"]["Offset"]
> datadb1.snapshot(SDB_SNAP_SYSTEM).next().toObj()["CurrentLSN"]["Version"]

(14) 查看 sdbserver2:11830 节点的 LSN 号。

> datadb2 = new Sdb("sdbserver2",11830)
> datadb2.snapshot(SDB_SNAP_SYSTEM).next().toObj()["CurrentLSN"]["Offset"]
> datadb2.snapshot(SDB_SNAP_SYSTEM).next().toObj()["CurrentLSN"]["Version"]

(15) 查看 sdbserver3:11830 节点的 LSN 号。

```
> datadb3 = new Sdb("sdbserver3",11830)
> datadb3.snapshot(SDB_SNAP_SYSTEM).next().toObj()["CurrentLSN"]["Offset"]
> datadb3.snapshot(SDB_SNAP_SYSTEM).next().toObj()["CurrentLSN"]["Version"]
```

等待复制组 group2 新增的数据节点的 LSN 号停止增长，并且与复制组 group2 主数据节点的 LSN 号相同。在新增数据节点的 LSN 号与主数据节点的 LSN 号保持一致后，使用协调节点的连接，连续多次查看整个数据库的数据读/写情况。如果数据读/写操作的指标静止不变，则判断新增数据节点已经完成日志的同步。

（16）查看数据库快照。

```
> db.snapshot(SDB_SNAP_DATABASE)
```

（17）移除复制组 group2 的旧主数据节点。假设复制组 group2 的旧主数据节点是 sdbserver4 服务器的 11820 进程。

```
> var rg = db.getRG("group2")
> rg.removeNode("sdbserver4",11820)
```

（18）检查复制组 group2 选择主节点的情况，确定复制组 group2 选择主节点成功。查看 GroupName="group2"的 PrimaryNode 字段。

```
> db.listReplicaGroups()
```

（19）根据 PrimaryNode 的 NodeID，用户可以确定 PrimaryNode 的 HostName，假设其为 sdbserver2 机器的 11830 进程。这时可以直连到 sdbserver2 机器的 11830 进程，检查它是否被真实选为 group2 组的主数据节点，并查看 IsPrimary 字段是否为 true。

```
> var datadbm = new Sdb("sdbserver2",11830)
> datadbm.snapshot( SDB_SNAP_SYSTEM )
```

（20）确定复制组 group2 新选择了主节点后，移除另外两个数据节点。

```
> rg.removeNode("sdbserver5",11820)
> rg.removeNode("sdbserver6",11820)
```

（21）最后将 sdbserver4、sdbserver5、sdbserver6 这三台服务器的协调节点从协调节点组中移除。

```
> var oma = new Oma( "sdbserver4", 11790 )
> oma.removeCoord( 11810 )
> var oma = new Oma( "sdbserver5", 11790 )
```

```
> oma.removeCoord( 11810 )
> var oma = new Oma( "sdbserver6", 11790 )
> oma.removeCoord( 11810 )
```

## 6.3.4 集群服务器内节点的缩容

当服务器中存在多个数据节点时，可减少其中的数据节点个数，从而达到集群服务器内节点缩容的效果。图 6-3 为集群服务器内节点缩容的架构图。

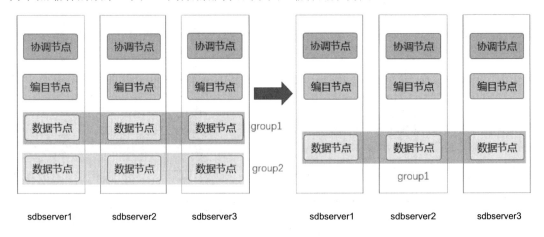

图6-3 集群服务器内节点缩容的架构图

**1. 节点缩容**

将图 6-3 中 sdbserver1、sdbserver2 和 sdbserver3 这三台服务器中的复制组 group2 删除，集群中只保留复制组 group1，且需要保留复制组 group2 中的数据。方案有以下两种：

- 使用 sdbexprt 命令将包含 group2 的所有集合导出，然后删除 group2 及 group2 上的所有集合，重新创建只属于 group1 的同名集合，并将导出的集合使用 sdbimprt 命令导入。
- 使用数据切分（split）工具，将 group2 的数据切分到 group1 中，无须手工删除集合。

以下示例展示了如何使用 split 工具，将集合中的数据从 group2 切分到 group1 中。当确保 group2 中没有数据时，就能够把此数据组从集群中剔除。具体步骤如下：

（1）连接协调节点。

```
> db = new Sdb("sdbserver1",11810)
```

（2）获取集群中的所有域。

```
> db.listDomains()
```

（3）获取使用了 group2 的域。

```
> var domain = db.getDomain("domainName")
```

（4）查看指定域下的集合。

```
> domain.listCollections()
```

（5）查看集合 sample.employee 的编目快照信息，获取集合 sample.employee 中 group2 的 Partition 范围。

```
> db.snapshot(SDB_SNAP_CATALOG,{"Name":"sample.employee"})
```

（6）使用 split 工具，将集合 sample.employee 中 group2 的数据切分至 group1。

```
> db.sample.employee.split("group2","group1",{"Partition":2084},{"Partition":4096})
```

注意：
用户使用 split 工具切分数据时，集群中至少需要存在两个复制组。

（7）删除 group2 中的所有节点。

```
> var rg2 = db.getRG("group2")
> rg2.removeNode("sdbserver1", 11830)
> rg2.removeNode("sdbserver2", 11830)
> rg2.removeNode("sdbserver3", 11830)
```

注意：
如果用户需要保存节点的数据，在执行 removeNode 删除节点前，应先使用 sdbexprt 工具对集合数据进行导出。如需要强制删除 group2 中的节点，可在参数配置中添加 enforced 值为 true：

```
> rg2.removeNode("sdbserver1", 11820, {enforced:true})
```

（8）删除 group2。

```
> db.removeRG("group2")
```

### 2. 缩容后的检查

节点缩容后，我们需要对缩容的结果进行检查，具体步骤如下：

（1）在节点缩容后，可使用 sdblist 命令检查复制组是否已删除。

```
sdblist -l -t all
```

（2）使用快照查看集合信息中的 GroupName 是否已不包含 group2。

```
> db.snapshot(SDB_SNAP_CATALOG,{"Name":"sample.employee"})
```

## 6.4　备份与恢复

在分布式数据库集群环境下，多副本机制可以有效避免集群单机的宕机风险，并提供高可用的容灾技术需求。而数据库备份功能则能够在用户误操作，造成数据丢失后，帮助用户快速恢复原有数据库的数据。

数据库备份功能指的是，对数据库现有的数据进行复制并存储的操作。数据库备份功能可以帮助用户在以下场景中快速恢复数据库的原有数据：

- 数据库集群的所有服务器损坏，并且无法修复。
- 所有副本节点的磁盘数据损坏，并且无法恢复。
- 用户误操作，导致删除或者修改了关键数据。

### 6.4.1　备份与恢复的原理

SequoiaDB 支持多种备份方法，包括全量备份、增量备份、日志归档。本节将简要介绍 SequoiaDB 备份方法的原理。

#### 1. 全量备份的原理

SequoiaDB 的全量备份指的是，将集群中指定数据分区的主节点的数据文件按照用户指定的方式，压缩保存在备份路径下。

SequoiaDB 的集群是由若干个数据分区组成的，每个数据分区又可能存在多个副本节点。每个数据库引擎节点的 dbpath 目录通常如下：

```
[sdbadmin@localhost 11830]$ ll -h
```

```
总用量 1.1G
drwxr-xr-x. 2 sdbadmin sdbadmin_group      6 12月  5 14:14 archivelog
drwxr-xr-x. 2 sdbadmin sdbadmin_group    129  2月 14 15:16 bak
drwxr-xr-x. 2 sdbadmin sdbadmin_group      6 12月  5 14:14 bakfile
drwxr-xr-x. 2 sdbadmin sdbadmin_group     45  2月  9 14:39 diaglog
-rw-r-----. 1 sdbadmin sdbadmin_group   149M  3月  2 15:05 sample.1.data
-rw-r-----. 1 sdbadmin sdbadmin_group   145M  3月  2 15:05 sample.1.idx
-rw-r-----. 1 sdbadmin sdbadmin_group   129M  2月 14 15:26 sample.1.lobd
-rw-r-----. 1 sdbadmin sdbadmin_group    81M  3月  2 15:05 sample.1.lobm
drwxr-xr-x. 2 sdbadmin sdbadmin_group   4.0K 12月  5 14:15 replicalog
-rw-r-----. 1 sdbadmin sdbadmin_group   149M  3月  2 15:05 SYSSTAT.1.data
-rw-r-----. 1 sdbadmin sdbadmin_group   145M  3月  2 15:05 SYSSTAT.1.idx
-rw-r-----. 1 sdbadmin sdbadmin_group    21M  3月  3 18:11 SYSTEMP.1.data
-rw-r-----. 1 sdbadmin sdbadmin_group    17M  3月  3 18:11 SYSTEMP.1.idx
-rw-r-----. 1 sdbadmin sdbadmin_group   149M  3月  2 15:05 test.1.data
-rw-r-----. 1 sdbadmin sdbadmin_group   145M  3月  2 15:05 test.1.idx
drwxr-xr-x. 2 sdbadmin sdbadmin_group      6 12月  5 14:14 tmp
```

全量备份，将对数据分区主节点的所有数据和索引数据进行备份。

**注意：**
用户在对某数据分区进行全量备份时，该数据分区只能够提供数据查询服务。

### 2. 增量备份的原理

SequoiaDB 的增量备份指的是，对数据库集群中指定数据分区的主节点的同步日志做日志解析后，按照数据库定义的格式，将新增同步日志打包保存在备份路径下。用户在执行增量备份操作之前，需要确保该节点已经存在至少一次全量备份。

由于实现增量备份功能时要将引擎节点的同步日志新增部分处理后打包归档，因此用户需要确保在两次相邻的增量备份操作时间间隔内，最老的同步日志没有被覆盖；否则，增量备份操作将会失败。

**注意：**
增量备份不阻塞数据分区的数据库读/写服务。

### 3. 备份文件的恢复原理

SequoiaDB 的备份文件恢复指的是，利用 sdbrestore 工具，将之前的全量备份文件和增量备份文件按照既定格式，重新解压后，恢复成正常的数据文件。

## 6.4.2 数据的备份

SequoiaDB（巨杉数据库）的备份功能包括全量备份、增量备份等。在全量备份的过程中，会阻塞数据库的变更操作，即数据插入、更新、删除等变更操作会被阻塞，直到全量备份完成，才会执行这些变更操作；在增量备份的过程中，不阻塞数据库的变更操作。本节将介绍全量备份、增量备份及查看备份信息的方法。

- 全量备份：有选择地备份整个数据库的配置、数据和日志。
- 增量备份：在上一个全量备份或增量备份的基础上备份新增的配置、数据和日志。

备份文件以备份名命名，一次备份会生成.bak 和.number 两种文件。

- .bak 文件：用于保存此次备份的元数据信息。
- .number 文件：用于保存此次备份的数据。

在同一个节点中，增量备份和全量备份存在如下关系：

- 增量备份的名称必须与全量备份的名称相同。
- 全量备份生成的.number 文件为.1 文件，首次同名增量备份生成的.number 文件为.2 文件，后续同名增量备份生成的.number 文件序号依次递增。

**1. 全量备份**

用户可根据实际情况，对整个数据库集群或指定复制组进行全量备份。我们先介绍如何对整个数据库集群进行全量备份。具体步骤如下：

（1）启动 SDB Shell，并且连接到协调节点。

```
> var db = new Sdb("localhost",11810)
```

（2）进行全量备份。

```
> db.backup({Name:"backupAll",Description:"backup for all"})
```

其中，Name 指备份名称，Description 指备份的描述信息。

接下来介绍如何对指定的复制组进行全量备份：

（1）启动 SDB Shell，并且连接到协调节点。

```
> var db = new Sdb("localhost",11810)
```

（2）进行全量备份。

```
> db.backup({Name:"backupName",Description:"backup group1",GroupName:"group1"})
```

其中，GroupName 指定需要备份的复制组名。

### 2. 增量备份

增量备份需要保证日志的连续性和一致性。如果日志不连续，或日志 hash 校验不一致，则增量备份失败。因此，周期性的增量备份需要计算好日志和周期的关系，以防止日志被覆写。增量备份的步骤如下：

（1）启动 SDB Shell，并且连接到协调节点。

```
> var db = new Sdb("localhost",11810)
```

（2）进行增量备份。

```
> db.backup({Name:"backupAll",Description:"increase backup data",EnsureInc:true})
```

其中，EnsureInc 指是否开启增量备份，默认为 false，不开启增量备份。

### 3. 查看备份信息

我们可使用备份列表或 listBackup() 查看当前数据库的备份信息。

## 6.4.3 数据的恢复

SequoiaDB 支持将备份的数据恢复至集群节点或离线库中。本节将介绍数据恢复工具以及数据恢复的具体方法。

### 1. 数据恢复工具

用户可使用 sdbrestore 工具对目标节点进行数据恢复。使用该工具进行数据恢复时，需要确保备份文件的所属用户为数据库管理用户（安装 SequoiaDB 时创建，默认为 sdbadmin）。

sdbrestore 工具的参数分为功能参数和配置参数。当用户需要恢复备份源节点的数据时，指定功能参数即可；当用户将一份数据恢复至不同的节点或构建离线库时，需要功能参数和配置参数同时指定。

sdbrestore 工具的功能参数可用于配置需要恢复的数据范围、恢复行为等。表 6-2 是 sdbrestore 工具的功能参数。

表 6-2 sdbrestore 工具的功能参数

| 参数 | 缩写 | 说明 |
| --- | --- | --- |
| --bkpath | -p | 备份源数据所在的路径 |
| --increaseid | -i | 需要恢复到第几次增量备份。默认值为-1，表示恢复到最后一次增量备份 |
| --beginincreaseid | -b | 需要从第几次备份开始恢复。默认值为-1，表示由系统自动计算<br>在其值为 0 时，表示从全量备份开始恢复；在其值为 1 时，表示从第一次增量备份开始恢复，依此类推 |
| --bkname | -n | 需要恢复的备份名称 |
| --action | -a | 恢复行为，默认值为"restore"，取值如下：<br>"restore"：恢复<br>"list"：查看备份信息 |
| --diaglevel | -v | 恢复工具自身的日志级别：<br>（1）指定诊断日志的打印级别。SequoiaDB 中的诊断日志从 0 到 5 分别代表 SEVERE、ERROR、EVENT、WARNING、INFO、DEBUG<br>（2）如果不指定具体数值，则默认值为 3，表示 WARNING |
| --isSelf | | 是否将数据恢复至备份源节点。默认值为 true，恢复至备份源节点 |

sdbrestore 工具的配置参数可用于配置备份文件的相关恢复路径，用户可根据实际情况选择性配置。如果不指定配置参数，则所有恢复路径为节点配置文件中定义的路径；如果指定了配置参数，则相关恢复路径将使用指定的路径，且指定的配置参数会覆盖配置文件中对应的配置项。当--isSelf 被设置为 false 时，用户必须配置 dbpath、confpath 和 svcname 参数，否则执行将报错。

sdbrestore 工具的配置参数见表 6-3 所示。

表 6-3 sdbrestore 工具的配置参数

| 参数名 | 说明 |
| --- | --- |
| --dbpath | 目标节点的数据文件目录 |
| --confpath | 目标节点的配置文件路径 |
| --svcname | 目标节点的服务名或端口号 |
| --indexpath | 目标节点的索引文件目录 |
| --logpath | 目标节点的日志文件目录 |
| --diagpath | 目标节点的诊断日志文件目录 |

（续表）

| 参数名 | 说明 |
| --- | --- |
| --auditpath | 目标节点的审计日志文件目录 |
| --bkuppath | 目标节点的备份文件目录 |
| --archivepath | 目标节点的日志归档目录 |
| --lobmetapath | 目标节点的大对象元数据文件目录 |
| --lobpath | 目标节点的大对象数据文件目录 |
| --replname | 目标节点的复制通信服务名或端口号 |
| --shardname | 目标节点的分区通信服务名或端口号 |
| --catalogname | 目标节点的编目通信服务名或端口号 |
| --httpname | 目标节点的 REST 服务名或端口号 |

**2．数据恢复**

用户通过 sdbrestore 工具恢复当前集群中的节点时，需要先停止运行目标节点；如果需要恢复目标节点所在复制组的数据，则需要先停止该复制组。在恢复过程中，sdbrestore 工具会清空目标节点的所有数据和日志，之后从备份的数据中恢复配置、数据和日志。数据恢复的具体步骤如下：

（1）启动 SDB Shell，并连接至协调节点。

```
> var db = new Sdb("localhost",11810)
```

（2）停止被恢复节点所在的复制组。

```
> db.stopRG("group1")
```

（3）以恢复 11820 节点的数据为例，备份源数据所在的路径为/opt/sequoiadb/database/data/11820/bakfile，需要恢复的备份名为"backupAll_group1"。

```
$ sdbrestore -p /opt/sequoiadb/database/data/11820/bakfile -n backupAll_group1
```

输出如下结果，表示数据恢复操作成功：

```
Check sequoiadb(11820) is not running...OK
Begin to init dps logs...
Begin to restore...
Begin to restore data file: /opt/sequoiadb/database/data/11820/bakfile/backupAll_group1.1 ...
```

```
Begin to restore su: SYSSTAT.1.data ...
Begin to restore su: SYSSTAT.1.idx ...
Begin to restore su: SYSLOCAL.1.data ...
Begin to restore su: SYSLOCAL.1.idx ...
Begin to wait repl bucket empty...
*********************************************************
Restore succeed!
*********************************************************
```

（4）恢复同组内的其他节点数据。

用户可通过 sdbrestore 工具或文件复制的方式，恢复同组内其他节点的数据。

首先介绍通过 sdbrestore 工具恢复节点数据。将 11820 节点的数据恢复至同组的 11850 节点中，需要指定 --isSelf 为 false 及配置相关参数。

```
$ sdbrestore -p /opt/sequoiadb/database/data/11820/bakfile -n backupAll_group1
--isSelf false --dbpath /opt/sequoiadb/database/data/11850 --confpath
/opt/sequoiadb/conf/local/11850/ --svcname 11850
```

然后介绍通过文件复制操作恢复节点的数据。用户可以将源节点的 .data 文件、.idx 文件、.lobd 文件、.lobm 文件和 replicalog 日志，复制至同组其他数据节点的相应目录下，实现数据的恢复。

（5）进入 11850 节点的数据目录下，查看是否存在新的数据文件。

```
$ ll /opt/sequoiadb/database/data/11850
```

输出结果如下，若存在新的数据文件，则表示恢复成功：

```
drwxr-xr-x 2 sdbadmin sdbadmin_group       4096 1月 15 16:20 replicalog/
-rw-r----- 1 sdbadmin sdbadmin_group  155254784 1月 18 13:44 sample.1.data
-rw-r----- 1 sdbadmin sdbadmin_group  151060480 1月 18 13:44 sample.1.idx
-rw-r----- 1 sdbadmin sdbadmin_group   21037056 1月 18 13:44 SYSLOCAL.1.data
-rw-r----- 1 sdbadmin sdbadmin_group   50397184 1月 18 13:44 SYSLOCAL.1.idx
-rw-r----- 1 sdbadmin sdbadmin_group   21037056 1月 18 13:44 SYSSTAT.1.data
-rw-r----- 1 sdbadmin sdbadmin_group   50397184 1月 18 13:44 SYSSTAT.1.idx
```

### 3. 构建离线库

离线库用于存储离线数据。sdbrestore 工具可以将节点全量备份和增量备份的数据，不断合并成一份与节点内数据完全相同的离线数据。用户可以将离线数据存储于离线库中，以便在节点发生故障后，通过离线数据实现数据的快速恢复。构建离线库的步骤如下：

（1）在生成离线数据前，需要先创建离线库所在的目录，且该目录所属的用户为数据库管理用户。

（2）使用 11820 节点的备份数据构建该节点的离线库，需要指定--isSelf false 及相关配置参数，离线库所在的路径为/opt/backup/11820。

```
$ sdbrestore -p /opt/sequoiadb/database/data/11820/bakfile -n backupAll_group1
--isSelf false --dbpath /opt/backup/11820 --confpath /opt/sequoiadb/conf/local/11820/
--svcname 11820
```

当节点 11820 或同组的备节点发生故障时，用户可将离线数据直接复制至节点 11820 或同组节点的数据文件目录下，以实现数据的快速恢复。

## 6.4.4 日志归档

在数据库引擎的多副本机制中，复制组之间的数据同步，主要依赖同步日志来完成。同步日志默认位于各个节点的 dbpath 路径下的 replicalog 目录。同步日志根据节点的配置文件生成，默认情况下，每个节点的同步日志为 20 个 64MB 的文件。

在数据库引擎运行的过程中，同步日志文件将被循环使用，最新产生的日志将会覆盖最老的日志文件。如果用户希望永久保存同步日志，应该选择打开节点的日志归档功能。

通过开启节点的日志归档功能，我们可以持续归档节点的同步日志，归档的日志不会被覆盖。而且用户可以通过重放工具，在 SequoiaDB 的其他集群或节点中重新执行日志的重放操作。因此，我们也可以通过日志归档和重放工具来实现不同集群间的数据同步。

日志归档包括以下基本功能：

- 将数据节点的同步日志归档到本地目录。
- 支持压缩存储归档文件。
- 归档文件过期，将被自动清理。
- 归档目录的磁盘配额。

### 1. 开启日志归档功能

将节点的 archiveon 配置参数设为 true，即可开启日志归档功能。首次开启日志归档功能时，节点会在归档目录下生成用于保证可靠性的归档状态文件 .archive.1 和 .archive.2，状态文件记录了归档的起始 LSN。在开启日志归档功能时，节点的 --logfilenum 配置参数必须大于 1。

开启日志归档功能后以下两个条件会触发归档操作：

- 当前同步日志文件写满，切换到下一个日志文件时。
- 在归档超时时间段内未发生归档操作。

同时，如果节点由于某些原因，比如主节点降为备节点、异常重启等，导致同步日志的 LSN 发生了改变，那么归档文件会进行相应的修正操作。

### 2. 归档文件

归档文件的文件名有以下几种格式，如表 6-4 所示。

表 6-4 归档文件的文件名格式说明

| 文件名 | 说明 |
| --- | --- |
| archivelog.<FileId> | 完整归档的日志文件，FileId 是顺序增长的序列号 |
| archivelog.<FileId>.p | 部分归档的日志文件 |
| archivelog.<FileId>.m | 发生了移动操作的日志文件 |

**注意：**

- 在同步日志切换日志文件时，上一个使用的日志文件会被整个归档。
- 如果归档日志开启了压缩功能，节点将会对完整归档的日志文件进行压缩。
- 如果节点执行日志归档的时间超过设置的超时时间，则归档的日志文件仅保存成功归档的部分内容，此时归档的文件被称为部分归档的日志文件。
- 当部分归档的日志文件完整归档了同步日志后，会自动转换成完整归档的日志文件。

若欲了解同步日志归档功能的详细配置，可参考 SequoiaDB 官网文档中心"数据库配置"一节中的 archiveon、archivecompresson、archivepath、archivetimeout、archiveexpired 和 archivequota 参数介绍。

### 3. 日志归档错误

如果节点发生归档日志失败的情况，会将相关错误信息记录在节点诊断日志中。日志归档的常见错误信息如表 6-5 所示。

表 6-5 日志归档的常见错误信息

| 错误码 | 原因 | 解决方法 |
|---|---|---|
| -313 | 开启了归档功能，同步日志的日志文件达到最大上限，即将要被覆盖的同步日志还没有被归档 | 发生该错误后会触发归档操作。如果连续发生错误，则需要结合诊断日志来分析 |

## 6.5 数据库的监控

我们可利用数据库的监控功能来维护数据库性能和评估系统的运行状况。用户可以通过收集数据库的信息来对系统的运行状况进行监控，并对问题进行分析，如下所示：

- 根据业务场景评估硬件要求。
- 分析 SQL 查询的性能。
- 分析集合空间、集合和索引的使用情况。
- 找出系统性能不佳的原因。
- 评估优化操作的影响（比如，更改数据库配置参数、添加索引和修改 SQL 查询）。

### 6.5.1 监控节点

用户可以使用 snapshot 监控每个节点的状态。具体步骤如下：

（1）连接到协调节点。

```
$ /opt/sequoiadb/bin/sdb
> var db = new Sdb( "localhost", 11810 )
```

（2）获取复制组。

```
> datarg = db.getRG( "< datagroup1 >" )
```

（3）获取数据节点。

```
> datanode = datarg.getNode( "< hostname1 >", "< servicename1 >" )
```

（4）获取数据节点的快照。

```
> datanode.connect().snapshot( SDB_SNAP_DATABASE )
```

（5）用户也可以使用 Shell 脚本监控每个节点的状态。比如编写 Shell 脚本 monitor_insert.sh。

```
#!/bin/bash
~/sequoiadb/bin/sdb "db=new Sdb('hostname1',11810); \

db.getRG('sample').getNode('hostname2',11820).connect().snapshot(SDB_SNAP_DATABASE)" \
          | grep TotalInsert
```

运行结果如下。

```
$ ./monitor_insert.sh
"TotalInsert": 0,
```

## 6.5.2 监控集群

用户可以采用以下步骤监控集群：

（1）连接到协调节点。

```
$ /opt/sequoiadb/bin/sdb
> var db = new Sdb( "localhost", 11810 )
```

（2）集群状态如下。

```
> db.listReplicaGroups()
{
  "Group": [
    {
      "dbpath": "/opt/sequoiadb/database/cata/11800",
      "HostName": "hostname1",
      "Service": [
        ...
      ],
      "NodeID": 1
    },
    {
      "HostName": "hostname2",
      "dbpath": "/opt/sequoiadb/database/cata/11800",
```

```
      "Service": [
        ...
      ],
      "NodeID": 2
    },
    {
      "HostName": "hostname3",
      "dbpath": "/opt/sequoiadb/database/cata/11800",
      "Service": [
        ...
      ],
      "NodeID": 3
    }
  ],
  "GroupID": 1,
  "GroupName": "SYSCatalogGroup",
  "PrimaryNode": 1,
  "Role": 2,
  "Status": 1,
  "Version": 3,
  "_id": {
    "$oid": "558b9264de349a1b87451a1d"
  }
}
{
  "Group": [
    {
      "HostName": "hostname1",
      "dbpath": "/opt/sequoiadb/database/data/21100",
      "Service": [
        ...
      ],
      "NodeID": 1000
    },
    {
      "HostName": "hostname2",
      "dbpath": "/opt/sequoiadb/database/data/21100",
```

```
      "Service": [
        ...
      ],
      "NodeID": 1001
    },
    {
      "HostName": "hostname3",
      "dbpath": "/opt/sequoiadb/database/data/21100",
      "Service": [
        ...
      ],
      "NodeID": 1002
    }
  ],
  "GroupID": 1000,
  "GroupName": "group1",
  "PrimaryNode": 1001,
  "Role": 0,
  "Status": 1,
  "Version": 4,
  "_id": {
    "$oid": "558b9295de349a1b87451a21"
  }
}
...
```

## 6.5.3 监控工具 sdbtop

sdbtop 是 SequoiaDB 的性能监控工具。用户可以使用 sdbtop 监控节点的操作系统资源，也可以监控集合、节点或集群的读/写性能，sdbtop 还可以提供会话和集合空间的信息。sdbtop 工具的特点是，其默认每 3s 刷新一次监控数据。同时，用户应从操作系统命令行运行 sdbtop，而不是使用 Shell 命令行运行 sdbtop。

### 1. 语法

```
sdbtop [--hostname | -i arg] [--servicename | -s arg] [--usrname | -u arg] [--password
| -p arg] [--confpath | -c arg] [--cipher arg] [--token arg] [--cipherfile arg]
```

```
sdbtop --ssl arg [--usrname | -u arg] [--password | -p arg] [--confpath | -c arg]
sdbtop --help | -h
sdbtop --version | -v
```

### 2. 参数说明

- --help，或-h：返回基本帮助和用法文本。
- --version，或-v：返回工具的版本信息。
- --confpath，或-c：sdbtop 的配置文件路径。sdbtop 的界面形态以及输出字段都依赖该文件，默认值为 conf/samples/sdbtop.xml。
- --hostname，或-i：指定需要监控的主机名，默认值为 localhost。
- --servicename，或-s：指定监控节点的服务名或端口号，默认值为 11810，如果节点为协调节点，则监控的是整个集群的信息；如果为其他节点，则只是监控当前节点信息。
- --usrname，或-u：数据库的用户名，默认值为""。
- --password，或-p：指定数据库的用户密码。如果不使用该参数指定密码，工具会通过交互式界面提示用户输入密码。
- --cipher：是否使用密文模式输入密码。默认值为 false，不使用密文模式输入密码。
- --token：指定加密令牌。
- --cipherfile：指定密文文件路径，默认为~/sequoiadb/passwd。
- --ssl：是否使用 SSL 连接。默认值为 false，不使用 SSL 连接。

### 3. 启动说明

对于 Ubuntu 等系统，需要安装 Ncurses 库；否则，启动 sdbtop 时将会提示"Error opening terminal: TERM"。其安装有以下两种方式。

方式一：联网安装

```
$ sudo apt-get install libncurses5-dev
```

方式二：源码安装

（1）解压源码包：

```
$ tar -xvzf ncurses-5.5.tar.gz
```

（2）进入 ncurses-5.5 目录。

```
$ ./configure
```

```
$ sudo make && make install
```

若 Ncurses 库安装完成后仍提示 "Error opening terminal: TERM"，则需要创建软连接：

```
$ sudo mkdir -p /usr/share/terminfo/x
$ cd /usr/share/terminfo/x
$ sudo ln -s /lib/terminfo/x/xterm xterm
```

### 4. 使用

sdbtop 启动后进入主窗口，在主窗口中展示了两种信息：界面信息导航和功能操作导航。在主窗口下通过按键 s、c、t 或 d 可以进入不同的监控窗口：

```
$ sdbtop -i sdbserver1 -s svcname1 -u sdbuser1 -p sdbpassword1

refresh= 3 secs            version {version}    snapshotMode: GLOBAL
displayMode: ABSOLUTE      Main Window          snapshotModeInput: NULL
hostname: sdbserver1                            filtering Number: 0
servicename: svcname1                           sortingWay: NULL sortingField: NULL
usrName: sdbuser1                               Refresh: F5, Quit: q, Help: h
 #### #### #### ##### ### ####    For help type h or ...
  #    #  # #  # #   #  # #  # #   sdbtop -h: usage
 ###  #  # ####   #   #  # ####
    # #  ## #   #   #   # ##
 #### #### ####   #     ### #

SDB Interactive Snapshot Monitor V2.0
Use these keys to ENTER:

window options(choose to enter window):
  m : return to main window          s : show sessions of SequoiaDB
  c : show collection spaces         t : show system resources
  d : show database state            l : show collections state
  h : help

options(use under window above):
  G : show options only              g : filter by specified group
  n : filter by specified node       r : set interval of refresh(second)
  A : sort column by ascending order D : sort column by descending order
```

```
C   : specify filter condition       Q   : cancel filter condition
N   : skip specified lines ahead     W   : show all lines
Tab : switch display Model           <-  : move left
->  : move right                     Enter: to last view, used under help window
ESC : cancel current operation       F5  : refresh immediately
q   : quit

Licensed Materials - Property of SequoiaDB
Copyright SequoiaDB Corp. 2013-2015 All Rights Reserved.
```

**5. 界面信息导航**

由表 6-6 可知，界面信息导航主要展示窗口刷新时间、显示模式、监控节点的机器名、监控节点的服务名或端口号、数据库用户名、快照模式、排序方式以及排序字段等信息。

表 6-6  界面信息导航

| 导航字段 | 描述 |
| --- | --- |
| refresh | 窗口刷新时间，默认每 3s 刷新一次。可在监控窗口下通过按 r 键来更改该时间 |
| displayMode | 显示模式，包含绝对值、差值和平均值三种模式。可在监控窗口下通过按 Tab 键来切换这三种模式 |
| hostname | 监控节点的机器名 |
| servicename | 监控节点的服务名或端口号 |
| usrName | 数据库用户名 |
| snapshotMode | 快照模式，包含全局、数据节点组和节点三种模式。可在监控窗口下通过按 G、g 或 n 键来改变这几种模式 |
| snapshotModeInput | 快照模式输入，可在监控窗口下通过按 G、g 或 n 键来改变这几种快照输入模式 |
| filtering Number | 跳过 N 行显示，可在监控窗口下通过按 N 键来输入跳过的行数 |
| sortingWay | 排序方式，包含升序和降序两种方式。可在监控窗口下通过按 A 键或 D 键来改变排序方式 |
| sortingField | 排序字段，可在监控窗口下通过按 A 键或 D 键来改变排序方式 |
| Refresh | 立即刷新，键盘快捷键为 F5 键 |
| Quit | 退出程序，键盘快捷键为 q |
| Help | 查看帮助信息，键盘快捷键为 h |

**6. 功能操作导航**

功能操作导航分为窗口切换按键说明和监控功能按键说明两部分，如表 6-7 和表 6-8

所示。通过窗口切换按键，可以进入不同的监控窗口。注意：监控功能按键在监控窗口下使用。

表 6-7 窗口切换按键说明表

| 窗口切换按键 | 描述 |
| --- | --- |
| m | 返回主窗口 |
| s | 列出数据库节点上的所有会话 |
| c | 列出数据库节点上的所有集合空间 |
| t | 列出数据库节点上的系统资源使用情况 |
| d | 列出数据库节点的数据库读/写性能 |
| h | 查看帮助信息 |

表 6-8 监控功能按键说明表

| 监控功能按键 | 描述 |
| --- | --- |
| G | 全局快照 |
| g | 按某个数据节点组展示快照 |
| n | 按某个数据节点展示快照 |
| r | 设置窗口刷新的时间间隔，单位：秒（s） |
| A | 将监控信息按照某列进行升序排序 |
| D | 将监控信息按照某列进行降序排序 |
| C | 将监控信息按照某个条件进行筛选 |
| Q | 返回没有按照筛选条件进行筛选的监控信息 |
| N | 跳过多少行显示 |
| W | 返回没有按照行号进行过滤的监控信息 |
| Tab | 切换数据计算的模式，支持绝对值、差值和平均值三种模式 |
| < | 向左移动，以查看隐藏的左边列的监控信息 |
| > | 向右移动，以查看隐藏的右边列的监控信息 |
| Enter | 返回上一次的监控界面，仅在进入 help 界面后有效 |
| Esc | 取消当前的操作。比如按了升序按键 A，就可以通过 Esc 键取消该操作 |
| F5 | 立即刷新 |
| q | 退出程序 |

## 7. 示例

下面的示例将展示 sdbtop 监控工具的使用方法，具体步骤如下：

（1）进入主窗口后，按 s 键，列出数据库节点的所有会话信息。

```
refresh= 3 secs                          version 5.0                      snapshotMode: GLOBAL
displayMode: ABSOLUTE                    Main Window                      snapshotModeInput: NULL
hostname: sdbserver1                                                      filtering Number: 0
servicename: svcname1                                    sortingWay: NULL sortingField: NULL
usrName: sdbuser1                                        Refresh: F5, Quit: q, Help: h


     SessionID          TID  Type           Name                QueueSize           ProcessEventCount
     ---------          ---  ----           ----                ---------           -----------------
1    1                 2869  Task           DATASYNC-JOB-D              0                           1
2    2                 2870  Task           OptPlanClear                0                           1
3    3                 2871  LogWriter      ""                          0                           1
4    4                 2872  DpsRollback    ""                          0                           2
5    5                 2873  Task           PAGEMAPPING-JOB-D           0                        2551
6    6                 2874  SyncClockWorker ""                         0                           1
7    7                 2875  DBMonitor      ""                          0                           1
8    8                 2876  TCPListener    ""                          0                           7
9    9                 2877  RestListener   ""                          0                           1
10   11                2879  Task           DictionaryCreator           0                           1
11   12                2880  PipeListener   ""                          0                           1
12   13                2886  Agent          127.0.0.1:59870             0                         749
13   15                2888  Unknow         ""                          0                           0
14   21                2894  Unknow         ""                          0                           0
15   23                2896  Unknow         ""                          0                           0
16   24                2897  Unknow         ""                          0                           0
17   25                4182  Unknow         ""                          0                           0
18   30                7412  Unknow         ""                          0                           0
19   31                7413  Unknow         ""                          0                           0
20   32                7415  Unknow         ""                          0                           0
21   33                7416  Unknow         ""                          0                           0
```

（2）按 Tab 键，屏幕左上方 displayMode 的值会发生切换。

（3）按 r 键，在屏幕最下方输入"2"，按回车键，设置窗口刷新的时间间隔。这时，屏幕左上方 refresh 的值变为 2。

```
refresh= 2 secs                version 5.0                snapshotMode: GLOBAL
displayMode: AVERAGE           Sessions                   snapshotModeInput: NULL
hostname: sdbserver1                                      filtering Number: 0
servicename: svcname1                                     sortingWay: NULL sortingField: NULL
usrName: sdbuser1                                         Refresh: F5, Quit: q, Help: h
```

|    | SessionID | TID  | Type           | Name              | QueueSize | ProcessEventCount |
|----|-----------|------|----------------|-------------------|-----------|-------------------|
| 1  | 1         | 2869 | Task           | DATASYNC-JOB-D    | 0         | 1                 |
| 2  | 2         | 2870 | Task           | OptPlanClear      | 0         | 1                 |
| 3  | 3         | 2871 | LogWriter      | ""                | 0         | 1                 |
| 4  | 4         | 2872 | DpsRollback    | ""                | 0         | 2                 |
| 5  | 5         | 2873 | Task           | PAGEMAPPING-JOB-D | 0         | 2572              |
| 6  | 6         | 2874 | SyncClockWorker| ""                | 0         | 1                 |
| 7  | 7         | 2875 | DBMonitor      | ""                | 0         | 1                 |
| 8  | 8         | 2876 | TCPListener    | ""                | 0         | 8                 |
| 9  | 9         | 2877 | RestListener   | ""                | 0         | 1                 |
| 10 | 11        | 2879 | Task           | DictionaryCreator | 0         | 1                 |
| 11 | 12        | 2880 | PipeListener   | ""                | 0         | 1                 |
| 12 | 13        | 2886 | Agent          | 127.0.0.1:33634   | 0         | 24                |
| 13 | 15        | 2888 | Unknow         | ""                | 0         | 0                 |
| 14 | 21        | 2894 | Unknow         | ""                | 0         | 0                 |
| 15 | 23        | 2896 | Unknow         | ""                | 0         | 0                 |
| 16 | 24        | 2897 | Unknow         | ""                | 0         | 0                 |
| 17 | 30        | 7412 | Unknow         | ""                | 0         | 0                 |
| 18 | 31        | 7413 | Unknow         | ""                | 0         | 0                 |
| 19 | 33        | 7416 | Unknow         | ""                | 0         | 0                 |
| 20 | 34        | 9895 | Unknow         | ""                | 0         | 0                 |
| 21 | 35        | 9896 | Unknow         | ""                | 0         | 0                 |

（4）按 A 键，并输入 "TID"，列表结果将按照 TID（Thread Identifier）进行升序排序。在此可以看到屏幕右上方 sortingWay 的值变为 1（1 表示升序，-1 表示降序），sortingField 的值变为 TID。

```
refresh= 2 secs                version 5.0                snapshotMode: GLOBAL
displayMode: AVERAGE           Sessions                   snapshotModeInput: NULL
hostname: sdbserver1                                      filtering Number: 0
servicename: svcname1                                     sortingWay: 1 sortingField: TID
usrName: sdbuser1                                         Refresh: F5, Quit: q, Help: h
```

| SessionID | TID | Type | Name | QueueSize | ProcessEventCount |
| --- | --- | --- | --- | --- | --- |
| 1  1 | 2869 | Task | DATASYNC-JOB-D | 0 | 1 |
| 2  2 | 2870 | Task | OptPlanClear | 0 | 1 |
| 3  3 | 2871 | LogWriter | "" | 0 | 1 |
| 4  4 | 2872 | DpsRollback | "" | 0 | 2 |
| 5  5 | 2873 | Task | PAGEMAPPING-JOB-D | 0 | 2594 |
| 6  6 | 2874 | SyncClockWorker | "" | 0 | 1 |
| 7  7 | 2875 | DBMonitor | "" | 0 | 1 |
| 8  8 | 2876 | TCPListener | "" | 0 | 8 |
| 9  9 | 2877 | RestListener | "" | 0 | 1 |
| 10  11 | 2879 | Task | DictionaryCreator | 0 | 1 |
| 11  12 | 2880 | PipeListener | "" | 0 | 1 |
| 12  13 | 2886 | Agent | 127.0.0.1:33634 | 0 | 180 |
| 13  15 | 2888 | Unknow | "" | 0 | 0 |
| 14  21 | 2894 | Unknow | "" | 0 | 0 |
| 15  23 | 2896 | Unknow | "" | 0 | 0 |
| 16  24 | 2897 | Unknow | "" | 0 | 0 |
| 17  30 | 7412 | Unknow | "" | 0 | 0 |
| 18  31 | 7413 | Unknow | "" | 0 | 0 |
| 19  33 | 7416 | Unknow | "" | 0 | 0 |
| 20  34 | 9895 | Unknow | "" | 0 | 0 |
| 21  35 | 9896 | Unknow | "" | 0 | 0 |

（5）按 N 键，并输入"1"，则列表中原来行号为 1 的记录不显示。

（6）按 W 键，返回没有按照行号进行过滤的列表信息。

（7）按 C 键，并输入"TID:2869"进行筛选，则只显示 TID 值为 2869 的记录。

```
refresh= 3 secs            version {version}         snapshotMode: GLOBAL
displayMode: AVERAGE       Main Window               snapshotModeInput: NULL
hostname: sdbserver1                                 filtering Number: 0
servicename: svcname1                                sortingWay: 1  sortingField: TID
usrName: sdbuser1                                    Refresh: F5, Quit: q, Help: h


  SessionID TID  Type              Name                QueueSize ProcessEventCount
  --------- ---- ----------------- ------------------- --------- -----------------
1  1        2869 Task              DATASYNC-JOB-D      0         1
```

(8) 按 Q 键，返回没有按照筛选条件进行筛选的列表信息。

(9) 按<键或者>键，可以查看隐藏在左边或者右边的列。

## 6.6　高可用性与容灾

高可用性指的是数据库的持久性、冗余性和自动故障转移能力。SequoiaDB 采用的是复制组内多副本机制的集群架构，从而可保证数据库的高可用性。

容灾指的是建立多地的灾备中心（该中心是主数据中心的一个可用副本），在灾难发生之后，可通过该中心确保原有的数据不会丢失或遭到破坏。灾备中心的数据可以是主中心数据的完全实时复制，也可以对主中心数据进行稍微落后的复制，但该数据一定是可用的。SequoiaDB 的容灾机制主要采用的是数据复制与备份/恢复技术。

大多数数据中心还需要"双活"的容灾能力，即两个数据中心数据库同时在线运行，处于可读可查询状态。而近年来，越来越多的企业开始将关注点转向"多活"，建设多个数据中心。"多活"一方面指的是多中心之间地位均等，正常模式下协同工作，并行地为业务访问提供服务，实现对资源的充分利用，以避免一个或两个备份中心处于闲置状态，造成资源与投资的浪费；另一方面指的是在一个数据中心发生故障或出现灾难的情况下，其他数据中心可以正常运行，并对关键业务或全部业务进行接管，实现用户的"故障无感知"。

SequoiaDB 已经在内部实现了容灾备份以及"双活"的机制，主要包括以下几点。

- 异地容灾：通过双中心的高可用和备份，保证数据安全，主数据中心和灾备中心间的距离超过 1000km。
- 同城双中心容灾：同城双中心的数据强一致实时同步，保证极端情况下的数据不错、不丢；RPO=0，RTO 小于 10min。
- 同城双活：同城双中心的数据强一致实时同步，保证双中心数据的一致性；双中心的数据可以实现同时读/写，这大大提升了数据的读/写效率；中心切换的 RTO 小于 10min，RPO=0。
- 便捷的灾备管理：在系统集群中统一管理灾备中心，简化了维护成本，可帮助用户更快上手。

## 6.6.1 同城双中心部署

"同城双中心"指的是主数据中心和同城灾备中心。在这种模式下，同城的两个数据中心互联互通，如果一个数据中心发生故障或出现灾难，另外一个数据中心可以正常运行，并对关键业务或全部业务进行接管。

**1. 同城双中心的灾备架构**

本节采用三副本机制部署 SequoiaDB 同城双中心的灾备集群，其中两个副本在主中心，一个副本在灾备中心，如图 6-4 所示。

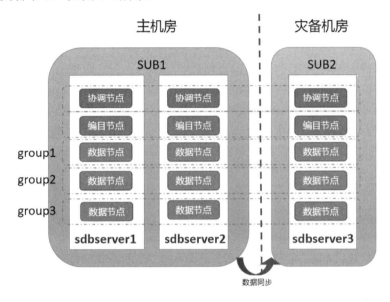

图6-4　同城双中心的灾备架构

因为同城灾备网络的带宽有限，所以需要严格控制 SequoiaDB 集群对同城带宽的占用，阻止数据节点在异常终止后执行自动全量同步操作。用户应设置 sdbcm 节点的参数"AutoStart=FALSE"和"EnableWatch=FALSE"，并设置每个数据节点的参数"dataerrorop=2"。

在数据同步方面，应采用 SequoiaDB 提供的节点强一致性功能。当数据写入主节点时，数据库会确保节点间的数据都同步完成后才返回。这样一来，即使在主机房整体发生故障时，也能保证数据的完整性与安全性。

根据 SequoiaDB 的同城灾备集群部署情况，如表 6-9 所示，可以将集群划分为两个子网（SUB）。

表 6-9　SequoiaDB 的同城灾备集群部署情况

| 子网 | 主机 |
|---|---|
| SUB1 | sdbserver1、sdbserver2 |
| SUB2 | sdbserver3 |

#### 2. 灾难应对方案

根据不同情况，具体的灾难应对方案如下。

- 单节点的故障：由于采用了三副本高可用架构，因此在个别节点发生故障的情况下，数据组依然可以正常工作。针对个别节点发生故障的场景，无须采取特别的应对措施，只需及时修复故障节点，并通过自动数据同步或者人工数据同步的方式来恢复故障节点的数据即可。
- 灾备中心的整体故障：当灾备中心（SUB2）发生故障时，由于每个数据组都有两个副本部署在主中心（SUB1）中，各数据组存活节点的数量仍大于本数据组的总节点数的 1/2，因此每个数据组仍然能够为应用层提供读/写服务。针对灾备中心整体发生故障的场景，无须采取特别的应对措施，只需及时修复故障节点，并通过自动数据同步或者人工数据同步的方式来恢复故障节点的数据即可。
- 同城网络的故障：当同城网络发生故障，导致主中心与灾备中心无法进行通信时，由于采用了三副本的架构，因此应用程序可以通过本地两副本集群进行数据访问。针对同城网络发生故障的场景，无须采取特别的应对措施，只需及时修复网络故障，修复后通过自动数据同步或者人工数据同步的方式来恢复灾备节点的数据即可。
- 主中心的整体故障：当主中心（SUB1）整体发生故障时，整个集群环境将会失去 2/3 的节点。如果从每个数据组来看，相当于每个数据组有两个数据节点发生了故障，存活的节点只剩余一个。在这种情况下，需要使用"分裂"（split）和"合并"（merge）工具做一些特殊处理，把灾备中心的集群分裂成单副本集群，这时灾备中心节点可提供读/写服务。分裂集群的耗时相对比较短，一般在 10min 内便能完成。具体操作步骤可参考下面的"灾难恢复"内容。

#### 3. 灾难恢复

SequoiaDB 对于容灾处理提供了 split/merge 工具。split 工具的基本工作原理如下：某些副本从原有集群中分裂出来，成为一个新的集群，单独提供读/写服务；其余副本成为一个新的集群，仅提供读服务。merge 工具的基本工作原理如下：将分裂出去的副本重新合并到原有的集群中，恢复到原有集群的最初状态。

在 SUB1 和 SUB2 两个子网里分别选择 "sdbserver1" 和 "sdbserver3" 作为执行 "分裂"（split）、"合并"（merge）操作的机器。

**首先，进行集群信息的初始化（init）。** 在执行集群的 "分裂"（split）和 "合并"（merge）操作时，需要知道当前自己所在的子网（SUB）所对应的信息，比如当前子网里有哪些机器、每台机器上面分别有哪些节点等。在正常情况下，这些信息可以通过访问编目复制组（SYSCatalogGroup）来获取。但当灾难导致主中心整体发生故障的时候，编目复制组已经无法正常工作；因此，需要在集群处于正常状态时获取这些信息，以备灾难发生时使用。

具体步骤如下：

（1）子网 cluster_opr.js 文件配置的信息如下。其中，SUB1 的配置如下。

```
if ( typeof(SEQPATH) != "string" || SEQPATH.length == 0 ) { SEQPATH = "/opt/sequoiadb/" ; }
if ( typeof(USERNAME) != "string" ) { USERNAME = "sdbadmin" ; }
if ( typeof(PASSWD) != "string" ) { PASSWD = "sdbadmin" ; }
if ( typeof(SDBUSERNAME) != "string" ) { SDBUSERNAME = "sdbadmin" ; }
if ( typeof(SDBPASSWD) != "string" ) { SDBPASSWD = "sdbadmin" ; }
if ( typeof(SUB1HOSTS) == "undefined" ) { SUB1HOSTS = [ "sdbserver1", "sdbserver2" ] ; }
if ( typeof(SUB2HOSTS) == "undefined" ) { SUB2HOSTS = [ "sdbserver3" ] ; }
if ( typeof(COORDADDR) == "undefined" ) { COORDADDR = [ "sdbserver1:11810" ] }
if ( typeof(CURSUB) == "undefined" ) { CURSUB = 1 ; }
if ( typeof(ACTIVE) == "undefined" ) { ACTIVE = true ; }
```

SUB2 的配置如下。

```
if ( typeof(SEQPATH) != "string" || SEQPATH.length == 0 ) { SEQPATH = "/opt/sequoiadb/" ; }
if ( typeof(USERNAME) != "string" ) { USERNAME = "sdbadmin" ; }
if ( typeof(PASSWD) != "string" ) { PASSWD = "sdbadmin" ; }
if ( typeof(SDBUSERNAME) != "string" ) { SDBUSERNAME = "sdbadmin" ; }
if ( typeof(SDBPASSWD) != "string" ) { SDBPASSWD = "sdbadmin" ; }
if ( typeof(SUB1HOSTS) == "undefined" ) { SUB1HOSTS = [ "sdbserver1", "sdbserver2" ] ; }
if ( typeof(SUB2HOSTS) == "undefined" ) { SUB2HOSTS = [ "sdbserver3" ] ; }
if ( typeof(COORDADDR) == "undefined" ) { COORDADDR = [ "sdbserver3:11810" ] }
if ( typeof(CURSUB) == "undefined" ) { CURSUB = 2 ; }
if ( typeof(ACTIVE) == "undefined" ) { ACTIVE = false; }
```

**注意：**
在集群信息初始化时，ACTIVE 的值决定当前子网的权重。在 SUB1 中应设置

ACTIVE=true，使主节点分布在主中心内；在 SUB2 中应设置 ACTIVE=false，以防主节点分布在灾备中心内。

（2）在 sdbserver1 上执行初始化（init.sh）操作。

```
[sdbadmin@sdbserver1 dr_ha]$ sh init.sh
Begin to check args...
Done
Begin to check enviroment...
Done
Begin to init cluster...
Start to copy init file to cluster host
Copy init file to sdbserver2 success
Copy init file to sdbserver3 success
Done
Begin to update catalog and data nodes's config...Done
Begin to reload catalog and data nodes's config...Done
Begin to reelect all groups...Done
Done
```

**注意：**

- 执行初始化（init.sh）操作后会生成"datacenter_init.info"文件，该文件位于 SequoiaDB 安装目录。如果该文件已存在，则需要先删除该文件或备份该文件。

- 在 cluster_opr.js 中，参数 NEEDBROADCASTINITINFO 的默认值为"true"，表示将初始化的结果文件分发到集群的所有主机上。所以，初始化操作在 SUB1 的 sdbserver1 机器上执行即可。

（3）检查集群的情况。其中，sdbserver1 的情况如下。

```
[sdbadmin@sdbserver1 dr_ha]$ sdblist -l
Name       SvcName   Role      PID     GID   NID   PRY  GroupName         StartTime                DBPath
sequoiadb  11810     coord     35754   2     5     Y    SYSCoord          2019-01-23-19.30.57      /sequoiadb/coord/11810/
sequoiadb  11800     catalog   36518   1     1     Y    SYSCatalogGroup   2019-01-23-22.27.20      /sequoiadb/cata/11800/
sequoiadb  11910     data      36517   1002  1006  N    group1            2019-01-23-22.27.20      /sequoiadb/group1/11910/
sequoiadb  11920     data      36628   1000  1000  Y    group2            2019-01-23-22.30.06      /sequoiadb/group2/11920/
sequoiadb  11930     data      36648   1001  1003  N    group3            2019-01-23-22.30.21      /sequoiadb/group3/11930/
Total: 5
```

sdbserver2 的情况如下。

```
[sdbadmin@sdbserver2 ~]$ sdblist -l
Name         SvcName    Role      PID      GID    NID    PRY   GroupName         StartTime              DBPath
sequoiadb    11810      coord     12290    2      6      Y     SYSCoord          2019-01-18-07.21.12    /sequoiadb/coord/11810/
sequoiadb    11800      catalog   12305    1      3      N     SYSCatalogGroup   2019-01-18-07.21.12    /sequoiadb/cata/11800/
sequoiadb    11910      data      12362    1000   1001   N     group1            2019-01-18-07.21.16    /sequoiadb/group1/11910/
sequoiadb    11920      data      12296    1001   1004   Y     group2            2019-01-18-07.21.12    /sequoiadb/group2/11920/
sequoiadb    11930      data      12688    1002   1007   Y     group3            2019-01-18-08.55.29    /sequoiadb/group3/11930/
Total: 5
```

sdbserver3 的情况如下。

```
[sdbadmin@sdbserver3 dr_ha]$ sdblist -l
Name         SvcName    Role      PID      GID    NID    PRY   GroupName         StartTime              DBPath
sequoiadb    11810      coord     11626    2      7      Y     SYSCoord          2019-01-20-02.23.30    /sequoiadb/coord/11810/
sequoiadb    11800      catalog   12419    1      4      N     SYSCatalogGroup   2019-01-20-05.01.24    /sequoiadb/cata/11800/
sequoiadb    11910      data      11704    1000   1002   N     group1            2019-01-20-02.24.11    /sequoiadb/group1/11910/
sequoiadb    11920      data      11920    1001   1005   N     group2            2019-01-20-02.26.05    /sequoiadb/group2/11920/
sequoiadb    11930      data      12416    1002   1008   N     group3            2019-01-20-05.01.24    /sequoiadb/group3/11930/
Total: 5
```

至此，主节点已经全部分布在子网 SUB1 的机器中。

**然后**，在灾备中心执行"分裂"（split）操作。当灾难发生时，主中心（SUB1）里的所有机器都不可用，SequoiaDB 集群的三个副本中有两个副本无法工作。此时需要用"分裂"（split）工具使灾备中心（SUB2）里的一个副本脱离原集群，成为具备读/写功能的独立集群，以恢复 SequoiaDB 服务。

具体步骤如下：

（1）修改 ACTIVE 参数。在 sdbserver3 机器上，将 cluster_opr.js 中的 ACTIVE 参数修改为 true。

```
if ( typeof(ACTIVE) == "undefined" ) { ACTIVE = true ; }
```

（2）执行"分裂"（split）操作。

```
[sdbadmin@sdbserver3 dr_ha]$ sh split.sh
Begin to check args...
Done
Begin to check enviroment...
Done
Begin to split cluster...
Stop 11800 succeed in sdbserver3
Start 11800 by standalone succeed in sdbserver3
Change sdbserver3:11800 to standalone succeed
Kick host[sdbserver2] from group[SYSCatalogGroup]
Kick host[sdbserver1] from group[SYSCatalogGroup]
Update kicked group[SYSCatalogGroup] to sdbserver3:11800 succeed
Kick host[sdbserver1] from group[group1]
Kick host[sdbserver2] from group[group1]
Update kicked group[group1] to sdbserver3:11910 succeed
Kick host[sdbserver1] from group[group2]
Kick host[sdbserver2] from group[group2]
Update kicked group[group2] to sdbserver3:11920 succeed
Kick host[sdbserver1] from group[group3]
Kick host[sdbserver2] from group[group3]
Update kicked group[group3] to sdbserver3:11930 succeed
Kick host[sdbserver1] from group[SYSCoord]
Kick host[sdbserver2] from group[SYSCoord]
Update kicked group[SYSCoord] to sdbserver3:11810 succeed
Update sdbserver3:11800 catalog's info succeed
Update sdbserver3:11800 catalog's readonly prop succeed
Update all nodes's catalogaddr to sdbserver3:11803 succeed
Restart all nodes succeed in sdbserver3
Restart all host nodes succeed
Done
```

（3）检查灾备中心（SUB2）的节点状态。

```
[sdbadmin@sdbserver3 dr_ha]$ sdblist -l
```

| Name | SvcName | Role | PID | GID | NID | PRY | GroupName | StartTime | DBPath |
|---|---|---|---|---|---|---|---|---|---|
| sequoiadb | 11810 | coord | 13590 | - | - | Y | SYSCoord | 2019-01-20-09.37.52 | /sequoiadb/coord/11810/ |
| sequoiadb | 11800 | catalog | 13587 | 1 | 4 | Y | SYSCatalogGroup | 2019-01-20-09.37.52 | /sequoiadb/cata/12000/ |
| sequoiadb | 11910 | data | 13578 | 1001 | 1005 | Y | group1 | 2019-01-20-09.37.52 | /sequoiadb/group1/11910/ |

```
sequoiadb   11920         data      13581    1002    1008   Y      group2              2019-01-20-09.37.52    /sequoiadb/group2/11920/
sequoiadb   11930         data      13584    1000    1002   Y      group3              2019-01-20-09.37.52    /sequoiadb/group3/11930/
Total: 5
```

此时，灾备中心的所有节点都是主节点，形成了具备读/写功能的单副本 SequoiaDB 集群，可以正常对外提供服务。

接着，我们开始修复主中心故障。主中心（SUB1）的机器从故障中恢复后，有两种可能的情况。第一种情况是主中心（SUB1）中的 SequoiaDB 数据已经遭到严重破坏（比如严重的硬盘故障），SequoiaDB 节点已经无法正常启动，此时需要采取特殊的应对措施，如更换硬盘并手工恢复主中心中的数据。第二种情况是主中心（SUB1）中的 SDB 数据并未遭到破坏，SequoiaDB 节点可以启动并正常工作。

**注意：**
主中心（SUB1）的机器恢复正常后，不应手工启动主中心（SUB1）的 SequoiaDB 节点，否则主中心（SUB1）和灾备中心（SUB2）会形成两个独立的可读/写 SequoiaDB 集群。此时，如果应用同时连接到 SUB1 和 SUB2，集群会出现"脑裂"（brain-split）的情况。

**下一步是在主中心执行"分裂"（split）操作**。在此之前，我们需要确保灾备中心（SUB2）已经成功地执行了"分裂"（split）操作。此时灾备中心（SUB2）成为具有读/写功能的单副本 SequoiaDB 集群。同时，需要确认主中心（SUB1）的故障已修复，且 SequoiaDB 的数据没有被损坏。

具体步骤如下：

（1）修改 ACTIVE 参数。在 sdbserver1 机器上，将 cluster_opr.js 中的 ACTIVE 参数修改为 false。设置 ACTIVE=false，使分裂后的二副本集群进入"只读"模式，只有灾备中心的单副本集群具有"写"功能，从而避免了集群"脑裂"（brain-split）的情况。

```
if ( typeof(ACTIVE) == "undefined" ) { ACTIVE = false ; }
```

（2）执行数据节点的自动全量同步操作。如果主中心（SUB1）的节点是异常终止的，则重新启动节点时必须通过全量同步来恢复数据。数据节点的参数设置 dataerrorop=2，会阻止全量同步的发生，导致数据节点无法启动。因此，主中心（SUB1）执行"分裂"（split）操作之前，需要在所有数据节点的配置文件（sdb.conf）中设置 dataerrorop=1，这样才能顺利启动数据节点。

(3)执行"分裂"(split)操作的方法如下。

```
[sdbadmin@sdbserver1 dr_ha]$ sh split.sh
Begin to check args...
Done
Begin to check enviroment...
Done
Begin to split cluster...
Stop 11800 succeed in sdbserver2
Start 11800 by standalone succeed in sdbserver2
Change sdbserver2:11800 to standalone succeed
Kick host[sdbserver3] from group[SYSCatalogGroup]
Update kicked group[SYSCatalogGroup] to sdbserver2:11800 succeed
Kick host[sdbserver3] from group[group1]
Update kicked group[group1] to sdbserver2:11800 succeed
Kick host[sdbserver3] from group[group2]
Update kicked group[group2] to sdbserver2:11800 succeed
Kick host[sdbserver3] from group[group3]
Update kicked group[group3] to sdbserver2:11800 succeed
Kick host[sdbserver3] from group[SYSCoord]
Update kicked group[SYSCoord] to sdbserver2:11800 succeed
Update sdbserver2:11800 catalog's info succeed
Update sdbserver2:11800 catalog's readonly prop succeed
Stop 11800 succeed in sdbserver1
Start 11800 by standalone succeed in sdbserver1
Change sdbserver1:11800 to standalone succeed
Kick host[sdbserver3] from group[SYSCatalogGroup]
Update kicked group[SYSCatalogGroup] to sdbserver1:11800 succeed
Kick host[sdbserver3] from group[group1]
Update kicked group[group1] to sdbserver1:11800 succeed
Kick host[sdbserver3] from group[group2]
Update kicked group[group2] to sdbserver1:11800 succeed
Kick host[sdbserver3] from group[group3]
Update kicked group[group3] to sdbserver1:11800 succeed
Kick host[sdbserver3] from group[SYSCoord]
Update kicked group[SYSCoord] to sdbserver1:11800 succeed
Update sdbserver1:11800 catalog's info succeed
```

```
Update sdbserver1:11800 catalog's readonly prop succeed
Update all nodes's catalogaddr to sdbserver1:11803,sdbserver2:11803 succeed
Restart all nodes succeed in sdbserver1
Restart all nodes succeed in sdbserver2
Restart all host nodes succeed
Done
```

（4）检查主中心集群的状态。主中心（SUB1）完成"分裂"（split）操作后，由三副本集群变成新的二副本的"只读"集群，二副本集群可以分担一部分业务"读"请求。连接主中心集群，执行"写"操作的命令，如创建集合、插入数据、删除数据等操作都会失败，并提示错误信息。

```
(sdbbp):1 uncaught exception: -287
This cluster is readonly
```

**最后，实现主中心和灾备中心的集群"合并"（merge）。**

具体步骤如下：

（1）在执行"分裂"（split）操作之后，主中心（SUB1）和灾备中心（SUB2）是完全独立的两个集群，灾备中心（SUB2）集群具有"读/写"功能，会产生新的业务数据，但新的数据不会同步到主中心（SUB1）中。在这种情况下，主中心和灾备中心合并成一个集群后，主节点必须分布在灾备中心（SUB2）中。在执行"合并"（merge）操作前，必须保证主中心（SUB1）设置 ACTIVE=false，灾备中心（SUB2）设置 ACTIVE=true。

（2）在灾备中心（SUB2）中先执行"合并"（merge）操作。

```
[sdbadmin@sdbserver3 dr_ha]$ sh merge.sh
Begin to check args...
Done
Begin to check enviroment...
Done
Begin to merge cluster...
Stop 11800 succeed in sdbserver3
Start 11800 by standalone succeed in sdbserver3
Change sdbserver3:11800 to standalone succeed
Restore group[SYSCatalogGroup] to sdbserver3:11800 succeed
Restore group[group1] to sdbserver3:11800 succeed
Restore group[group2] to sdbserver3:11800 succeed
```

Restore group[group3] to sdbserver3:11800 succeed
Restore group[SYSCoord] to sdbserver3:11800 succeed
Restore sdbserver3:11800 catalog's info succeed
Update sdbserver3:11800 catalog's readonly prop succeed
Update all nodes's catalogaddr to sdbserver1:11803,sdbserver2:11803,sdbserver3:11803 succeed
Restart all nodes succeed in sdbserver3
Restart all host nodes succeed
Done

(3)在主中心（SUB1）中执行"合并"（merge）操作。

[sdbadmin@sdbserver1 dr_ha]$ sh merge.sh
Begin to check args...
Done
Begin to check enviroment...
Done
Begin to merge cluster...
Stop 11800 succeed in sdbserver2
Start 11800 by standalone succeed in sdbserver2
Change sdbserver2:11800 to standalone succeed
Restore group[SYSCatalogGroup] to sdbserver2:11800 succeed
Restore group[group1] to sdbserver2:11800 succeed
Restore group[group2] to sdbserver2:11800 succeed
Restore group[geoup3] to sdbserver2:11800 succeed
Restore group[SYSCoord] to sdbserver2:11800 succeed
Restore sdbserver2:11800 catalog's info succeed
Update sdbserver2:11800 catalog's readonly prop succeed
Stop 11800 succeed in sdbserver1
Start 11800 by standalone succeed in sdbserver1
Change sdbserver1:11800 to standalone succeed
Restore group[SYSCatalogGroup] to sdbserver1:11800 succeed
Restore group[group1] to sdbserver1:11800 succeed
Restore group[group2] to sdbserver1:11800 succeed
Restore group[group3] to sdbserver1:11800 succeed
Restore group[SYSCoord] to sdbserver1:11800 succeed
Restore sdbserver1:11800 catalog's info succeed
Update sdbserver1:11800 catalog's readonly prop succeed

```
Update all nodes's catalogaddr to sdbserver1:11803,sdbserver2:11803,sdbserver3:11803
succeed
Restart all nodes succeed in sdbserver1
Restart all nodes succeed in sdbserver2
Restart all host nodes succeed
Done
```

（4）检查主节点的分布情况。执行"合并"（merge）操作后，确认各复制组的主节点全部分布在灾备中心（SUB2）中。

```
[sdbadmin@sdbserver3 dr_ha]$ sdblist -l
Name       SvcName   Role      PID     GID    NID   PRY  GroupName        StartTime              DBPath
sequoiadb  11810     coord     15584   2      10    Y    SYSCoord         2019-01-20-12.03.50    /sequoiadb/coord/11810/
sequoiadb  11800     catalog   15581   1      4     Y    SYSCatalogGroup  2019-01-20-12.03.50    /sequoiadb/cata/11800/
sequoiadb  11910     data      15572   1001   1005  Y    group1           2019-01-20-12.03.50    /sequoiadb/group1/11910/
sequoiadb  11920     data      15575   1002   1008  Y    group2           2019-01-20-12.03.50    /sequoiadb/group2/11920/
sequoiadb  11930     data      15578   1000   1002  Y    group3           2019-01-20-12.03.50    /sequoiadb/group3/11930/
Total: 5
```

（5）检查数据的同步情况。执行"合并"（merge）操作后，主中心（SUB1）需要通过数据同步操作追平灾备中心（SUB2）的数据，此过程由 SequoiaDB 自动触发，无须人工干预。我们可以通过 SDB 的"快照"（SNAPSHOT）功能，检查主中心（SUB1）里的数据节点是否已经完成数据的同步并恢复至正常状态。

sdbserver1 的情况如下。

```
[sdbadmin@sdbserver1 dr_ha]$ sdb "db=Sdb('sdbserver1',11810,'sdbadmin','sdbadmin')"
sdbserver1:11810
[sdbadmin@sdbserver1 dr_ha]$ sdb 'db.exec("select * from $SNAPSHOT_DB where NodeName like \"sdbserver1\"")' | grep -E '"NodeName"|Status'
  "NodeName": "sdbserver1:11800",
  "ServiceStatus": true,
  "Status": "Normal",
  "NodeName": "sdbserver1:11810",
  "ServiceStatus": true,
  "Status": "Normal",
  "NodeName": "sdbserver1:11910",
  "ServiceStatus": true,
```

```
    "Status": "Normal",
    "NodeName": "sdbserver1:11920",
    "ServiceStatus": true,
    "Status": "Normal",
    "NodeName": "sdbserver1:11930",
    "ServiceStatus": true,
    "Status": "Normal",
```

sdbserver2 的情况如下。

```
[sdbadmin@sdbserver2 dr_ha]$ sdb "db=Sdb('sdbserver2',11810,'sdbadmin','sdbadmin')"
sdbserver2:11810
[sdbadmin@sdbserver2 dr_ha]$ sdb 'db.exec("select * from $SNAPSHOT_DB where NodeName
like \"sdbserver2\"")' | grep -E '"NodeName"|Status'
    "NodeName": "sdbserver2:11800",
    "ServiceStatus": true,
    "Status": "Normal",
    "NodeName": "sdbserver2:11810",
    "ServiceStatus": true,
    "Status": "Normal",
    "NodeName": "sdbserver2:11910",
    "ServiceStatus": true,
    "Status": "Normal",
    "NodeName": "sdbserver2:11920",
    "ServiceStatus": true,
    "Status": "Normal",
    "NodeName": "sdbserver2:11930",
    "ServiceStatus": true,
    "Status": "Normal",
```

由上面的输出可以看到，在"合并"（merge）操作完成一段时间之后，主中心（SUB1）里的所有节点都已经完成数据的同步。

（6）结束数据节点的自动全量同步操作。当"合并"（merge）操作完成，并且主中心（SUB1）和灾备中心（SUB2）的数据追平，后续不再需要数据节点的自动全量同步时，需要将所有数据节点的 dataerrorop 参数改回最初的设置，即 dataerrorop=2。连接协调节点，动态刷新节点的配置参数。

```
[sdbadmin@sdbserver1 dr_ha]$ sdb "db=Sdb('sdbserver1',11810,'sdbadmin','sdbadmin')"
[sdbadmin@sdbserver1 dr_ha]$ sdb "db.updateConf({dataerrorop:2},
```

```
{GroupName:'group1'})"
[sdbadmin@sdbserver1 dr_ha]$ sdb "db.updateConf({dataerrorop:2},
{GroupName:'group2'})"
[sdbadmin@sdbserver1 dr_ha]$ sdb "db.updateConf({dataerrorop:2},
{GroupName:'group3'})"
[sdbadmin@sdbserver1 dr_ha]$ sdb "db.reloadConf()"
```

（7）再次执行初始化（init.sh）操作，恢复集群的最初状态。由于"合并"（merge）之后，集群中的主节点全部分布在灾备集群（SUB2）中，因此需要再次执行初始化操作，将主节点重新分布到主中心（SUB1）中。

注意：
再次执行初始化操作之前，需要先删除 SequoiaDB 安装目录下的 datacenter_init.info 文件，否则 init.sh 会提示如下错误：

```
Already init. If you want to re-init, you should to remove the file:
/opt/sequoiadb/datacenter_init.info
```

（8）在主中心（SUB1）中设置 ACTIVE=true。

```
[sdbadmin@sdbserver1 dr_ha]$ grep 'ACTIVE =' cluster_opr.js
if ( typeof(ACTIVE) == "undefined" ) { ACTIVE = true; }
```

（9）在灾备中心（SUB2）中设置 ACTIVE=false。

```
[sdbadmin@sdbserver3 dr_ha]$ grep 'ACTIVE =' cluster_opr.js
if ( typeof(ACTIVE) == "undefined" ) { ACTIVE = false; }
```

（10）在主中心（SUB1）中执行初始化（init.sh）操作。

```
[sdbadmin@sdbserver1 dr_ha]$ sh init.sh
Begin to check args...
Done
Begin to check enviroment...
Done
Begin to init cluster...
Start to copy init file to cluster host
Copy init file to sdbserver2 success
Copy init file to sdbserver3 success
Done
```

```
Begin to update catalog and data nodes's config...Done
Begin to reload catalog and data nodes's config...Done
Begin to reelect all groups...Done
Done
```

**注意：**

在 cluster_opr.js 中，参数 NEEDBROADCASTINITINFO 的默认值为 "true"，表示将初始化的结果文件分发到集群的所有主机上。所以，初始化操作在 SUB1 的 sdbserver1 机器上执行即可。

（11）检查主节点的分布情况。重新执行初始化（init.sh）操作之后，确认各复制组的主节点全部分布在主中心（SUB1）中。

sdbserver1 的情况如下。

```
[sdbadmin@sdbserver1 dr_ha]$ sdblist -l
Name        SvcName   Role      PID     GID    NID    PRY  GroupName         StartTime               DBPath
sequoiadb   11810     coord     40898   2      8      Y    SYSCoord          2019-01-24-05.35.42     /sequoiadb/coord/11810/
sequoiadb   11800     catalog   41150   1      1      N    SYSCatalogGroup   2019-01-24-05.37.29     /sequoiadb/cata/11800/
sequoiadb   11910     data      40886   1001   1003   N    group1            2019-01-24-05.35.42     /sequoiadb/group1/11910/
sequoiadb   11920     data      40889   1002   1006   N    group2            2019-01-24-05.35.42     /sequoiadb/group2/11920/
sequoiadb   11930     data      40892   1000   1000   N    group3            2019-01-24-05.35.42     /sequoiadb/group3/11930/
Total: 5
```

sdbserver2 的情况如下。

```
[sdbadmin@sdbserver2 ~]$ sdblist -l
Name        SvcName   Role      PID     GID    NID    PRY  GroupName         StartTime               DBPath
sequoiadb   11810     coord     15961   2      9      Y    SYSCoord          2019-01-18-16.03.39     /sequoiadb/coord/11810/
sequoiadb   11800     catalog   16208   1      3      Y    SYSCatalogGroup   2019-01-18-16.05.46     /sequoiadb/cata/11800/
sequoiadb   11910     data      15949   1001   1004   Y    group1            2019-01-18-16.03.39     /sequoiadb/group1/11910/
sequoiadb   11920     data      15952   1002   1007   Y    group2            2019-01-18-16.03.39     /sequoiadb/group2/11920/
sequoiadb   11930     data      15955   1000   1001   Y    group3            2019-01-18-16.03.40     /sequoiadb/group3/11930/
Total: 5
```

sdbserver3 的情况如下。

## 第6章 进阶使用与运维

```
[sdbadmin@sdbserver3 dr_ha]$ sdblist -l
Name        SvcName   Role      PID    GID   NID   PRY  GroupName        StartTime              DBPath
sequoiadb   11810     coord     15584  2     10    Y    SYSCoord         2019-01-20-12.03.50    /sequoiadb/coord/11810/
sequoiadb   11800     catalog   15581  1     4     N    SYSCatalogGroup  2019-01-20-12.03.50    /sequoiadb/cata/11800/
sequoiadb   11910     data      15572  1001  1005  N    group1           2019-01-20-12.03.50    /sequoiadb/group1/11910/
sequoiadb   11920     data      15575  1002  1008  N    group2           2019-01-20-12.03.50    /sequoiadb/group2/11920/
sequoiadb   11930     data      15578  1000  1002  N    group3           2019-01-20-12.03.50    /sequoiadb/group3/11930/
Total: 5
```

### 6.6.2 两地三中心部署

两地三中心指的是在同城双中心的基础上，在异地机房单独部署一套 SequoiaDB 集群，用于双中心的数据备份。当双中心由于自然灾害等原因而发生故障时，异地灾备中心可以用备份数据进行业务的恢复。

**1．两地三中心的灾备架构**

如图 6-5 所示，同城的两中心采用三副本机制部署 SequoiaDB 灾备集群，异地中心集群只保持单副本，通过传输同城灾备集群日志到异地灾备集群，然后通过重放日志记录的方式来实现两地间结构化数据的同步。两个集群同时在线，只有本地集群可提供数据的读/写服务，而异地集群用于数据的备份，且数据同步有一定的延时。

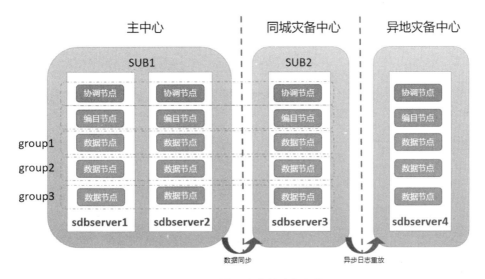

图6-5 两地三中心的灾备架构

## 2. 灾难应对方案

根据不同情况，具体的灾难应对方案如下。

- 主中心的整体故障：当主中心（SUB1）整体发生故障时，整个集群环境将会失去 2/3 的节点，如果从每个数据组来看，这相当于每个数据组有两个数据节点发生了故障，存活的节点只剩余一个。在这种情况下，需要使用"分裂"（split）和"合并"（merge）工具做一些特殊处理，把同城灾备中心的集群分裂成单副本集群。这时，灾备中心的节点可提供读/写服务。分裂集群的耗时相对比较短，一般在 10min 内便能完成。具体操作可参考 6.6.1 节。
- 同城网络的故障：当同城网络发生故障，导致主中心与灾备中心无法进行通信时，由于采用了三副本的架构，因此应用程序可以通过本地两副本集群进行访问。针对同城网络发生故障的场景，无须采取特别的应对措施，只需及时修复网络故障，修复后通过自动数据同步或者人工数据同步的方式来恢复灾备节点的数据即可。
- 本地双中心的整体故障：当主中心和同城灾备中心都发生故障时，本地集群已无法对外提供服务。在这种情况下，只需将应用切换至异地 SequoiaDB 集群，即可使业务恢复正常。待本地双中心集群故障修复后，再将应用切换至本地即可。
- 异地灾备中心的整体故障：当异地灾备中心发生故障时，会导致异地集群无法通过日志重放进行数据同步，但这并不影响本地集群的正常服务。针对异地灾备中心整体发生故障的场景，无须采取特别的应对措施，只需及时修复故障节点，并恢复日志重放进程即可。

## 6.6.3 三地五中心部署

三地五中心部署能够实现数据中心的"多活"，多中心之间的地位均等，正常模式下可协同工作，并行地为业务访问提供服务，以实现对资源的充分利用，避免一个或两个备份中心处于闲置状态，造成资源与投资的浪费。另外，如果一个数据中心发生故障或出现灾难，其他数据中心可以正常运行，并对关键业务或全部业务进行接管。

### 1. 三地五中心的灾备架构

本节将介绍采用五副本机制部署 SequoiaDB 三地五中心灾备集群，每个中心部署一个副本，如图 6-6 所示。

# 第 6 章 进阶使用与运维

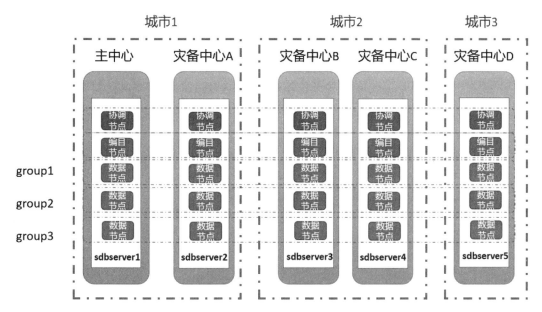

图6-6 三地五中心的灾备架构

因为城市间网络的带宽有限，所以需要严格控制 SequoiaDB 集群对网络带宽的占用，阻止数据节点在异常终止后执行自动全量同步操作。设置 sdbcm 节点的参数"AutoStart=FALSE"和"EnableWatch=FALSE"，设置每个数据节点的参数"dataerrorop=2"。在数据同步方面，应采用 SequoiaDB 提供的节点强一致性功能。当数据写入主节点时，数据库会确保节点间的数据都同步完成后才返回。这样即使在主中心整体发生故障时，也能保证数据的完整性与安全性。

2. 灾难应对方案

根据不同情况，具体的灾难应对方案如下。

- 单节点的故障：由于采用了五副本高可用架构，因此，在个别节点发生故障的情况下，集群依然可以正常工作。针对个别节点发生故障的场景，无须采取特别的应对措施，只需及时修复故障节点，并通过自动数据同步或者人工数据同步的方式来恢复故障节点的数据即可。
- 单个数据中心的整体故障：当 5 个中心之一发生故障时，每个数据组存活节点的数量仍大于每个数据组的总节点数的 1/2，所以每个数据组仍然能够为应用层提供读/写服务。针对单个数据中心整体发生故障的场景，无须采取特别的应对措施，只需及时修复故障节点，并通过自动数据同步或者人工数据同步的方式来恢复故障节点的数据即可。
- 城市级的整体故障：当一个城市的所有数据中心均发生故障时，每个数据组存活节点的数量仍大于每个数据组的总节点数的 1/2，所以每个数据组仍然能够为应用层提供读/写服务。针对单个城市整体发生故障的场景，无须采取特别的应对措施，只需及时修复故障节点，并通过自动数据同步或者人工数据同步的方式来恢复故障节点的数据即可。
- 两个城市的数据中心全部发生故障：这时，每个数据组存活的节点数小于节点总数的 1/2，无法选出主节点。在这种情况下，需要使用"分裂"（split）和"合并"（merge）工具进行处理，把存活的节点分裂成独立的集群，以提供读/写服务。分裂集群的耗时相对比较短，一般在 10min 内便能完成。

## 6.6.4 容灾工具的使用

SequoiaDB 对于容灾处理提供了"分裂"（split）/"合并"（merge）工具。split 工具的基本工作原理是，使某些副本从原有集群中分裂出来，成为一个新的集群，单独提供读/写服务；其余副本成为一个新的集群，仅提供读服务。merge 工具的基本工作原理是，将分裂出去的副本重新合并到原有的集群中，恢复到原有集群的最初状态。关于工具的更多信息，可参考 SequoiaDB 官网文档中心。

本节将介绍如何使用容灾工具初始化灾备环境，以及当灾备环境发生故障时，如何使用容灾工具进行恢复。

**1. 同城双中心**

**首先进行灾备环境的初始化。** 在同城双中心架构下，将机器划分为两个子网：SUB1（sdbserver1、sdbserver2）和 SUB2（sdbserver3），并在 sdbserver1 和 sdbserver3 上进行配置的修改。具体步骤如下。

（1）修改 sdbserver1 上的 cluster_opr.js 文件。

```
if ( typeof(SEQPATH) != "string" || SEQPATH.length == 0 ) { SEQPATH = "/opt/sequoiadb/" ; }
if ( typeof(USERNAME) != "string" ) { USERNAME = "sdbadmin" ; }
if ( typeof(PASSWD) != "string" ) { PASSWD = "sdbadmin" ; }
if ( typeof(SDBUSERNAME) != "string" ) { SDBUSERNAME = "sdbadmin" ; }
if ( typeof(SDBPASSWD) != "string" ) { SDBPASSWD = "sdbadmin" ; }
if ( typeof(SUB1HOSTS) == "undefined" ) { SUB1HOSTS = [ "sdbserver1", "sdbserver2" ] ; }
if ( typeof(SUB2HOSTS) == "undefined" ) { SUB2HOSTS = [ "sdbserver3" ] ; }
```

```
if ( typeof(COORDADDR) == "undefined" ) { COORDADDR = [ "sdbserver1:11810" ] }
if ( typeof(CURSUB) == "undefined" ) { CURSUB = 1 ; }
if ( typeof(ACTIVE) == "undefined" ) { ACTIVE = true ; }
```

（2）修改 sdbserver3 上的 cluster_opr.js 文件。

```
if ( typeof(SEQPATH) != "string" || SEQPATH.length == 0 ) { SEQPATH = "/opt/sequoiadb/" ; }
if ( typeof(USERNAME) != "string" ) { USERNAME = "sdbadmin" ; }
if ( typeof(PASSWD) != "string" ) { PASSWD = "sdbadmin" ; }
if ( typeof(SDBUSERNAME) != "string" ) { SDBUSERNAME = "sdbadmin" ; }
if ( typeof(SDBPASSWD) != "string" ) { SDBPASSWD = "sdbadmin" ; }
if ( typeof(SUB1HOSTS) == "undefined" ) { SUB1HOSTS = [ "sdbserver1", "sdbserver2" ] ; }
if ( typeof(SUB2HOSTS) == "undefined" ) { SUB2HOSTS = [ "sdbserver3" ] ; }
if ( typeof(COORDADDR) == "undefined" ) { COORDADDR = [ "sdbserver3:11810" ] }
if ( typeof(CURSUB) == "undefined" ) { CURSUB = 2 ; }
if ( typeof(ACTIVE) == "undefined" ) { ACTIVE = false; }
```

**注意：**

在进行灾备环境初始化时，ACTIVE 的值决定了当前子网的权重。在 SUB1 中应设置 ACTIVE=true，使主节点分布在主中心内；在 SUB2 中应设置 ACTIVE=false，以防主节点分布在灾备中心内。

（3）在 sdbserver1 上执行初始化（init.sh）操作。

```
[sdbadmin@sdbserver1 dr_ha]$ sh init.sh
Begin to check args...
Done
Begin to check enviroment...
Done
Begin to init cluster...
Start to copy init file to cluster host
Copy init file to sdbserver2 success
Copy init file to sdbserver3 success
Done
Begin to update catalog and data nodes's config...Done
Begin to reload catalog and data nodes's config...Done
Begin to reelect all groups...Done
Done
```

**注意：**
- 执行初始化（init.sh）操作后会生成 datacenter_init.info 文件，该文件位于 SequoiaDB 安装目录。如果该文件已存在，需要先将其删除或备份。
- 在 cluster_opr.js 中，参数 NEEDBROADCASTINITINFO 的默认值为 "true"，表示将初始化的结果文件分发到集群的所有主机上。所以，初始化操作在 SUB1 的 sdbserver1 机器上执行即可。

然后进行灾备切换。当主中心的所有机器均发生故障时，SUB1 里的所有机器都不可用，SequoiaDB 集群的三副本中有两个副本无法工作。此时，需要用"分裂"（split）工具使灾备中心（SUB2）里的一个副本脱离原集群，成为具备读/写功能的独立集群，以恢复 SequoiaDB 服务。具体步骤如下。

（1）在 sdbserver3 上修改 cluster_opr.js 中的配置项。

```
/* 是否激活该子网集群，取值为 true/false */
if ( typeof(ACTIVE) == "undefined" ) { ACTIVE = true ; }
```

（2）在 sdbserver3 上执行"分裂"（split）操作。

```
[sdbadmin@sdbserver3 dr_ha]$ sh split.sh
Begin to check args...
Done
Begin to check enviroment...
Done
Begin to split cluster...
Stop 11800 succeed in sdbserver3
Start 11800 by standalone succeed in sdbserver3
Change sdbserver3:11800 to standalone succeed
Kick host[sdbserver2] from group[SYSCatalogGroup]
Kick host[sdbserver1] from group[SYSCatalogGroup]
Update kicked group[SYSCatalogGroup] to sdbserver3:11800 succeed
Kick host[sdbserver1] from group[group1]
Kick host[sdbserver2] from group[group1]
Update kicked group[group1] to sdbserver3:11910 succeed
Kick host[sdbserver1] from group[group2]
Kick host[sdbserver2] from group[group2]
Update kicked group[group2] to sdbserver3:11920 succeed
```

```
Kick host[sdbserver1] from group[group3]
Kick host[sdbserver2] from group[group3]
Update kicked group[group3] to sdbserver3:11930 succeed
Kick host[sdbserver1] from group[SYSCoord]
Kick host[sdbserver2] from group[SYSCoord]
Update kicked group[SYSCoord] to sdbserver3:11810 succeed
Update sdbserver3:11800 catalog's info succeed
Update sdbserver3:11800 catalog's readonly prop succeed
Update all nodes's catalogaddr to sdbserver3:11803 succeed
Restart all nodes succeed in sdbserver3
Restart all host nodes succeed
Done
```

此时灾备中心已完成切换，成为独立的业务集群，并且可以正常对外提供服务。

（3）主中心故障修复后，在 sdbserver1 上修改 cluster_opr.js 中的配置项。

```
if ( typeof(ACTIVE) == "undefined" ) { ACTIVE = false ; }
```

设置 ACTIVE=false，使分裂后的二副本集群进入"只读"模式，只有灾备中心的单副本集群具有"写"功能，从而避免了集群"脑裂"（brain-split）的情况。

（4）执行数据节点的自动全量同步操作。如果主中心（SUB1）中的节点是异常终止的，则重新启动节点时必须通过全量同步来恢复数据。数据节点的参数设置 dataerrorop=2，会阻止全量同步的发生，导致数据节点无法启动。因此，在主中心（SUB1）执行"分裂"（split）操作之前，需要在所有数据节点的配置文件（sdb.conf）中设置 dataerrorop=1，这样才能顺利启动数据节点。

（5）在 sdbserver1 上执行"分裂"（split）操作。

```
[sdbadmin@sdbserver1 dr_ha]$ sh split.sh
Begin to check args...
Done
Begin to check enviroment...
Done
Begin to split cluster...
...
Done
```

**最后进行灾难修复**。当主中心的所有故障都修复完毕时，需要将两个中心已分离的独立集群进行合并，恢复到原有集群的最初状态。用户可以在 sdbserver1 和 sdbserver3 上同时运行合并命令。具体步骤如下。

（1）执行"合并"（merge）操作。

```
$ sh merge.sh
Begin to check args...
Done
Begin to check enviroment...
Done
Begin to merge cluster...
Stop 11800 succeed in sdbserver3
Start 11800 by standalone succeed in sdbserver3
Change sdbserver3:11800 to standalone succeed
Restore group[SYSCatalogGroup] to sdbserver3:11800 succeed
Restore group[group1] to sdbserver3:11800 succeed
Restore group[group2] to sdbserver3:11800 succeed
Restore group[group3] to sdbserver3:11800 succeed
Restore group[SYSCoord] to sdbserver3:11800 succeed
Restore sdbserver3:11800 catalog's info succeed
Update sdbserver3:11800 catalog's readonly prop succeed
...
Update all nodes's catalogaddr to sdbserver1:11803,sdbserver2:11803,sdbserver3:11803 succeed
Restart all nodes succeed in sdbserver3
Restart all host nodes succeed
Done
```

（2）结束数据节点的自动全量同步操作。

当"合并"（merge）操作完成后，并且主中心（SUB1）和灾备中心（SUB2）的数据追平，后续不再需要数据节点的自动全量同步时，需要将所有数据节点的 dataerrorop 参数改回最初的设置，即 dataerrorop=2。

（3）再次执行初始化（init.sh）操作，恢复集群的最初状态。由于"合并"（merge）之后，集群中的主节点全部分布在灾备集群（SUB2）中，因此需要再次执行初始化（init.sh）操作，将主节点重新分布到主中心（SUB1）中。在 sdbserver1 上修改 cluster_opr.js 中的配置项：

```
[sdbadmin@sdbserver1 dr_ha]$ grep 'ACTIVE =' cluster_opr.js
if ( typeof(ACTIVE) == "undefined" ) { ACTIVE = true; }
```

在 sdbserver3 上修改 cluster_opr.js 中的配置项：

```
[sdbadmin@sdbserver3 dr_ha]$ grep 'ACTIVE =' cluster_opr.js
if ( typeof(ACTIVE) == "undefined" ) { ACTIVE = false; }
```

（4）在 sdbserver1 上执行初始化（init.sh）操作的情况如下。

```
[sdbadmin@sdbserver1 dr_ha]$ sh init.sh
Begin to check args...
Done
Begin to check enviroment...
Done
Begin to init cluster...
Start to copy init file to cluster host
Copy init file to sdbserver2 success
Copy init file to sdbserver3 success
Done
Begin to update catalog and data nodes's config...Done
Begin to reload catalog and data nodes's config...Done
Begin to reelect all groups...Done
Done
```

**注意：**
再次执行初始化（init.sh）操作之前，需要先删除 SequoiaDB 安装目录下的 datacenter_init.info 文件，否则 init.sh 会提示如下错误：

```
Already init. If you want to re-init, you should to remove the file:
/opt/sequoiadb/datacenter_init.info
```

### 2. 同城三中心

**首先进行灾备环境的初始化。** 在同城三中心架构下，初始化时将机器划分为两个子网：SUB1（sdbserver1）和 SUB2（sdbserver2、sdbserver3）。具体步骤如下。

（1）修改 sdbserver1 上的 cluster_opr.js 文件。

```
if ( typeof(SEQPATH) != "string" || SEQPATH.length == 0 ) { SEQPATH = "/opt/sequoiadb/" ; }
```

```
if ( typeof(USERNAME) != "string" ) { USERNAME = "sdbadmin" ; }
if ( typeof(PASSWD) != "string" ) { PASSWD = "sdbadmin" ; }
if ( typeof(SDBUSERNAME) != "string" ) { SDBUSERNAME = "sdbadmin" ; }
if ( typeof(SDBPASSWD) != "string" ) { SDBPASSWD = "sdbadmin" ; }
if ( typeof(SUB1HOSTS) == "undefined" ) { SUB1HOSTS = [ "sdbserver1" ] ; }
if ( typeof(SUB2HOSTS) == "undefined" ) { SUB2HOSTS = [ "sdbserver2", "sdbserver3" ] ; }
if ( typeof(COORDADDR) == "undefined" ) { COORDADDR = [ "sdbserver1:11810" ] }
if ( typeof(CURSUB) == "undefined" ) { CURSUB = 1 ; }
if ( typeof(CUROPR) == "undefined" ) { CUROPR = "split" ; }
if ( typeof(ACTIVE) == "undefined" ) { ACTIVE = true ; }
```

**注意：**

在进行灾备环境初始化时，ACTIVE 的值决定了当前子网的权重。在 SUB1 中应设置 ACTIVE=true，使主节点分布在主中心内；在 SUB2 中应设置 ACTIVE=false，以防主节点分布在灾备中心内。

（2）在 sdbserver1 上执行初始化（init.sh）操作。

```
[sdbadmin@sdbserver1 dr_ha]$ sh init.sh
Begin to check args...
Done
Begin to check enviroment...
Done
Begin to init cluster...
Start to copy init file to cluster host
Copy init file to sdbserver3 success
Copy init file to sdbserver2 success
Done
Begin to update catalog and data nodes's config...Done
Begin to reload catalog and data nodes's config...Done
Begin to reelect all groups...Done
Done
```

**注意：**

- 执行初始化（init.sh）操作后会生成 datacenter_init.info 文件，该文件位于 SequoiaDB 安装目录。如果该文件已存在，需要先将其删除或备份。

- 在 cluster_opr.js 中，参数 NEEDBROADCASTINITINFO 的默认值为"true"，表示

将初始化的结果文件分发到集群的所有主机上。所以，初始化操作在 SUB1 的 sdbserver1 机器上执行即可。

**然后进行灾备切换。** 当主中心和灾备中心 B 的所有机器均发生故障时，SequoiaDB 集群的三副本中有两个副本无法工作。此时，需要用"分裂"（split）工具使灾备中心 A 里的单副本脱离原集群，成为具备读/写功能的独立集群，以恢复 SequoiaDB 服务。此时同城三中心架构的子网划分如表 6-10 所示。具体步骤如下。

表 6-10　同城三中心架构的子网划分（一）

| 子网 | 主机 |
| --- | --- |
| SUB1 | sdbserver1 |
| SUB2 | sdbserver2, sdbserver3 |

（1）在 sdbserver2 上修改 cluster_opr.js 中的配置项。

```
if ( typeof(SUB1HOSTS) == "undefined" ) { SUB1HOSTS = [ "sdbserver2" ] ; }
if ( typeof(SUB2HOSTS) == "undefined" ) { SUB2HOSTS = [ "sdbserver1", "sdbserver3" ] ; }
if ( typeof(COORDADDR) == "undefined" ) { COORDADDR = [ "sdbserver2:11810" ] }
if ( typeof(CURSUB) == "undefined" ) { CURSUB = 1 ; }
if ( typeof(ACTIVE) == "undefined" ) { ACTIVE = true ; }
```

（2）在 sdbserver2 上执行"分裂"（split）操作。

```
[sdbadmin@sdbserver2 dr_ha]$ sh split.sh
Begin to check args...
Done
Begin to check enviroment...
Done
Begin to split cluster...
Stop 11800 succeed in sdbserver2
Start 11800 by standalone succeed in sdbserver2
Change sdbserver2:11800 to standalone succeed
Kick host[sdbserver1] from group[SYSCatalogGroup]
Kick host[sdbserver3] from group[SYSCatalogGroup]
Update kicked group[SYSCatalogGroup] to sdbserver2:11800 succeed
Kick host[sdbserver1] from group[group1]
Kick host[sdbserver3] from group[group1]
Update kicked group[group1] to sdbserver2:11800 succeed
```

```
Kick host[sdbserver1] from group[group2]
Kick host[sdbserver3] from group[group2]
Update kicked group[group2] to sdbserver2:11800 succeed
Kick host[sdbserver1] from group[group3]
Kick host[sdbserver3] from group[group3]
Update kicked group[group3] to sdbserver2:11800 succeed
Kick host[sdbserver1] from group[SYSCoord]
Kick host[sdbserver3] from group[SYSCoord]
Update kicked group[SYSCoord] to sdbserver2:11800 succeed
Update sdbserver2:11800 catalog's info succeed
Update sdbserver2:11800 catalog's readonly prop succeed
Update all nodes's catalogaddr to sdbserver2:11803 succeed
Restart all nodes succeed in sdbserver2
Restart all host nodes succeed
Done
```

此时灾备中心 A（sdbserver2）已完成切换，成为独立的业务集群，并且可以正常对外提供服务。

（3）在主中心和灾备中心 B 的故障修复后，在 sdbserver1 上修改 cluster_opr.js 中的配置项。

```
if ( typeof(SUB1HOSTS) == "undefined" ) { SUB1HOSTS = [ "sdbserver2" ] ; }
if ( typeof(SUB2HOSTS) == "undefined" ) { SUB2HOSTS = [ "sdbserver1", "sdbserver3" ] ; }
if ( typeof(COORDADDR) == "undefined" ) { COORDADDR = [ "sdbserver1:11810" ] }
if ( typeof(CURSUB) == "undefined" ) { CURSUB = 2 ; }
if ( typeof(ACTIVE) == "undefined" ) { ACTIVE = false ; }
```

设置 ACTIVE=false，使分裂后的二副本集群进入"只读"模式，只有灾备中心 A 的单副本集群具有"写"功能，从而避免了集群"脑裂"（brain-split）的情况。

（4）执行数据节点的自动全量同步操作。如果 SUB2 中的节点是异常终止的，则重新启动节点时必须通过全量同步来恢复数据。数据节点的参数设置 dataerrorop=2，会阻止全量同步的发生，导致数据节点无法启动。因此，在主中心（SUB1）执行"分裂"（split）操作之前，需要在所有数据节点的配置文件（sdb.conf）中设置 dataerrorop=1，这样才能顺利启动数据节点。

（5）在 sdbserver1 上执行"分裂"（split）操作。

```
[sdbadmin@sdbserver1 dr_ha]$ sh split.sh
```

```
Begin to check args...
Done
Begin to check enviroment...
Done
Begin to split cluster...
Stop 11800 succeed in sdbserver1
Start 11800 by standalone succeed in sdbserver1
...
Restart all nodes succeed in sdbserver1
Restart all nodes succeed in sdbserver3
Restart all host nodes succeed
Done
```

**最后进行灾难修复**。当主中心和灾备中心 B 的所有故障都修复完毕后，需要将三个中心已分离的独立集群进行合并，恢复到原有集群的最初状态。具体步骤如下。

（1）在 sdbserver2 上执行"合并"（merge）操作。

```
[sdbadmin@sdbserver2 dr_ha]$ sh merge.sh
Begin to check args...
Done
Begin to check enviroment...
Done
Begin to merge cluster...
Stop 11800 succeed in sdbserver2
Start 11800 by standalone succeed in sdbserver2
Change sdbserver2:11800 to standalone succeed
Restore group[SYSCatalogGroup] to sdbserver2:11800 succeed
Restore group[group1] to sdbserver2:11800 succeed
Restore group[group2] to sdbserver2:11800 succeed
Restore group[group3] to sdbserver2:11800 succeed
Restore group[SYSCoord] to sdbserver2:11800 succeed
Restore sdbserver2:11800 catalog's info succeed
Update sdbserver2:11800 catalog's readonly prop succeed
Update all nodes's catalogaddr to sdbserver1:11803,sdbserver2:11803,sdbserver3:11803 succeed
Restart all nodes succeed in sdbserver2
Restart all host nodes succeed
Done
```

（2）在 sdbserver1 上执行"合并"（merge）操作。

```
[sdbadmin@sdbserver1 dr_ha]$ sh merge.sh
Begin to check args...
Done
Begin to check enviroment...
Done
Begin to merge cluster...
Stop 11800 succeed in sdbserver1
Start 11800 by standalone succeed in sdbserver1
Change sdbserver1:11800 to standalone succeed
Restore group[SYSCatalogGroup] to sdbserver1:11800 succeed
Restore group[group1] to sdbserver1:11800 succeed
Restore group[group2] to sdbserver1:11800 succeed
Restore group[group3] to sdbserver1:11800 succeed
Restore group[SYSCoord] to sdbserver1:11800 succeed
Restore sdbserver1:11800 catalog's info succeed
Update sdbserver1:11800 catalog's readonly prop succeed
Stop 11800 succeed in sdbserver3
Start 11800 by standalone succeed in sdbserver3
Change sdbserver3:11800 to standalone succeed
Restore group[SYSCatalogGroup] to sdbserver3:11800 succeed
Restore group[group1] to sdbserver3:11800 succeed
Restore group[group2] to sdbserver3:11800 succeed
Restore group[group3] to sdbserver3:11800 succeed
Restore group[SYSCoord] to sdbserver3:11800 succeed
Restore sdbserver3:11800 catalog's info succeed
Update sdbserver3:11800 catalog's readonly prop succeed
Update all nodes's catalogaddr to sdbserver1:11803,sdbserver2:11803,sdbserver3:11803 succeed
Restart all nodes succeed in sdbserver1
Restart all nodes succeed in sdbserver3
Restart all host nodes succeed
Done
```

（3）结束数据节点的自动全量同步操作。

当"合并"（merge）操作完成后，并且 SUB1 和 SUB2 的数据追平，后续不再需要数据节点的自动全量同步时，需要将所有数据节点的 dataerrorop 参数改回最初的设置，即 dataerrorop=2。

（4）再次执行初始化（init.sh）操作，恢复集群的最初状态。集群合并之后，需要再次执行初始化（init.sh）操作，将主节点重新分布到主中心，恢复集群的最初状态。此时的子网划分如表 6-11 所示。

表 6-11　同城三中心架构的子网划分（二）

| 子网 | 主机 |
|---|---|
| SUB1 | sdbserver1 |
| SUB2 | sdbserver2, sdbserver3 |

在 sdbserver1 上修改 cluster_opr.js 中的配置项。

```
if ( typeof(SUB1HOSTS) == "undefined" ) { SUB1HOSTS = [ "sdbserver1" ] ; }
if ( typeof(SUB2HOSTS) == "undefined" ) { SUB2HOSTS = [ "sdbserver2", "sdbserver3" ] ; }
if ( typeof(COORDADDR) == "undefined" ) { COORDADDR = [ "sdbserver1:11810" ] }
if ( typeof(CURSUB) == "undefined" ) { CURSUB = 1 ; }
if ( typeof(CUROPR) == "undefined" ) { CUROPR = "split" ; }
if ( typeof(ACTIVE) == "undefined" ) { ACTIVE = true ; }
```

在 sdbserver1 上执行初始化操作。

```
[sdbadmin@sdbserver1 dr_ha]$ sh init.sh
Begin to check args...
Done
Begin to check enviroment...
Done
Begin to init cluster...
Start to copy init file to cluster host
Copy init file to sdbserver2 success
Copy init file to sdbserver3 success
Done
Begin to update catalog and data nodes's config...Done
Begin to reload catalog and data nodes's config...Done
Begin to reelect all groups...Done
Done
```

**注意：**

再次执行初始化（init.sh）操作之前，需要先删除 SequoiaDB 安装目录下的 datacenter_init.info 文件，否则 init.sh 会提示如下错误：

Already init. If you want to re-init, you should to remove the file: /opt/sequoiadb/datacenter_init.info

### 3. 两地三中心

两地三中心架构下容灾工具的使用，可以参考前面同城双中心容灾工具的使用方法。

### 4. 三地五中心

**首先进行灾备环境的初始化。**在三地五中心架构下，初始化时将机器划分为两个子网：SUB1（sdbserver1）和 SUB2（sdbserver2、sdbserver3、sdbserver4、sdbserver5）。具体步骤如下。

（1）修改 sdbserver1 上的 cluster_opr.js 文件。

```
if ( typeof(SEQPATH) != "string" || SEQPATH.length == 0 ) { SEQPATH = "/opt/sequoiadb/" ; }
if ( typeof(USERNAME) != "string" ) { USERNAME = "sdbadmin" ; }
if ( typeof(PASSWD) != "string" ) { PASSWD = "sdbadmin" ; }
if ( typeof(SDBUSERNAME) != "string" ) { SDBUSERNAME = "sdbadmin" ; }
if ( typeof(SDBPASSWD) != "string" ) { SDBPASSWD = "sdbadmin" ; }
if ( typeof(SUB1HOSTS) == "undefined" ) { SUB1HOSTS = [ "sdbserver1" ] ; }
if ( typeof(SUB2HOSTS) == "undefined" ) { SUB2HOSTS = [ "sdbserver2", "sdbserver3", "sdbserver4", "sdbserver5" ] ; }
if ( typeof(COORDADDR) == "undefined" ) { COORDADDR = [ "sdbserver1:11810" ] ; }
if ( typeof(CURSUB) == "undefined" ) { CURSUB = 1 ; }
if ( typeof(CUROPR) == "undefined" ) { CUROPR = "split" ; }
if ( typeof(ACTIVE) == "undefined" ) { ACTIVE = true ; }
```

**注意：**

在进行灾备环境初始化时，ACTIVE 的值决定了当前子网的权重。在 SUB1 中应设置 ACTIVE=true，使主节点分布在主中心内；在 SUB2 中应设置 ACTIVE=false，以防主节点分布在灾备中心内。

（2）在 sdbserver1 上执行初始化（init.sh）操作。

```
[sdbadmin@sdbserver1 dr_ha]$ sh init.sh
Begin to check args...
Done
Begin to check enviroment...
Done
Begin to init cluster...
Start to copy init file to cluster host
Copy init file to sdbserver3 success
Copy init file to sdbserver4 success
Copy init file to sdbserver5 success
Copy init file to sdbserver2 success
Done
Begin to update catalog and data nodes's config...Done
Begin to reload catalog and data nodes's config...Done
Begin to reelect all groups...Done
Done
```

注意：

- 在 sdbserver1 上执行初始化（init.sh）操作后会生成 datacenter_init.info 文件，该文件位于 SequoiaDB 安装目录。如果该文件已存在，需要先将其删除或备份。

- 在 cluster_opr.js 中，参数 NEEDBROADCASTINITINFO 的默认值为 "true"，表示将初始化的结果文件分发到集群的所有主机上。所以，初始化操作在 SUB1 的 sdbserver1 机器上执行即可。

接着进行灾备切换。当城市 1 和城市 2 整体发生故障时，SUB1 里的所有机器都不可用，SequoiaDB 集群的五副本中有三个副本无法工作。此时，需要用"分裂"（split）工具使城市 2 里的两副本脱离原集群，成为具备读/写功能的独立集群，以恢复 SequoiaDB 服务。此时子网划分如表 6-12 所示。具体步骤如下。

表 6-12　三地五中心架构的子网划分（一）

| 子网 | 主机 |
| --- | --- |
| SUB1 | sdbserver3, sdbserver4 |
| SUB2 | sdbserver1, sdbserver2, sdbserver5 |

（1）在 sdbserver4 上修改 cluster_opr.js 中的配置项。

```
if ( typeof(SUB1HOSTS) == "undefined" ) { SUB1HOSTS = [ "sdbserver3", "sdbserver4" ] ; }
if ( typeof(SUB2HOSTS) == "undefined" ) { SUB2HOSTS = [ "sdbserver1", "sdbserver2",
"sdbserver5" ] ; }
if ( typeof(COORDADDR) == "undefined" ) { COORDADDR = [ "sdbserver4:11810" ] }
if ( typeof(CURSUB) == "undefined" ) { CURSUB = 1 ; }
if ( typeof(ACTIVE) == "undefined" ) { ACTIVE = true ; }
```

（2）在 sdbserver4 上执行"分裂"（split）操作。

```
[sdbadmin@sdbserver4 dr_ha]$ sh split.sh
Begin to check args...
Done
Begin to check enviroment...
Done
Begin to split cluster...
Stop 11800 succeed in sdbserver3
Start 11800 by standalone succeed in sdbserver3
Change sdbserver3:11800 to standalone succeed
Kick host[sdbserver1] from group[SYSCatalogGroup]
Kick host[sdbserver2] from group[SYSCatalogGroup]
Kick host[sdbserver5] from group[SYSCatalogGroup]
Update kicked group[SYSCatalogGroup] to sdbserver3:11800 succeed
Kick host[sdbserver1] from group[group1]
Kick host[sdbserver2] from group[group1]
Kick host[sdbserver5] from group[group1]
Update kicked group[group1] to sdbserver3:11800 succeed
Kick host[sdbserver1] from group[group2]
Kick host[sdbserver2] from group[group2]
Kick host[sdbserver5] from group[group2]
Update kicked group[group2] to sdbserver3:11800 succeed
Kick host[sdbserver1] from group[group3]
Kick host[sdbserver2] from group[group3]
Kick host[sdbserver5] from group[group3]
Update kicked group[group3] to sdbserver3:11800 succeed
Kick host[sdbserver1] from group[SYSCoord]
Kick host[sdbserver2] from group[SYSCoord]
Kick host[sdbserver5] from group[SYSCoord]
Update kicked group[SYSCoord] to sdbserver3:11800 succeed
```

```
Update sdbserver3:11800 catalog's info succeed
Update sdbserver3:11800 catalog's readonly prop succeed
Stop 11800 succeed in sdbserver4
Start 11800 by standalone succeed in sdbserver4
Change sdbserver4:11800 to standalone succeed
Kick host[sdbserver1] from group[SYSCatalogGroup]
Kick host[sdbserver2] from group[SYSCatalogGroup]
Kick host[sdbserver5] from group[SYSCatalogGroup]
Update kicked group[SYSCatalogGroup] to sdbserver4:11800 succeed
Kick host[sdbserver1] from group[group1]
Kick host[sdbserver2] from group[group1]
Kick host[sdbserver5] from group[group1]
Update kicked group[group1] to sdbserver4:11800 succeed
Kick host[sdbserver1] from group[group2]
Kick host[sdbserver2] from group[group2]
Kick host[sdbserver5] from group[group2]
Update kicked group[group2] to sdbserver4:11800 succeed
Kick host[sdbserver1] from group[group3]
Kick host[sdbserver2] from group[group3]
Kick host[sdbserver5] from group[group3]
Update kicked group[group3] to sdbserver4:11800 succeed
Kick host[sdbserver1] from group[SYSCoord]
Kick host[sdbserver2] from group[SYSCoord]
Kick host[sdbserver5] from group[SYSCoord]
Update kicked group[SYSCoord] to sdbserver4:11800 succeed
Update sdbserver4:11800 catalog's info succeed
Update sdbserver4:11800 catalog's readonly prop succeed
Update all nodes's catalogaddr to sdbserver3:11803,sdbserver4:11803 succeed
Restart all nodes succeed in sdbserver3
Restart all nodes succeed in sdbserver4
Restart all host nodes succeed
Done
```

此时城市 2（sdbserver3、sdbserver4）已完成切换，成为独立的业务集群，并且可以正常对外提供服务。

（3）城市 1 和城市 3 的故障修复后，在 sdbserver1 上修改 cluster_opr.js 中的配置项。

```
if ( typeof(SUB1HOSTS) == "undefined" ) { SUB1HOSTS = [ "sdbserver3", "sdbserver4" ] ; }
```

```
if ( typeof(SUB2HOSTS) == "undefined" ) { SUB2HOSTS = [ "sdbserver1", "sdbserver2",
"sdbserver5" ] ; }
if ( typeof(COORDADDR) == "undefined" ) { COORDADDR = [ "sdbserver1:11810" ] }
if ( typeof(CURSUB) == "undefined" ) { CURSUB = 2 ; }
if ( typeof(ACTIVE) == "undefined" ) { ACTIVE = false ; }
```

设置 ACTIVE=false，使分裂后的三副本集群进入"只读"模式，只有城市 2 的二副本集群具有"写"功能，从而避免了集群"脑裂"（brain-split）的情况。

（4）执行数据节点的自动全量同步操作。如果 SUB2 中的节点是异常终止的，则重新启动节点时必须通过全量同步来恢复数据。数据节点的参数设置 dataerrorop=2，会阻止全量同步的发生，导致数据节点无法启动。因此，在主中心（SUB1）执行"分裂"（split）操作之前，需要在所有数据节点的配置文件（sdb.conf）中设置 dataerrorop=1，这样才能顺利启动数据节点。

（5）在 sdbserver1 上执行"分裂"（split）操作。

```
[sdbadmin@sdbserver1 dr_ha]$ sh split.sh
Begin to check args...
Done
Begin to check enviroment...
Done
Begin to split cluster...
Stop 11800 succeed in sdbserver1
Start 11800 by standalone succeed in sdbserver1
...
sdbserver1:11803,sdbserver2:11803,sdbserver5:11803 succeed
Restart all nodes succeed in sdbserver1
Restart all nodes succeed in sdbserver2
Restart all nodes succeed in sdbserver5
Restart all host nodes succeed
Done
```

**最后进行灾难修复**。当城市 1 和城市 3 的所有故障都修复完毕后，需要将两个子网已分离的独立集群进行合并，恢复灾难前的状态。具体步骤如下。

（1）在城市 2 中执行"合并"（merge）操作。

```
[sdbadmin@sdbserver4 dr_ha]$ sh merge.sh
```

```
Begin to check args...
Done
Begin to check enviroment...
Done
Begin to merge cluster...
Stop 11800 succeed in sdbserver3
Start 11800 by standalone succeed in sdbserver3
Change sdbserver3:11800 to standalone succeed
Restore group[SYSCatalogGroup] to sdbserver3:11800 succeed
Restore group[group1] to sdbserver3:11800 succeed
Restore group[group2] to sdbserver3:11800 succeed
Restore group[group3] to sdbserver3:11800 succeed
Restore group[SYSCoord] to sdbserver3:11800 succeed
Restore sdbserver3:11800 catalog's info succeed
Update sdbserver3:11800 catalog's readonly prop succeed
Stop 11800 succeed in sdbserver4
Start 11800 by standalone succeed in sdbserver4
Change sdbserver4:11800 to standalone succeed
Restore group[SYSCatalogGroup] to sdbserver4:11800 succeed
Restore group[group1] to sdbserver4:11800 succeed
Restore group[group2] to sdbserver4:11800 succeed
Restore group[group3] to sdbserver4:11800 succeed
Restore group[SYSCoord] to sdbserver4:11800 succeed
Restore sdbserver4:11800 catalog's info succeed
Update sdbserver4:11800 catalog's readonly prop succeed
Update all nodes's catalogaddr to
sdbserver1:11803,sdbserver2:11803,sdbserver3:11803,sdbserver4:11803,sdbserver5:1180
3 succeed
Restart all nodes succeed in sdbserver4
Restart all nodes succeed in sdbserver3
Restart all host nodes succeed
Done
```

（2）在城市 1 和城市 3（SUB2）中执行"合并"操作。

```
[sdbadmin@sdbserver1 dr_ha]$ sh merge.sh
Begin to check args...
Done
```

```
Begin to check enviroment...
Done
Begin to merge cluster...
...
Restart all nodes succeed in sdbserver1
Restart all nodes succeed in sdbserver2
Restart all nodes succeed in sdbserver5
Restart all host nodes succeed
Done
```

（3）结束数据节点的自动全量同步。当"合并"（merge）操作完成后，并且 SUB2 和 SUB1 的数据追平，后续不再需要数据节点的自动全量同步时，需要将所有数据节点的 dataerrorop 参数改回最初的设置，即 dataerrorop=2。

（4）再次执行初始化（init.sh）操作，恢复集群的最初状态。由于"合并"（merge）之后，集群中的主节点全部分布在灾备集群（SUB2）中，因此需要再次执行初始化（init.sh）操作，将主节点重新分布到主中心（SUB1）中。

此时的子网划分如表 6-13 所示。

表 6-13　三地五中心架构的子网划分（二）

| 子网 | 主机 |
| --- | --- |
| SUB1 | sdbserver1 |
| SUB2 | sdbserver2, sdbserver3, sdbserver4, sdbserver5 |

在 sdbserver1 上修改 cluster_opr.js 中的配置项。

```
if ( typeof(SUB1HOSTS) == "undefined" ) { SUB1HOSTS = [ "sdbserver1" ] ; }
if ( typeof(SUB2HOSTS) == "undefined" ) { SUB2HOSTS = [ "sdbserver2", "sdbserver3",
"sdbserver4", "sdbserver5" ] ; }
if ( typeof(COORDADDR) == "undefined" ) { COORDADDR = [ "sdbserver1:11810" ] ; }
if ( typeof(CURSUB) == "undefined" ) { CURSUB = 1 ; }
if ( typeof(CUROPR) == "undefined" ) { CUROPR = "split" ; }
if ( typeof(ACTIVE) == "undefined" ) { ACTIVE = true ; }
```

在 sdbserver1 上执行初始化（init.sh）操作。

```
[sdbadmin@sdbserver1 dr_ha]$ sh init.sh
Begin to check args...
```

```
Done
Begin to check enviroment...
Done
Begin to init cluster...
Start to copy init file to cluster host
Copy init file to sdbserver3 success
Copy init file to sdbserver4 success
Copy init file to sdbserver5 success
Copy init file to sdbserver2 success
Done
Begin to update catalog and data nodes's config...Done
Begin to reload catalog and data nodes's config...Done
Begin to reelect all groups...Done
Done
```

注意：

再次执行初始化（init.sh）操作之前，需要先删除 SequoiaDB 安装目录下的 datacenter_init.info 文件，否则 init.sh 会提示如下错误：

```
Already init. If you want to re-init, you should to > remove the file:
/opt/sequoiadb/datacenter_init.info
```

## 6.7 故障诊断

SequoiaDB 兼容多种联机数据库操作协议，包括 MySQL、PostgreSQL、SparkSQL 及 MariaDB；提供原生的 SDB JSON 数据库操作协议；更兼容 S3 对象数据操作协议，分别对应分布式联机交易、非结构化数据和内容管理，以及海量数据管理和高性能访问场景。

本节将介绍 SequoiaDB 遇到的热点问题、因 CPU 占用率过高所导致的读/写延迟增加、磁盘 I/O 负载过高等故障的诊断方法及其处理方式。

### 6.7.1 热点问题的处理

本节介绍 SequoiaDB 遇到热点问题的处理方法。在处理热点问题之前，我们需要先理解什么是热点数据。短时间内被频繁访问的数据被称为热点数据。若避免形成热点数据，则可以有效利用数据库的读/写性能,优化数据分布。在 SequoiaDB 中,若某个数据组或者主数据节点繁忙,则证明 SequoiaDB 出现了热点问题。一般从两个方向发现问题:一个是某个数据组繁忙,另一个是主数据节点繁忙。

### 1. 某个数据组繁忙

当某个数据组的繁忙程度远高于其他数据组时,表示集合内的数据分布不合理。在此首先介绍数据组繁忙监测的方法。单个数据组的繁忙程度远高于其他数据组时,该数据节点对机器资源的消耗远高于其他数据节点。我们可以通过以下三种方式来监测数据组的繁忙程度。

**第一种是 CPU 性能的监测**。用户可使用 top 监测各进程占用机器资源的多少。当发现某 SequoiaDB 节点占用的 CPU 资源远高于其他节点占用的 CPU 资源时,就表示有热点问题:

```
$ top

Tasks: 400 total,   1 running, 399 sleeping,   0 stopped,   0 zombie

%Cpu(s): 81.0 us,  2.7 sy,  0.0 ni, 95.3 id,  0.0 wa,  0.0 hi,  0.0 si,  0.0 st

KiB Mem:   2902952 total,  2880400 used,    22552 free,        0 buffers

KiB Swap:  2097148 total,    11772 used,  2085376 free.  1831100 cached Mem


  PID USER      PR  NI    VIRT    RES    SHR S %CPU %MEM    TIME+ COMMAND

 4974 sdbadmin  20   0  2082952 122816  21464 S 58.3 4.2  0:06.91 sequoiadb(11840) D

 4973 sdbadmin  20   0   738828  67332  12896 S 20.3 2.3  0:00.88 sequoiadb(11810) S

 4980 sdbadmin  20   0  1848188 111692  17936 S  0.3 3.8  0:01.03 sdbom(11780)

 4985 sdbadmin  20   0  1689736  85572  13212 S  0.3 2.9  0:04.44 sequoiadb(11830) D

 4988 sdbadmin  20   0  2400668  92708  14180 S  0.3 3.2  0:01.20 sequoiadb(11800) C
```

如上所示,11840 数据节点占用了大量的 CPU 资源,远高于其他节点。这代表 11840 数据节点有问题。

第二种是磁盘性能的监测。用户使用 iostat 监控磁盘的工作状况。如果在多个刷盘周期内，其中一块磁盘表现活跃，而其他磁盘几乎无刷盘行为，则热点问题出现在较活跃磁盘的数据中。

```
$ iostat -x -k 5

Linux 3.10.0-123.el7.x86_64 (test)     06/03/2019      _x86_64_    (1 CPU)

avg-cpu: %user   %nice  %system  %iowait  %steal   %idle
          5.55    0.00    10.69    3.52     0.00    80.24

Device: rrqm/s   wrqm/s     r/s     w/s     rkB/s    wkB/s   avgrq-sz  avgqu-sz  await  r_await  w_await  svctm  %util
Sda       1.67     4.26   48.63    3.14   4445.49   396.88    187.09     0.46    8.92    5.07    68.42    1.65   8.52
scd0      0.00     0.00    0.02    0.00      0.07     0.00      8.00     0.00    1.09    1.09     0.00    1.09   0.00
dm-0      0.00     0.00   47.91    2.72   4398.06   375.82    188.58     0.47    9.22    5.26    79.11    1.67   8.45
dm-1      0.00     0.00    0.87    4.48      3.85    17.91      8.14     0.37   69.01    0.58    82.28    1.14   0.6
```

第三种是 snapshot 的监测。用户确定某个数据节点存在热点问题后，就可以通过 snapshot()接口查找当前正在执行的操作，确定存在问题的集合。抓取快照信息如下：

```
> db.snapshot(SDB_SNAP_SESSIONS,{NodeName:"sdbserver1:11840"})
{
  "NodeName": "sdbserver1:11840",
  "SessionID": 17554,
  "TID": 31317,
  "Status": "Waiting",
  "Type": "ShardAgent",
  "Name": "Type:Shard,NetID:10,R-TID:27626,R-IP:192.168.1.80,R-Port:11810",
  "Source": "MySQL-2",
  "QueueSize": 0,
  "ProcessEventCount": 18447,
  "RelatedID": "c0a801502e2200006bea",
  "Contexts": [],
  "TotalDataRead": 1983,
  "TotalIndexRead": 14789,
  "TotalDataWrite": 1404,
  "TotalIndexWrite": 5757,
  "TotalUpdate": 456,
  "TotalDelete": 0,
```

```
  "TotalInsert": 948,
  "TotalSelect": 1527,
  "TotalRead": 1983,
  "TotalReadTime": 0,
  "TotalWriteTime": 0,
  "ReadTimeSpent": 0,
  "WriteTimeSpent": 0,
  "ConnectTimestamp": "2019-05-07-08.08.26.265864",
  "ResetTimestamp": "2019-05-07-08.08.26.265864",
  "LastOpType": "QUERY",
  "LastOpBegin": "--",
  "LastOpEnd": "2019-05-07-09.14.39.716133",
  "LastOpInfo": "Collection:avoid_hot.user_operand, Matcher:{ \"$and\": [ { \"$and\":
[ { \"NAME_\": { \"$et\": \"applid\" } }, { \"EXECUTION_ID_\": { \"$et\":
\"7b36d6e2-7065-11e9-a807-0050569f53de\" } }, { \"TASK_ID_\": { \"$isnull\": 1 } } ] },
{ \"TASK_ID_\": { \"$isnull\": 1 } } ] }, Selector:{}, OrderBy:{ \"TASK_ID_\": 1 },
Hint:{ \"\": \"ACT_IDX_VARIABLE_TASK_ID\" }, Skip:0, Limit:-1, Flag:0x00000200(512)",
  "UserCPU": 5.52,
  "SysCPU": 3.34
}
```

在 SDB_SNAP_SESSIONS 快照中，LastOpInfo 项是该线程正在执行的 SQL 操作，其中的 Collection:avoid_hot.user_operand 是集合名称，代表该集合存在问题。

接下来，我们将介绍数据组繁忙的解决方案。在 SequoiaDB 中，集合内的数据，会通过散列（hash）分区和范围（range）分区两种方式切分到不同数据组上。下面介绍采用这两种分区方式时如何避免形成热点数据。

当集合采用散列分区方式时，会对分区键字段进行路由运算，确定数据的落点。从理论上来说，采用这种分区方式可以保证数据的均衡分布。如果集合在采用散列分区方式时出现热点问题，则代表某一个 hash 值大量出现，即分区键上重复的数据较多。在这种情况下，需要重新选择分区键，对集合进行重构。假如用户需要将集合 avoid_hot.user_info 作为散列分区集合存入 SequoiaDB 中，样例数据如表 6-14 所示。

表 6-14 样例数据

| id | name | gender | addr | email | date |
|---|---|---|---|---|---|
| U00001 | Celia | F | 北京 | celia@sina.cn | 2019-05-30 |
| U00002 | Haley | F | 上海 | haley@sina.cn | 2019-05-31 |
| U00003 | Byrne | M | 深圳 | byrne@sina.cn | 2019-05-31 |
| U00004 | Caleb | M | 北京 | caleb@sina.cn | 2019-05-31 |
| U00005 | Haley | F | 北京 | haley@sina.cn | 2019-05-31 |

创建集合需要选择 date 字段作为分区键。当我们插入 2019-05-31 的数据时，所有的数据操作将集中在一个数据组中。当我们多次访问 date=2019-05-31 时，会造成该数据组繁忙，出现热点问题：

```
> db.createCS("avoid_hot")
> db.avoid_hot.createCL( "user_info", { ShardingKey: { date: 1 }, ShardingType: "hash", AutoSplit: true } )
```

我们通常使用常用的查询过滤条件中的字段（比如身份证号）或者主键作为分区键，这样既可以提高查询性能，又可以解决热点问题。在本例中，应该以 id 字段作为分区键，创建新集合，并且迁移数据。散列分区解决方法的具体步骤如下：

（1）创建新集合。

```
> db.avoid_hot.createCL( "user_info_new", { ShardingKey: { id: 1 }, ShardingType: "hash",AutoSplit: true } )
```

（2）导出原有集合中的数据。

```
$ sdbexprt -s localhost -p 11810 --type csv --file avoid_hot.user_info.csv -c avoid_hot -l user_info
```

（3）将数据导入新集合。

```
$ sdbimprt --hosts=localhost:11810 --type=csv --file=avoid_hot.user_info.csv -c avoid_hot -l user_info_new
```

（4）用新集合替代原有集合。

```
> db.avoid_hot.renameCL( "user_info", "user_info_bak")
> db.avoid_hot.renameCL( "user_info_new", "user_info")
```

当集合采用范围（range）分区方式时，会对分区键字段进行判断，将指定范围的数据放入指定数据组中。这种分区方式从长期来看可以保证数据的均衡分布,但在短期内对分区键进行连续操作时,容易出现热点问题。需要将数据随机放入不同的数据组中,以避免热点问题的出现。在 SequoiaDB 中,可以利用多维分区方式解决该问题。范围分区热点问题的解决方案如下:

```
> db.avoid_hot.createCL( "user_info", { ShardingKey: { date: 1 }, ShardingType: "range", IsMainCL: true } )

\> db.avoid_hot.createCL( "user_info_201905", { ShardingKey: { id: 1 }, ShardingType: "hash", AutoSplit: true } )

\> db.avoid_hot.createCL( "user_info_201906", { ShardingKey: { id: 1 }, ShardingType: "hash", AutoSplit: true } )

\> db.avoid_hot.user_info.attachCL( "avoid_hot.user_info_201905", { LowBound: { date: "2019-05-01" }, UpBound: { date: "2019-06-01" } } )

\> db.avoid_hot.user_info.attachCL( "avoid_hot.user_info_201906", { LowBound: { date: "2019-06-01" }, UpBound: { date: "2019-07-01" } } )
```

### 2. 主数据节点繁忙

主数据节点的繁忙程度远高于同组内备数据节点的繁忙程度,代表当前大量的数据操作为查询操作,这时可以将部分查询操作分散到备数据节点。设置备数据节点承担部分查询操作,需要将 preferedinstance 配置为 A,保证主数据节点和备数据节点的繁忙程度基本相同。

首先,主数据节点繁忙的监测方法主要通过监控 Linux 系统的 CPU 利用率来实现。对比同数据组内不同数据节点的 CPU 利用率,如果主数据节点的 CPU 利用率更高,即可判断出主数据节点的繁忙程度高于备数据节点。例如,11840 主数据节点的 CPU 情况如下:

```
$ top
Tasks: 400 total,   1 running, 399 sleeping,   0 stopped,   0 zombie
%Cpu(s): 81.0 us,  2.7 sy,  0.0 ni, 95.3 id,  0.0 wa,  0.0 hi,  0.0 si,  0.0 st
KiB Mem:   2902952 total,  2880400 used,    22552 free,        0 buffers
KiB Swap:  2097148 total,    11772 used,  2085376 free.  1831100 cached Mem
  PID    USER      PR  NI    VIRT      RES     SHR S  %CPU %MEM    TIME+   COMMAND
 4974    sdbadmin  20   0  2082952   122816   21464 S  58.3  4.2   0:06.91 sequoiadb(11840) D
```

| 4973 | sdbadmin | 20 | 0 | 738828  | 67332  | 12896 S | 20.3 | 2.3 | 0:00.88 | sequoiadb(11810) S |
| 4980 | sdbadmin | 20 | 0 | 1848188 | 111692 | 17936 S | 0.3  | 3.8 | 0:01.03 | sdbom(11780) |
| 4985 | sdbadmin | 20 | 0 | 1689736 | 85572  | 13212 S | 0.3  | 2.9 | 0:04.44 | sequoiadb(11830) D |
| 4988 | sdbadmin | 20 | 0 | 2400668 | 92708  | 14180 S | 0.3  | 3.2 | 0:01.20 | sequoiadb(11800) C |

11840 备数据节点的 CPU 情况如下：

```
$ top

Tasks: 400 total,   1 running, 399 sleeping,   0 stopped,   0 zombie
%Cpu(s): 81.0 us,  2.7 sy,  0.0 ni, 95.3 id,  0.0 wa,  0.0 hi,  0.0 si,  0.0 st
KiB Mem:  2902952 total, 2880400 used,   22552 free,       0 buffers
KiB Swap: 2097148 total,   11772 used, 2085376 free. 1831100 cached Mem
```

| PID | USER | PR | NI | VIRT | RES | SHR S | %CPU | %MEM | TIME+ | COMMAND |
| --- | --- | --- | --- | --- | --- | --- | --- | --- | --- | --- |
| 4974 | sdbadmin | 20 | 0 | 2082952 | 122816 | 21464 S | 58.3 | 4.2 | 0:06.91 | sequoiadb(11840) D |
| 4973 | sdbadmin | 20 | 0 | 738828  | 67332  | 12896 S | 20.3 | 2.3 | 0:00.88 | sequoiadb(11810) S |
| 4980 | sdbadmin | 20 | 0 | 1848188 | 111692 | 17936 S | 0.3  | 3.8 | 0:01.03 | sdbom(11780) |
| 4985 | sdbadmin | 20 | 0 | 1689736 | 85572  | 13212 S | 0.3  | 2.9 | 0:04.44 | sequoiadb(11830) D |
| 4988 | sdbadmin | 20 | 0 | 2400668 | 92708  | 14180 S | 0.3  | 3.2 | 0:01.20 | sequoiadb(11800) C |

11840 主数据节点的 CPU 利用率较高，而备数据节点几乎不消耗 CPU 资源。所以，与备数据节点相比，11840 主数据节点的繁忙程度更高。可以通过配置读/写分离来优化数据库性能。

CPU 利用率的比较主要是主数据节点间 CPU 利用率的比较、同机器不同节点间 CPU 利用率的比较以及同组内不同节点间 CPU 利用率的比较。其他情况下的读/写热点监控，同样可以通过该方法进行。

接下来，我们将介绍主数据节点繁忙的解决方案：

（1）将 preferedinstance 参数（会话读操作优先选择的实例）配置为 A（读取任意实例）或 S（优先读取备实例），以保证主数据节点和备数据节点的繁忙程度基本相同。

```
>db = new Sdb( "localhost", 11810 )

\> db.updateConf({preferedinstance: "A"})
```

或

```
\>db.updateConf({preferedinstance: "S"})
```

（2）在 Java 中，可以使用 setPreferedInstance()设置会话属性。

```
Sequoiadb  sdb = new Sequoiadb(String host, int port, String username, String password);
List<String> preferedInstance = new ArreyList<>();
preferedInstance.add("A")
Sdb.setPreferedInstance(preferedInstance)
```

## 6.7.2　因 CPU 占用率过高所导致的读/写延迟增加及其相应的处理方法

CPU 占用率过高的原因往往多种多样。若想定位并解决该问题，需要较为复杂的采集数据、观察数据、分析数据的过程（这里的数据包括数据库的有关信息和操作系统层面的信息），方可找到怀疑的方向。本节主要讲述因 CPU 占用率过高所导致的读/写延迟增加，以及相应的处理方法。

通常对于这类问题的排查思路如下：

- 如果 SequoiaDB 与其他应用共享服务器资源，则首先应该确定 SequoiaDB 进程是否占用了大量 CPU 资源。如果是，再做下一步的分析。
- 集群中某台服务器的 CPU 负载明显高于其他服务器，这时可能就出现了数据分布不均匀的情况，以致请求都压到了单台服务器上。此时，可以对集合进行数据的切分（split）操作，以达到数据均衡的目的。
- 由数据节点异常重启或其他原因导致数据全量同步的出现，全量同步过程中的大量数据读/写会使 CPU 飙高。直连数据节点访问快照 SDB_SNAP_DATABASE，在全量同步时"ServiceStatus"的字段值为 false，"Status"的字段值为"FullSync"。
- 在 SQL 语句执行过程中消耗大量的资源，这时需要对语句进行调优。通常通过理解、分析访问计划，对比实际语句执行时的开销来判断语句是否优化。比如对比索引读和表读的个数，判断数据库是否创建并使用了合适的索引；对比访问计划的打分和时间执行开销来判断表/集合/索引的统计信息是否反映当前最新的状态；观察锁等待时间来判断系统中是否存在应用持锁时间过长，以致阻塞其他应用的情况；对比 join 两边表的返回数据集以及使用的过滤条件，判断使用 join 的类型是否合理。

我们可以通过收集关键信息进行诊断及处理，通常包含以下两类信息。

**第一类是操作系统层面的信息**。通常使用 top 命令查看系统的 CPU 占用率，从而判断性能问题是否是由 CPU 繁忙造成的。此时需要使用 top 命令，查看 CPU 的使用情况：

%Cpu(s):  0.3 us,  0.7 sy,  0.0 ni, 99.0 id,  0.0 wa,  0.0 hi,  0.0 si,  0.0 st

其中，us 是用户占用的 CPU 的百分比。如果该值长期高于 50%，我们需要先检查会话中是否存在大量的表扫描。同时，检查会话快照中耗时过长的会话操作。

如果存在表扫描，则需要建立合适的索引。sy 是内核占用的 CPU 百分比。如果 us + sy 长期高于 80%，就表明 CPU 资源不足，需要增加集群的 CPU 资源。

wa 是 I/O 等待占用 CPU 的时间比。如果 wa 长期高于 20%，就说明 I/O 等待时间过长。这可能是由磁盘的大量随机读/写造成的，也可能存在磁盘的读/写瓶颈。这种问题可以通过磁盘 I/O 工具来进一步诊断。

**第二类是数据库的有关信息**。通过快照命令，收集数据库集群的性能指标，包括数据库连接数、数据读/写、索引读/写、会话、上下文等；检查诊断日志文件内容，确认是否有报错信息。性能问题的解决手段需要根据具体原因而定，并不存在万能的调优手段。下面列举几种性能调优手段：

- 第一种性能调优手段（在无适配索引的情况下）——每个高性能的查询均需要对应合适的索引。在没有找到合适索引的情况下，我们需要创建合适的索引来解决该性能问题。
- 第二种性能调优手段（在索引适配错误的情况下）——如果合适的索引已经创建，但是执行计划表明 SQL 引擎或者 SDB 引擎未能正确地选择索引，则需要采用 hint 来影响执行计划。hint 的使用方法可参考 SequoiaDB 官网文档中心的 "SQL 语法" 一节。
- 第三种性能调优手段（在复杂查询的情况下）——复杂查询的性能下降经常是由执行计划不合理造成的。其具体的优化手段一般较为复杂。通常，首先需要尝试让 SQL 引擎收集统计信息。具体方法请参考 SequoiaDB 官网文档中心的 "SQL 语法" 一节，具体如下所示：

- 查看 MySQL 执行计划。

    explain select 查询语句;

- 查看 PostgreSQL 执行计划。

    explain select 查询语句;

- 查看 SDB 执行计划。

    db.集合空间名.集合名.find(查询参数).explain({Run:true});

- 查看 SDB 正在执行的查询。

    db.snapshot(SDB_SNAP_CONTEXTS)
    db.snapshot(SDB_SNAP_SESSIONS)

查看会话详情的方法如下：

- 查看 MySQL 会话。

    show processlist;

- 查看 PostgreSQL 会话。

    select * from pg_stat_activity;

- 查看 SDB 所有节点的会话。

    db.snapshot(SDB_SNAP_SESSIONS)

- 查看 SDB 所有节点的用户会话（非系统级会话）。

    db.snapshot(SDB_SNAP_SESSIONS, {Type:'ShardAgent'})

查看索引定义的方法如下：

- 查看 MySQL 索引定义。

    show create table 表名;

- 查看 PostgreSQL 索引定义。PostgreSQL 通过外表（foreign table）方式访问 SequoiaDB。在这一层次没有索引，需要到 SDB 引擎中获取索引信息。
- 查看 SDB 索引定义。

    db.集合空间名.集合名.listIndexes()

## 6.7.3 磁盘 I/O 负载过高及其相应的处理方法

磁盘 I/O 是服务器的重要性能评定标准。磁盘 I/O 负载过高，会导致服务器卡顿，部分操作的响应缓慢。数据库服务器的磁盘 I/O 负载过高，会导致业务交易的响应时间偏长，TPS（Transactions Per Second）逐渐减少。本节主要讲述在使用 SequoiaDB 的过程中，磁盘 I/O 负载过高的问题定位和处理方式。

造成磁盘 I/O 负载过高的原因如下。

- 节点参数的配置问题：数据库中有大批量的数据插入、更新或者删除时，文件系统缓存就会产生大量脏页。如果采用 SequoiaDB 默认的参数配置，而且采用的是机械硬盘的话，则会观察到大量的磁盘 I/O。这时，磁盘的繁忙度很容易达到 100%，而且写入速度不高（可能只有十几 MB/s）。这个现象说明磁盘正在做大量的随机页写入，而不是连续页写入。所以，磁盘的繁忙度为 100%，而写入速度却不高。大量随机写的根本原因在于刷盘频率过高。如果降低刷盘频率，则缓存中的脏数据页的连续性会增强，并可以降低磁盘随机 I/O 的比例，增加连续 I/O 的比例，提升整体 I/O 的性能，从而提升大批量数据的写入性能。
- SQL 语句的写法问题：在执行业务 SQL 语句的操作中，如果包含大量大表的 distinct、order by 查询或索引设置得不合理，则会出现部分查询需要通过表扫描来获取数据，或者需要数据库从磁盘中获取大量数据的情况，这均会导致磁盘 I/O 负载过高。在这种情况下，一般需要优化业务逻辑，改写 SQL 语句，避免大批量的数据拉取，从而提升数据库的性能。
- 磁盘的性能问题：机械盘的磁盘随机 I/O 能力较低。交易系统进行大批量的数据操作，会产生大量的磁盘 I/O。如果在交易系统中使用机械盘，就容易造成磁盘 I/O 瓶颈问题。这时换用随机 I/O 能力强的磁盘，会有利于数据库整体性能的提升。

磁盘 I/O 负载过高的解决方法共有以下三种。

- 优化参数配置：在 SequoiaDB 中，syncinterval、syncrecordnum 两个参数控制数据刷盘的行为。可以适当调大这两个参数的数值，降低磁盘刷盘频率，从而减少磁盘的随机 I/O，保证数据库的整体性能。
  - syncinterval：该参数控制数据刷盘的行为，并按照时间周期触发，单位是毫秒（ms），取值范围为$[0, 2^{31} - 1]$；其默认值为 10 000（仅为 10s）。其中的特殊值 0 表示不按周期触发数据刷盘的行为。每个时间周期到达后，SequoiaDB 引擎都会触发文件系统缓存的脏页数据被刷至磁盘,而且是大量脏页刷盘,即大量脏页会被批量写入磁盘。
- syncrecordnum:该参数控制数据刷盘的行为,并按照变更记录数触发,取值范围为$[0, 2^{31} - 1]$,默认值为 0。0 表示不按记录数触发数据刷盘的行为。在数据记录变化(包含插入、更新和删除)条数满足配置时,会触发文件系统缓存的脏页刷盘,而且是大量脏页刷盘,即大量脏页会被批量写入磁盘。SequoiaDB 数据节点的 syncrecordnum 参数是起最重要作用的参数。在文件缓存参数设置得较大的情况下,脏页的数据容量主要由此参数控制。其建议值为 syncrecordnum = 100 万~1000 万;建议值计算方法如下:可用内存(available)× 50%/本机数据节点数/平均记录长度。

- SQL 语句优化:SQL 语句优化的主要作用是减少频繁的大批量数据拉取和写入操作,从而降低磁盘 I/O。索引是一种提高数据访问效率的特殊对象。恰当地使用索引可提高数据检索的效率。利用索引对数据访问进行性能调优,是最为经济、简单、高效的一种方法。在 SQL 语句优化的过程中,应当优先考虑大批量拉取数据的行为是否可以用到某种索引。针对部分 SQL 操作建立专用索引是优化数据库性能的一种方法。数据表一般需要创建主键索引,以确保数据的唯一性。其他索引的创建可根据更新、查询条件、数据规模等信息进行评估。通常来说,创建 2~3 个索引的数据表之效率和性能比较理想。如果以数据查询操作为主,可酌情增加索引的数量。对于由多个字段组成的查询条件,可根据条件字段的重复率情况创建复合索引;对于有数据排序、数据分组的字段,可按排序分组字段创建复合索引。

- 更换高性能磁盘:对于交易系统的数据库服务器,推荐使用闪存盘进行数据存储。闪存盘可以提供高效的随机 I/O 能力,更能满足交易系统的需要。在数据库层面的优化不足以满足业务系统需求的时候,可以酌情考虑将机械盘更换为闪存盘,以提高硬件的 I/O 能力,从而提升数据库的整体性能。

## 6.8 性能调优

本节主要介绍 SequoiaDB 性能调优方法,包括单机和集群的性能监控方法及其性能瓶颈分析思路,以帮助用户掌握监控方法,快速找到系统的瓶颈并进行优化。

## 6.8.1 性能瓶颈的诊断

本节介绍 SequoiaDB 性能瓶颈的分析思路，以帮助用户找到系统的瓶颈并进行优化。在满足基本功能的基础之上，性能问题是数据库领域中用户最关心的问题，也是数据库领域中最难分析和解决的问题之一。因为它的问题细分种类太多，所以正确的问题诊断策略和手段必不可少。在进行性能问题诊断时一般首先需要了解应用系统，然后收集数据。

### 1. 了解应用系统

在诊断性能问题前，需要了解应用系统的类型，包括并发度、写入量和高频查询语句。之后根据不同类型的系统，缩小最可能的可疑点，重点收集和调优对应的指标：

- 对于并发读取频率高的应用，可重点分析与 CPU、内存相关的数据。
- 对于写入量高的应用，可重点分析与磁盘 I/O 相关的数据。
- 对于高频查询语句，可以通过 SQL 语句进行调优尝试。

### 2. 收集数据

收集数据的来源，通常分成两大类：一是数据库的有关信息，二是一些数据库之外的通用信息，最常见的就是操作系统层面的数据信息。

在系统压测过程中，通过两种方式收集各类性能指标。第一种方式是通过快照命令，收集数据库集群的性能指标，包括数据库的连接数、数据读/写、索引读/写、增删改操作计数。第二种方式是通过操作系统命令，收集操作系统层面的性能指标，包括 CPU、磁盘、内存和网络。

CPU 使用率的性能指标收集方法是，使用 top 命令，查看 CPU 的使用情况：

```
%Cpu(s):  0.3 us,  0.7 sy,  0.0 ni, 99.0 id,  0.0 wa,  0.0 hi,  0.0 si,  0.0 st
```

其中，us 是用户占用的 CPU 百分比。如果该值长期高于 50%，我们首先需要检查会话中是否存在大量表扫描。同时，检查会话快照中耗时过长的会话操作。

如果存在表扫描，可以使用添加索引的方法进行优化。sy 是内核占用的 CPU 百分比。如果 us + sy 长期高于 80%，就表明 CPU 资源不足，需要增加集群的 CPU 资源。

wa 是 I/O 等待占用 CPU 的时间比。如果 wa 长期高于 20%，就说明 I/O 等待时间过长。这可能是由磁盘的大量随机读/写造成的，也可能存在磁盘的读/写瓶颈。这种问题可以通过磁盘 I/O 工具来进一步诊断。

磁盘的性能指标收集方法是，使用 iostat -xz 1 命令，查看服务器磁盘的 I/O 情况：

```
Device:    rrqm/s   wrqm/s    r/s    w/s    rkB/s   wkB/s  avgrq-sz  avgqu-sz  await  r_await  w_await  svctm  %util
sda          0.00     0.06   0.67   0.43    84.39   19.50    187.90      0.03  29.32    30.03    28.20   4.89   0.54
```

其中的几个参数含义如下：

- r/s、w/s、rkB/s、wkB/s：分别表示每秒的读操作、每秒的写操作、每秒以千字节为单位的读数据量、每秒以千字节为单位的写数据量。如果读/写量已经达到磁盘硬件的上限，就说明磁盘的读/写遇到了瓶颈。
- await 是 I/O 操作的平均等待时间，单位是毫秒。这是应用程序在和磁盘交互时，需要消耗的时间，包括 I/O 等待时间和实际操作的耗时。如果这个数值过大，就可能是进行磁盘 I/O 操作时遇到了瓶颈。
- %util 是设备利用率。这个数值表示设备的繁忙程度。一般来说，如果其超过 60%，可能会影响 I/O 性能。如果该值到达 100%，就说明磁盘 I/O 已经饱和。

**注意：**
如果通过上述命令，发现磁盘读/写遇到瓶颈，可以从以下几个方面来进一步分析原因：

- 索引缺失。
- 数据分布不均匀或存在热点数据。
- 集群硬件资源不足。

内存的性能指标收集方法是，使用 vmstat 1 命令，查看服务器内存的使用情况：

```
procs -----------memory---------- ---swap-- -----io---- -system-- ------cpu-----
 r  b   swpd   free   buff  cache   si   so    bi    bo   in   cs us sy id wa st
 3  0      0 750176    948 1299700   0    0    77    18  167  707  0  1 99  0  0
```

其中的几个参数含义如下：

- swpd 表示所使用的虚拟内存大小。Linux 将不经常使用的页面从内存中写入交换空间，该值表示交换空间的使用情况。注意，即使交换空间使用了很多，也并不表示服务器内存资源不足，这需要结合 free 的值进行分析。
- free 表示空闲物理内存的大小。Linux 内存的使用策略是将部分内存作为缓存，尽可能地利用内存提高读/写性能。如果应用程序需要内存，这部分内存会立即被回收并分配给应用程序。因此，应用实际可用的内存是 free+buff+cache 的总和。

- buff 表示缓冲写操作的内存大小。将写磁盘操作先写入内存缓冲区，然后定期写入磁盘。该操作可以将分散的写操作集中进行，以减少磁盘碎片和硬盘的反复寻道耗时。
- cache 表示缓存读操作的内存大小。磁盘读操作会读取检索数据所在的整个数据页数据，并将数据页放入内存进行缓存。当应用再次访问数据页内的数据时，将直接从内存中读取，以提高读操作性能。
- swap 表示交换区写入和读取的数量。如果这两项数据较高，就说明系统已经在使用交换区（swap），且已经出现了服务器物理内存资源不足、系统性能大幅下降的情况。此时需要增加系统内存资源。

网络的性能指标收集方法是，使用 sar -n DEV 1 命令，查看服务器网络设备的吞吐率：

```
02 时 43 分 01 秒    IFACE    rxpck/s    txpck/s    rxkB/s    txkB/s    rxcmp/s    txcmp/s    rxmcst/s
02 时 43 分 02 秒    ens33    1.08       1.08       0.06      0.17      0.00       0.00       0.00
```

（1）使用命令 ethtool 查看网卡速率。

```
Speed: 1000Mb/s
```

其中，rxkB/s、txkB/s 分别表示网卡接收和发送数据的速率。如果接收或发送数据的速率达到网卡上限，就表明网络设备已经饱和。如果在示例输出中，ens33 是一张千兆网卡，则其接收和发送数据的速率上限为 125 MB/s。如果遇到网络瓶颈，可考虑使用万兆网卡或增加服务器的数量，以提升整体集群的网络吞吐能力。

（2）使用 sar -n TCP 1 命令，查看 TCP 连接状态。

```
02 时 59 分 20 秒    active/s    passive/s    iseg/s    oseg/s
02 时 59 分 21 秒    0.00        0.00         1.00      1.00
```

其中，active/s 是每秒本地发起的 TCP 连接数，即通过 connect 调用创建的 TCP 连接数。passive/s 是每秒远程发起的 TCP 连接数，即通过 accept 调用创建的 TCP 连接数。可通过 TCP 连接数来判断性能问题是否是由建立了过多的连接造成的。之后，可进一步判断这些连接是主动发起的连接，还是被动接受的连接。

## 6.8.2 集群性能的监控

本节介绍 SequoiaDB 提供的集群监控功能，以便快速找到数据库实例性能和活动的统计信息。

### 1. 客户端的连接数

客户端的连接数反映了应用系统与集群建立的连接数量:

(1) 使用以下命令可以查看客户端的数量。

```
sdb -f getCoordConn.js
```

(2) getCoordConn.js 内容如下。

```
var db = new Sdb();
var nodes =
db.list(7,{GroupName:"SYSCoord"},{"Group.HostName":1,"Group.Service.Name":1}).next(
).toObj()["Group"];
var sum = 0;
for(var i in nodes){
   var node = nodes[i];
   sum += new
Sdb(node["HostName"],node["Service"][0]["Name"]).snapshot(6,{},{"TotalNumConnects":
1}).next().toObj()["TotalNumConnects"];
}
println("集群客户端连接数: "+sum);
```

连接会消耗文件句柄和内存资源；另外，当连接并发量过大时，还会导致线程上下文的频繁切换。如果该指标高于预期值，则表明用户的请求量超过了数据库处理请求的能力。当数据节点的压力不大时，可以增加协调节点来提高连接并发量，否则就需要对集群进行扩容。

数据库连接的创建是比较耗时的操作。应用程序频繁地创建、销毁，以及存在大量的未关闭连接都有可能导致数据库的连接数过高。建议使用驱动程序中的数据库连接池进行连接管理，连接池允许应用程序更有效地使用和重用与集群的连接。

### 2. 读/写操作量

读/写操作量反映了数据库的读/写效率，用户可通过会话快照获取相关信息。

- DataRead 和 IndexRead: 数据和索引的访问次数。如果该指标值偏低，建议将会话配置为读/写分离模式。如果 DataRead 值远高于 IndexRead 的值，则会话中可能有未通过索引检索，直接进行表扫描的查询。首先通过使用 sdbtop 工具的会话统计界面，查出 DataRead 高的会话，检查该查询是否有命中的索引。其次，查看该查询的访问计划，查看用户请求在每个数据节点的索引命中情况和返回的记录条数。如果某些节点的 ScanType 为 tbscan，则有可能是部分节点索引缺失，导致查询未命中索引。如果各节点返回的记录条数差距过大，则有可能是分区键选择不合理，以致出现了热点数据。
- DataWrite 和 IndexWrite：数据和索引的写入次数。如果该指标值偏低，则检查应用程序，确认能否将单条插入方式改写成批量插入方式。另外，如果观察到数据节点的磁盘 I/O 偏高，建议增加集合的分片数量，将 I/O 压力分散到其他磁盘。也可考虑使用 SSD（固态磁盘）替换 SAS 磁盘或 SATA 磁盘。

3. 副本集的同步

通过以下步骤可以查看集群数据复制组间副本集数据同步的压力：

（1）使用 snapshot 命令可以查看当前节点副本集的同步状态，命令如下。

```
db.snapshot(SDB_SNAP_HEALTH,{},{LSNQueSize:1,DiffLSNWithPrimary:1})
```

（2）输出实例如下。

```
{
  "LSNQueSize": 0,
  "DiffLSNWithPrimary": 0
}
{
  "LSNQueSize": 0,
  "DiffLSNWithPrimary": 0
}
{
  "LSNQueSize": 0,
  "DiffLSNWithPrimary": 0
}
```

其中，LSNQueSize 是等待同步的 LSN 队列长度。DiffLSNWithPrimary 是与主节点的 LSN 差异数值。通过以上两个指标，可以看出集群数据复制组间副本集数据同步的压力。如果这两个指标长期较高，则需要检查复制组间的网络状态。

4. 节点的运行状态

集群节点的运行状态是数据库性能的重要指标。通过以下步骤可以查看节点的运行状态：

（1）使用 snapshot 命令可以查看当前节点的运行状态，命令如下。

db.snapshot(SDB_SNAP_HEALTH,{},{ServiceStatus:1,SyncControl:1})

（2）输出实例如下。

```
{
  "ServiceStatus": true,
  "SyncControl": false
}
{
  "ServiceStatus": true,
  "SyncControl": false
}
{
  "ServiceStatus": true,
  "SyncControl": false
}
```

通过以上两个指标，可以看出集群节点的运行状态。如果 ServiceStatus 为 false，则表明节点状态异常，不对外提供服务；如果 SyncControl 为 true，则表明节点正在进行数据的全量同步。

# 第 7 章
# 工具和生态

作为一款原厂的金融级数据库产品，巨杉数据库一直在为用户提供便捷的管理方式及建设社区用户生态而积极努力。近年来，巨杉数据库共开发了十余种数据管理工具，并推出了可视化 SAC（SequoiaDB Administration Center）界面和 SequoiaDB Cloud 多云管理平台。用户无须进行复杂的命令行及 API 操作，即可进行分布式数据库的部署、多模引擎的建立、按需的节点扩容、跨中心调度、备份还原、熔断与容灾等管理。

同时，我们深知客户是否能用好一个分布式数据库产品，人才是其中的关键。一个产品的人才生态是否健全，决定了这个产品能否真正在客户生产环境中稳健地落地并持续发展。因此，巨杉数据库全力打造了巨杉学（SequoiaDB University）认证体系，针对技术人群推出了分布式数据库、分布式技术的培训和认证计划，旨在帮助学员提高对分布式数据库的了解，并向学员分享分布式数据库、分布式架构与应用实践知识。

## 7.1 数据管理工具

SequoiaDB（巨杉数据库）提供了多种类型的数据管理工具，方便用户在各类应用场景下进行数据的管理和维护。SequoiaDB 数据管理工具如下。

- 快速部署工具：用命令行的方式快速部署 SequoiaDB/SequoiaSQL-MySQL/

SequoiaSQL-PostgreSQL。
- 命令行工具：SequoiaDB 的接口工具。
- 数据导入工具：sdbimprt 是 SequoiaDB 的数据导入工具。
- 数据导出工具：sdbexprt 是 SequoiaDB 的数据导出工具。
- 数据库检测工具：使用数据库检测工具检查数据库文件结构的正确性，并给出结果报告。
- 数据库日志 dump 工具：使用数据库日志 dump 工具解析同步日志文件的内容，并给出结果报告。
- 节点数据一致性检测工具：检查节点间的数据是否完全一致。
- 数据库信息收集工具：收集 SequoiaDB 的相关信息，包括数据库的配置信息、数据库的日志信息、数据库所在主机的硬件信息、数据库和操作系统信息，以及数据库的快照信息等。
- 大对象工具：使用大对象工具导出、导入和迁移大对象数据。
- 密码管理工具：使用密码管理工具管理数据库的密码。
- 日志重放工具：使用日志重放工具在其他集群或节点中重放归档日志。
- 容灾切换合并工具：当两个子网间出现网络分离而无法访问时，使用工具进行集群分离；当两个子网间的网络连通后，使用工具进行集群合并。

用户可以使用不同类型的工具实现有效的数据管理和维护。如需要获取各类管理工具的基本概念、参数说明和使用方法，以及对数据库的各种问题进行优化分析，可前往 SequoiaDB 官网文档中心获取详细信息。

## 7.2 SAC

SAC 指的是 SequoiaDB 的管理中心（SequoiaDB Administration Center）。其采用图形化界面方式通过 SequoiaDB 进行部署、监控、管理及数据操作。可前往其官网文档中心，获取有关 SAC 的安装、部署、功能及操作方法的详细信息。

## 7.3 SequoiaDB Cloud 多云管理平台

近年来越来越多企业开启了"上云之路"，云计算的重要性在业界已经毋庸置疑。巨杉数据库（SequoiaDB）正式推出 SequoiaDB Cloud 多云管理平台（见图 7-1），形成了一套可以同时满足裸机、私有云以及公有云环境部署的平台架构，可为企业提供跨公有云及私有云跨多云的部署能力。巨杉数据库已经在多家银行客户中实现了基于多厂商云平台的大规模生产环境，同时将正式推出订阅模式，以进一步实现跨腾讯云、华为云、亚马逊等公有云环境的数据库云服务。

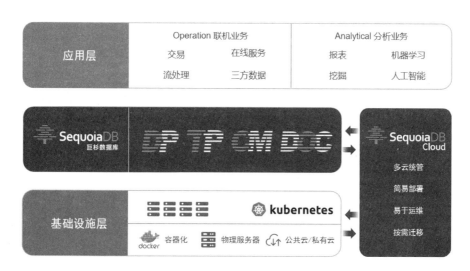

图7-1　SequoiaDB Cloud多云管理平台架构

## 7.4　巨杉生态社区

目前，巨杉数据库团队已经搭建起完整的巨杉学线上培训认证体系，已有超过 180 家金融机构、30 余家知名技术服务开发商加入巨杉学计划。截至 2020 年年底，巨杉学已认证工程师超过 1.8 万人，网站的用户注册人数超过 5 万人，为分布式技术领域的发展提供了坚实的人才积淀。

### 7.4.1　巨杉学的目标

其目标如下：

- 围绕 SequoiaDB 产品，提供核心研发级别的数据库深度培训支持。
- 培养熟悉分布式架构和数据库技术的一流人才，提升社区用户自主解决问题的能力和效率。
- 帮助数据库从业人员拓展前沿技术视野，了解企业转型需求，不断提升个人在行业内的竞争力。
- 助力技术服务商获取用户对数据库的新需求，在开发项目和业务拓展方面更具技术优势。

### 7.4.2 巨杉学的优势

其优势如下：

- 培训讲师团队强大：巨杉学的培训课程讲师团队由巨杉数据库官方的数据库架构师、核心研发工程师、资深分布式技术专家以及开源社区技术"大咖"共同组成，拥有专业且丰富的 SequoiaDB 实践及理论经验。
- 培训课程的原理与实操并重：帮助学员深刻理解 SequoiaDB 产品的架构和原理，同时具备运维和开发的实践能力，提升个人的综合能力。
- 课程持续更新，由浅入深。该培训课程可满足不同学习目标的学员。现有以下三类课程：
  - 初级入门课程：面向需要了解 SequoiaDB 基本原理和架构，以及需要掌握 SequoiaDB 日常运维能力的初级 DBA（数据库管理员）学员。
  - 高级进阶课程：面向需要掌握 SequoiaDB 高级原理，以及性能调优和实例开发等的高级 DBA 学员，并在线交互学习测试，根据代码验证测试结果，以帮助大家快速掌握分布式数据库的运维管理。
  - 深度开发课程：面向使用 SequoiaDB 开发应用程序的软件开发工程师，课程结合分布式数据库应用场景进行分析，主要以 Java 语言来进行实现，并通过线上集成开发环境（IDE）进行编程实战。

### 7.4.3 关于认证考试

巨杉学提供对应技术培训课程的专业认证体系，包括助理工程师认证（SCDA）、中级工程师认证（SCDP）、开发工程师认证（SCDD）三类专业认证，并由巨杉学作为唯一权威机构，对通过考试的学员颁发相应的认证证书。